Statistik mit Mathematica

Springer-Verlag Berlin Heidelberg GmbH

Andreas H. Jäger

Statistik mit Mathematica®

Methoden und ihre Anwendungen

Mit zahlreichen Abbildungen

Springer

Andreas H. Jäger Dipl.-Phys.
Parkstraße 7
97294 Burggrumbach

Die Deutsche Bibliothek – CIP-Einheitsaufnahme

Statistik mit Mathematica : Methoden und ihre Anwendungen /
Andreas Jäger. - Berlin; Heidelberg; New York; Barcelona; Budapest;
Hongkong; London; Mailand; Paris; Santa Clara; Singapur; Tokio:
Buch. – 1997   CD-ROM. – 1997

Additional material to this book can be downloaded from http://extras.springer.com

ISBN 978-3-642-63894-7   ISBN 978-3-642-59200-3 (eBook)
DOI 10.1007/978-3-642-59200-3

Umschlaggestaltung: Künkel & Lopka, Heidelberg
Satz: Mit TeX erstellte reproduktionsfertige Vorlage vom Autor
SPIN 10535471   33/3142 – 5 4 3 2 1 0 – Gedruckt auf säurefreiem Papier

Birgit gewidmet

Vorwort

Statistik gehört sicherlich nicht zu den typischen Einsatzgebieten von Mathematica. Entwickelt, um zelluläre Automaten zu programmieren, wird Mathematica heute wohl insbesondere in Bereichen der Mathematik und (theoretischen) Physik eingesetzt. Als Programmiersprache in eher empirisch orientierten Wissenschaften – angefangen von der Chemie und Biologie über die Psychologie und Wirtschaftswissenschaften bis hin zur Medizin – trifft man Mathematica eher selten an. Die Bearbeitung statistischer Themen mit Mathematica schließlich fristete bisher ein relativ schattiges Dasein – durchaus zu Unrecht, wie hoffentlich als Tenor aus diesem Buch hervorgehen wird.

Statistik-Programme gibt es in der Tat sehr viele – mit SPSS und SAS sind sicherlich zwei der bekanntesten Vertreter genannt. Ein triftiger Grund, Statistik nun mit Mathematica zu betreiben, kann sicherlich nicht darin liegen, den bisherigen X Programmen eine X+1. Version hinzuzufügen. Tatsächlich liegt die Stärke von Mathematica in der Eigenschaft, (so weit wie möglich) analytisch zu rechnen. Die Gefahr, numerisch bedingten Rundungsfehlern aufzusitzen, ist damit erheblich reduziert (wenngleich keineswegs ausgeschlossen). Ein anderer Vorteil von Mathematica ist, bereits im Vorfeld des Experimentes eingesetzt werden zu können, beispielsweise bei der Entwicklung von Modellen oder mathematischen Gleichungen, bei der Versuchsplanung oder bei der Simulation von Versuchen. Ein weiterer Vorteil von Mathematica gegenüber vielen etablierten Statistik-Programmen ist, daß Mathematica eine Programmiersprache ist und damit sehr flexibel an neue Problemstellungen angepaßt werden kann. Letztendlich ist Mathematica auch wegen seiner gut ausgebauten graphischen Möglichkeiten bekannt – und davon wird im Rahmen dieses Buches reger Gebrauch gemacht.

Das vorliegende Buch versteht sich als Gebrauchsanweisung für Mathematica im Bereich der statistischen Auswertung und graphischen Darstellung experimenteller Resultate. Was **nicht** versucht wurde, ist, ein Lehrbuch zur Statistik zu verfassen – hierzu gibt es eine Reihe guter Publikationen, die man teilweise in Kap. 4 aufgelistet findet. Ausgeklammert wurde auch der gesamte Bereich der statistischen Versuchsplanung – Literatur hierzu findet man im Publikationsverzeichnis auf der beiliegenden CD-ROM. Im ersten Kapitel wird kurz das Mathematica-System und seine Handhabung vorgestellt und erläutert, wie die beiliegenden Programme und Programm-Bibliotheken installiert werden. Im zweiten Kapitel werden einige statistische Anwendungen vorgestellt, deren Befehle in Kap. 3 näher erläutert werden. In Kap. 4 schließlich befindet sich eine unkommentierte Zusammenstellung der Statistik-Befehle, ein Verzeichnis zu Mathematica- und Statistik-Lehrbüchern, das Stichwort-Register und weitere Informationen.

Unvermeidbarerweise wird der eine oder andere Anwender eine bestimmte statistische Methode vermissen oder ein implementiertes Verfahren als etwas „exotisch" empfinden. In der statistischen Auswertung tritt der Fall durchaus nicht selten auf, zwischen mehreren Methoden entscheiden zu müssen. Das Buch versucht, in solchen Situationen Kriterien an die Hand zu geben, die geeignete Methode ausfindig zu machen und richtig einzusetzen. Prinzipiell gilt jedoch die Faustregel, wonach statistische Verfahren zur Auswertung beispielsweise in Publikationen **immer** namentlich genannt werden müssen. Der Einsatz eines eventuell weniger etablierten Verfahrens ist dann durchaus nicht von vorne herein „illegal", sondern u.U. lediglich Anlaß zur Diskussion. Unzulässig hingegen ist die Anwendung mehrerer Verfahren in der Hoffnung, eines werde beispielsweise eine opportun erscheinende Hypothese schon bestätigen (*fishing for the right hypothesis*).

Abschließend will ich mich bei allen Personen bedanken, die dieses Buchprojekt unterstützt und z.T. erst ermöglicht haben. An erster Stelle ist hier Herr Hermann Engesser vom Springer-Verlag Heidelberg zu nennen, ferner Frau Dorothea Glaunsinger und Frau Ulrike Drechsler, beide ebenfalls vom Springer-Verlag. Weiterhin bedanke ich mich bei Frau Silke Garotti vom Bibliographischen Institut, Mannheim, die das Projekt in der Anfangsphase mit betreut hat. Mein ganz besonderer Dank schließlich gilt meiner Frau, Birgit Pfeufer, die eine Engelsgeduld aufbrachte und mich sehr motiviert hat.

Andreas H. Jäger, März 1997

Inhalt

Inhalt

Einführung

Z weifelsohne gehört Mathematica nicht zu den etablierten Statistik-Programmen. Ganz im Gegenteil: Die Stärke von Mathematica liegt im mathematisch-analytischen Bereich, und wer die ersten Arbeiten von Stephen WOLFRAM, dem „Schöpfer" von Mathematica, kennt, weiß, daß die angewandte Mathematik im Zusammenhang mit Grundlagen zu zellulären Automaten bei der Entwicklung von Mathematica Pate stand.

Tatsächlich jedoch bietet Mathematica eine Reihe von Vorteilen, die es als Alternative zu den etablierten Statistik-Programmen nahelegen: **Mathematica ist eine mathematisch orientierte Programmiersprache.** Zum einen lassen sich mit Mathematica daher →komplexe mathematische Probleme bewältigen – angefangen von Problemen der linearen Algebra und Tensor-Rechnung über einfache und partielle Differentialgleichungen bis hin zu speziellen Problemen aus der Physik, den Wirtschaftswissenschaften oder der Technik. Zum anderen bietet Mathematica darüber hinaus außergewöhnlich gut ausgebaute Möglichkeiten der graphischen Daten-Präsentation an. Damit läßt sich mit Mathematica das gesamte Spektrum wissenschaftlicher Daten-Gewinnung und -Verarbeitung erledigen: angefangen von der Modellentwicklung und Versuchsplanung über die statistische Datenauswertung bis hin zur Erstellung – publikationsreifer – Graphiken.

In diesem Kapitel wird erklärt, wie das Buch aufgebaut ist, wie die Programm-Bibliotheken konzipiert sind und wie man die Programme und Beispiele installiert.

Eine ausführliche Liste von Publikationen zu Mathematica befindet sich in Abschn. 4.3

1.1 Wie dieses Buch zu handhaben ist

Ein Verzeichnis von Statistik-Lehrbüchern befindet sich in Abschn. 4.4

In erster Linie ist dieses Buch als Nachschlage-Werk für die verfügbaren Statistik-Befehle und als Manual für die Programme geplant. Es soll praxisnah von der Fragestellung zur Lösung führen, ohne dabei ein ←Lehrbuch zu ersetzen. Trotzdem sollen zusätzliche Informationen und Beispiele den Leser begleiten und auch dazu animieren, mit dem einen Programm oder dem anderen Statistik-Befehl „zu spielen" und dadurch deren Funktion und Aufgabe näher kennenzulernen. Um sich im Buch auf das Wesentliche zu konzentrieren, sind viele Texte und Beispielprogramme auf CD-ROM ausgelagert. Letztere liegen als Notebooks (←*.ma und *.mb) vor und können von Mathematica eingelesen und verarbeitet werden. Die Texte liegen im ASCII- (*.txt) und im PostScript-Format (*.ps) vor. ASCII-Dateien können mit jedem beliebigen Drucker ausgegeben werden, für die PostScript-Dateien sind PostScript-fähige Drucker notwendig. Schließlich liegen einige Graphiken und Flußdiagramme ebenfalls im PostScript-Format vor (*.ps), für deren Ausgabe wieder ein PostScript-fähiger Drucker notwendig ist.

*Das Metazeichen * (Asterix) steht hier und im weiteren Verlauf für eine beliebige Zeichenkette als Dateinamen (sogenannter joker)*

Gelegentlich beziehen sich einige Informationen auf eine bestimmte Rechner-Plattform. In diesen Fällen wird am äußeren Rand diese Plattform durch einen ←Großbuchstaben gekennzeichnet. Ähnliches gilt bei Hinweisen für reine Anwender, Mathematica-Programmierer und Anwender mit Statistik-Kenntnissen (siehe folgende Seite), wobei hier Kleinbuchstaben eingesetzt werden.

Ein großes D steht für MS-DOS-Windows-Anwender

D

Ein großes A steht für Apple-Anwender

A

Ein großes U steht für UNIX-Anwender

U

Zusätzliche Hinweise zu einzelnen Stichworten befinden sich – soweit möglich – ebenfalls am Rand der betreffenden Seite, wobei vor den jeweiligen Stichworten ein Pfeil (→ oder ←) an den Rand zeigt. Die Randbemerkungen sind stets so positioniert, daß Stichwort und Marginale eindeutig einander zugeordnet werden können. Letzteres gilt auch für Anmerkungen zu Abbildungen.

Mathematica-Eingaben sind grundsätzlich in Courier gesetzt. Während Personen-Namen im gleichen Schriftsatz wie der restliche Text wiedergegeben werden, sind Litera-

turhinweise an einem gesonderten Schriftsatz und dem nach-
gestellten Publikationsjahr (z.B. PFEUFER, 1993) zu erkennen. Das entsprechende Literatur- und Quellenverzeichnis
befindet sich in Abschn. 4.6., zusätzliche Literaturhinweise
zur Statistik findet man in der Datei `literatur.txt` bzw.
`literatur.ps` auf der beiliegenden CD-ROM (für MS-DOS-
und Windows-Anwender sind die entsprechenden Dateinamen `literat.txt` und `literat.ps`).

1.2 Zum Aufbau dieses Buches

Das vorliegende Buch gliedert sich in vier Teile. Im ersten
Teil – dessen Inhalt Sie gerade lesen – befinden sich einige
grundsätzliche Anmerkungen zu Mathematica, zu der vorliegenden Programm-Bibliothek und ihrer Installation, sowie
zu den Daten-Formaten, die mit Hilfe von Mathematica bearbeitet werden können. Im zweiten Teil befinden sich Programm-Beispiele zur Statistik. Diese greifen auf die *packages* zurück, die zum Lieferumfang von Mathematica gehören
bzw. sich auf der beiliegenden CD-ROM befinden. Diese
Programm-Beispiele haben zwei Funktionen. Zum einen
sollen sie als ausbaufähige Anwender-Programme für bestimmte statistische Probleme dienen („Programm-Skelet-
te"), zum anderen sollen sie den Umgang mit den Statistik-
Befehlen demonstrieren, **ohne** dabei allzu intensiv auf die
Hintergründe dieser Befehle einzugehen. Diese werden im
dritten Teil näher erläutert. Im vierten Teil schließlich befinden sich Listen zu Lehrbüchern und Publikationen über Mathematica und Statistik, ein Verzeichnis zum Inhalt der CD-
ROM, ein Quellenverzeichnis und das Stichwort-Register. Die
CD-ROM enthält einige zusätzliche Text-Dateien, die Beispiel-Notebooks und *packages*, Beispiel-Daten, eine stark erweiterte Literaturliste zur Statistik und weitere Dateien.

Hinweise für

bestimmte Leser:

Ein kleines **a** *steht für*

reine Anwender

Ein kleines **m** *steht*

für Mathematica-

Programmierer

Ein kleines **s** *steht*

für Anwender mit

Statistik-Kenntnissen

Vorsicht bei einem

Ausrufezeichen **!** *:*

Hier stehen z.B. wichtige

Hinweise auf Stolperfallen

1.3 Installation und Betrieb von Mathematica

Die auf der CD-ROM befindlichen Programme und Programmier-Bibliotheken (*packages*) benötigen die Mathematica-Versionen 2.1 oder höher. In der Mathematica-Version 2.0 fehlen lediglich einige *packages* (wie z.B. `"Statistics `NonlinearFit`"`), um bestimmte statistische Probleme zu behandeln. Inhaber der Version 2.0 können vom Hersteller, Wolfram Research, via ←Internet (MathSource) die aktuellen *package*-Versionen beziehen, darüber hinaus kann im Buchhandel der Gesamt-Inhalt der o.g. MathSource auf CD-ROM bezogen werden.

Mathematica kann bei einer der nebenstehenden Adressen bezogen werden. Jeder Lizenznehmer von Mathematica erhält mit dem Programm (i.d.R. optional auf Disketten oder CD-ROM) genaue Anleitungen zur Installation. Die Installationsprogramme arbeiten im allgemeinen instruktiv, bei Befolgen der Anweisungen treten in aller Regel keine Probleme auf. Die vom deutschen ←Generaldistributor empfohlene Konfiguration enthält 8 MB Arbeitsspeicher, 100 MB freie Festplatte und einen Coprozessor. Die Angabe der Arbeitsspeicher-Größe ist allerdings lediglich ein Richtwert, da bei Bearbeitung großer Datensätze oder der Erstellung hochaufgelöster Graphiken schnell 50 MB Arbeitsspeicher oder mehr notwendig sind. Nahezu alle modernen Betriebssysteme erlauben allerdings die Einrichtung eines fixen oder flexiblen ←**virtuellen Arbeitsspeichers**, so daß 10–16 MB **freier** physikalischer Arbeitsspeicher für den Normalfall ausreichen sollten und der zusätzliche virtuelle Arbeitsspeicher nur in „Ausnahme-Situationen" beansprucht wird.

Der Aufruf von Mathematica erfolgt wie der anderer Programme auch (unter Windows, Apple oder NeXT beispielsweise durch doppeltes Anklicken des betreffenden ←Icons). Wurde nach der Neuinstallation noch keine Registrierung vorgenommen, ist diese bei den meisten Plattformen notwendig, um mit Mathematica arbeiten zu können.

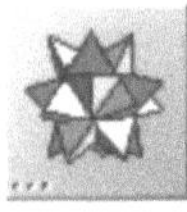

*Mathematica-Icon unter
NeXT. Die Icons unter
anderen graphischen
Oberflächen sehen mehr
oder weniger ähnlich aus*

1.4 Starten von Mathematica-Programmen (Notebooks)

Die eigentliche Rechenarbeit von Mathematica wird durch den Text-orientierten *kernel* geleistet, der vom Betriebssystem aus aufgerufen werden kann (Befehl `math`; die folgende Abbildung zeigt den Aufruf von `math` von UNIX aus). Das Eingabe/Ausgabe-Verfahren erinnert stark an die MS-DOS-Oberfläche oder UNIX-*shells*, d.h., daß das Editieren von Befehlen mehr oder weniger beschränkt möglich und kaum komfortabel ist. Werden Graphiken ausgegeben, „klappt" unter MS-DOS der Bildschirm vom Text- in den Graphik-Modus um; NeXT schickt eine PostScript-Datei an den *Previewer*, der die Graphik in einem gesonderten Fenster anzeigt.

```
/bin/csh (ttyp1)

nextcolor> math
Mathematica 2.1 for NeXT
Copyright 1988-92 Wolfram Research, Inc.
  -- NeXT graphics initialized --

In[1]:=
```

Mit der Entwicklung der Notebook-Konzeption gelang es Wolfram Research indessen, die Anwendung von Mathematica deutlich Benutzer-freundlicher zu gestalten. Notebooks sind Dokumente, in denen Mathematica-In- und Outputs, Graphiken, Texte und strukturierende Elemente (*sections* usw.) zusammengefaßt und beliebig editiert werden können (siehe Abbildung auf der folgenden Seite). Das Laden von Notebooks kann unter graphisch orientierten Oberflächen (z.B. Windows, Apple, NeXT) durch doppeltes Anklicken der Notebook-*icons* erfolgen, d.h. daß Mathematica gestartet und das betreffende Notebook automatisch geladen wird.

Ergänzende Hinweise speziell zur aktuellen Mathematica-Version 3.0 finden Sie in den Dateien `lastnews.txt` *und* `lastnews.ps` *auf der beiliegenden CD-ROM*

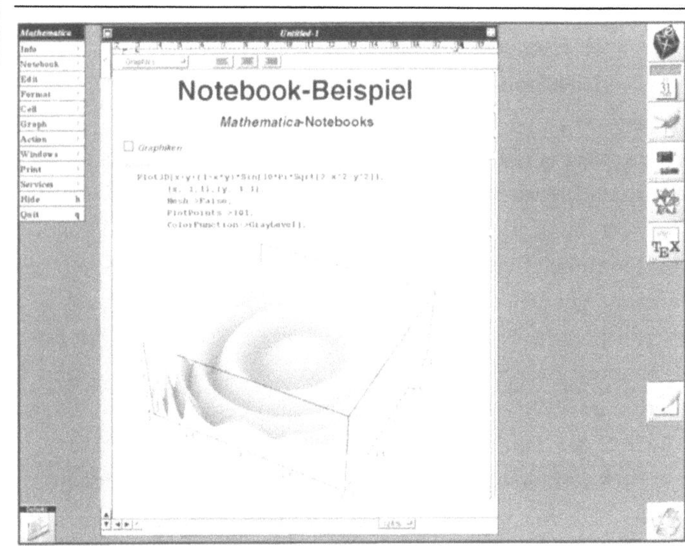

Mathematica mit geöffnetem Notebook unter NeXT. Die entsprechenden Oberflächen unter Apple und MS-Windows sehen zwar anders aus, bieten aber die gleichen Bearbeitungsmöglichkeiten

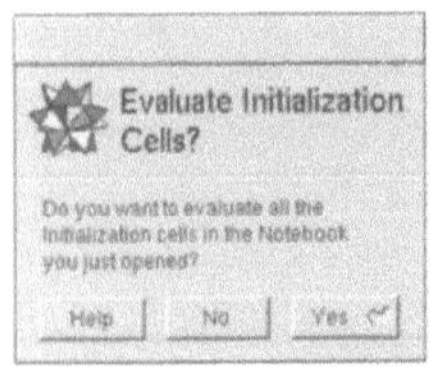

Das Konzept der Zellen wird im folgenden Abschnitt näher erläutert

Sämtliche Anwender-Programme auf der CD-ROM sind in Form von Notebooks angelegt. Der Grundaufbau aller Programme orientiert sich an dem gleichen Schema (siehe Abbildung nächste Seite). Ganz oben befindet sich beispielsweise die Titelei des Programmes (Titel, Untertitel und eventuelle Informationen zum Notebook), darunter steht der **Initialisierungs-Teil** des Programmes. Die in diesem Teil befindlichen Befehle werden nach Aufruf des Programmes/ Notebooks durchgeführt, wenn die entsprechende Anfrage (siehe Abbildung links) positiv beantwortet wird. Anschliessend erfolgt das **Laden der Daten-Datei**. Der restliche Teil des Programmes (in der Abbildung auf der kommenden Seite mit Teil 1, Teil 2 usw. bezeichnet) besteht aus den Befehlen zur Auswertung der Daten.

Alle auf der CD-ROM befindlichen Notebooks sind so aufgebaut, daß sämtliche ←Zellen markiert und anschließend ausgeführt werden können. Durch Markierung einzelner Zellen lassen sich diese separat ausführen, darüber hinaus können weitere Befehle „zwischengeschaltet" werden. Mit diesem Konzept lassen sich einzelne Programme den jeweiligen Problemstellungen flexibel anpassen bzw. erweitern.

Statistik mit *Mathematica*   Andreas Jäger © Springer-Verlag, Heidelberg 1996

Titel

Untertitel

Informationen zum Notebook

Initialisierungen

☐ **Laden von Daten-Dateien**

☐ **Teil 1**

■ **Teil 1.1**

☐ Teil 1.1.1

Text zu Teil 1.1.1

In[1]:=
```
    Input zu Teil 1.1.1
```
Out[1]=
```
    Output zu Teil 1.1.1
```

☐ Teil 1.1.2

☐ Teil 1.1.3

■ **Teil 1.2**

■ **Teil 1.3**

☐ **Teil 2**

☐ **Teil 3**

Aufbau eines Mathematica-Programmes:

← *Initialisierungs-Teil*

← *Laden von Daten-Dateien*

← *Mit **Teil 1** beginnt das eigentliche Programm*

← *Beispiel für eine ausgeführte Input-Zelle*

← *Eine Output-Zelle*

← *Weitere Programm-Teile*

1.5   Mathematica-Notebooks und Zellen

Jedes **Notebook** untergliedert sich in sogenannte **Zellen**. Text-Zellen enthalten nicht-ausführbaren Text, dagegen besteht der Inhalt von →Input-Zellen aus Mathematica-Befehlen. Eine Zelle läßt sich an der Klammer erkennen, die am rechten Bildschirm-Rand den Zellinhalt umfaßt. Je nach Zelltyp besitzen diese Klammern eine unterschiedliche Form, auf die in der Abbildung auf der nächsten Seite näher eingegangen wird. Weitere Informationen zum Typ einer markierten Zelle werden in der oberen Leiste des Notebooks angezeigt (bei einigen Mathematica-Versionen muß diese obere Leiste

Bei Markierung aller Zellen werden nur Input-Zellen ausgeführt

(*ruler*) extra geöffnet werden; im abgebildeten Beispiel handelt es sich bei der markierten Zelle, ganz unten, um eine

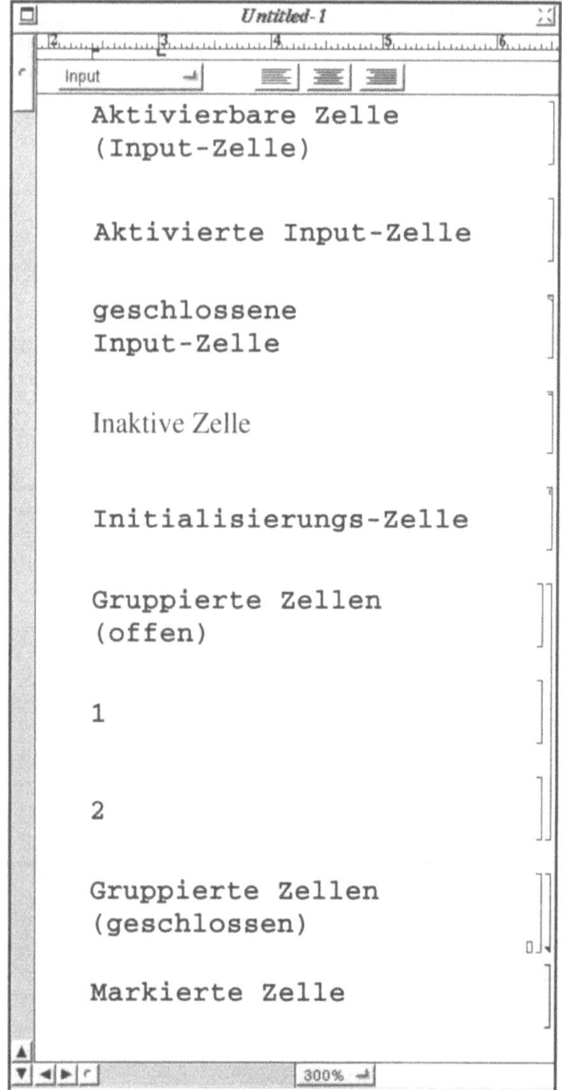

Input-Zelle). Aktivierbare Zellen besitzen eine einfache (rechteckige) Klammer am rechten Fensterrand, bei aktivierten Fenstern (deren Befehle momentan ausgeführt werden) ist der senkrechte Teil dieser Klammer verdoppelt. Der Inhalt geschlossener Input-Zellen läßt sich **nicht** verändern, der inaktiver Zellen nicht ausführen. Ein wichtiges Instrument zur übersichtlichen Gliederung von Notebooks sind gruppierte Zellen. Im offenen Zustand sieht man mehrere Zellen (durchaus unterschiedlichen Typs), die durch eine übergreifende Klammer zusammengefaßt werden. Durch doppeltes Anklicken dieser übergreifenden Klammer lassen sich diese Zellen öffnen und schließen. Zur Markierung von Zellen wird die betreffende Zell-Klammer mit der Maus einmal kurz angeklickt. Die Klammer dieser Zelle ist danach grau unterlegt.

1.6 Zur Anwendung von Mathematica-*packages*

Ähnlich wie andere moderne Programmiersprachen auch erlaubt Mathematica die Auslagerung von Befehlen in sogenannte **Programm-Bibliotheken** (unter Pascal werden diese als *units*, unter C als *include*-Dateien bezeichnet. Der Hersteller von Mathematica, Wolfram Research, nennt diese Dateien *packages*). Werden bestimmte Befehle von mehreren Programmen verwendet, empfiehlt sich auf Dauer, diese in einem solchen *package* zu sammeln. Die *packages* befinden sich in bestimmten Unterverzeichnissen bzw. *foldern*. In Abschn. 1.9 wird näher erläutert, in welche Unterverzeichnisse/*folder* die auf der CD-ROM befindlichen *packages* installiert werden müssen, damit Mathematica sie bei Bedarf findet.

Der Inhalt von *packages* kann mit den Mathematica-Befehlen `Needs["name1`name2`"]`, `Get["name1`name2`"]` oder `<<"name1`name2`"` als Kurzform von `Get[]` geladen werden. Die Bedeutung von `name1` und `name2` wird deutlich, wenn man weiß, daß der Pfad ein *packages* aus einem Verzeichnis-Namen besteht (`name1`), in dem sich die Programm-Bibliotheken (`name2`) befinden. Sämtliche auf dieser CD-ROM befindlichen *packages* werden bei richtiger Installation im *folder* `statistics` abgelegt, d.h. daß beispielsweise der Aufruf der Routinen zur Varianzanalyse →`Needs["statistics`anova`"]` lautet. Die aktuell geladenen *packages* lassen sich durch den Befehl `$Packages` feststellen, wobei dann auch Befehls-Bibliotheken angezeigt werden, die nicht durch das Anwender-Programm, sondern ihrerseits durch ein *package* geladen wurden.

Informationen zu den mit einem *package* geladenen Befehlen erhält man mit `?Befehlsname`; im Fall der mit `statistics` geladenen Befehle sind die Informationen relativ knapp gefaßt, enthalten aber einen Verweis auf dieses Buch. Mit `?packagename` wird schließlich eine Liste aller im betreffenden *package* definierten Befehle auf dem Bildschirm →ausgedruckt.

Literatur zur Mathematica-Programmierung: GAYLORD, *1996;* MAEDER, R. *1993*

Alle auf CD-ROM befindlichen Programme verwenden den Befehl Needs *zum Laden der packages*

Der Begriff auf dem Bildschirm ausdrucken wurde in Anlehnung an den Mathematica-Befehl Print *gewählt*

1.7 Einlesen von Daten-Dateien

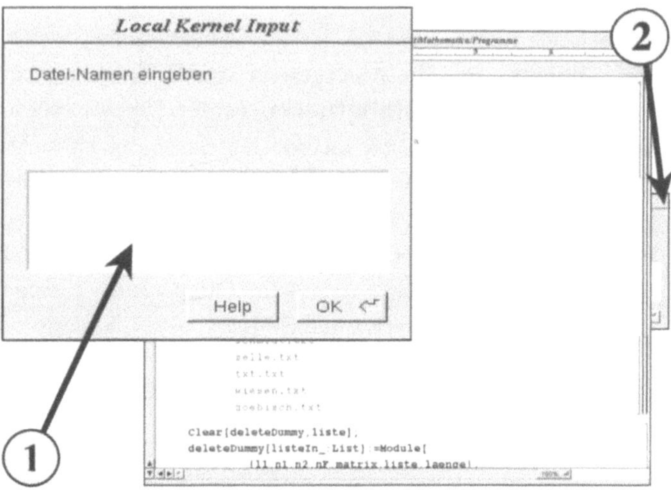

Mathematica bietet die Möglichkeit, durch ein Input-Fenster interaktiv mit dem ←*kernel* zu kommunizieren. Dieses Input-Fenster (Abbildung oben) enthält eine Info-Leiste (hier: „Datei-Namen eingeben") und ein editierbares Eingabe-Feld. Theoretisch kann jedem neu geöffneten Input-Fenster ein eigener Info-Text zugewiesen werden, tatsächlich gibt es z.B. bei der Version 2.1 für NeXT das Problem, daß ungeachtet irgendwelcher neu angegebener Texte beharrlich die zuerst eingegebene Information erscheint. In diesem Fall sollten Sie sich die vom Programm ausgegebene Information zum Input-Fenster ansehen, wobei Sie bitte die Anmerkung zur Abbildung auf dieser Seite beachten sollten.

Das Laden der Daten-Dateien geschieht in allen Anwender-Programmen durch den Befehl ←loadDataFile. Die Dateien dürfen im üblichen **ASCII-Format** sein, können bei entsprechend eingestellten Optionen aber auch im **Binär-Code** (Bytes) oder als Mathematica-Liste eingelesen werden. Die jeweilige **Konvertierung** erfolgt bei richtig eingestellten Optionen automatisch, d.h. nach der Befehls-Ausführung steht der Datensatz zur weiteren Bearbeitung durch Mathematica zur Verfügung.

1.8 Mut zur Liste:
Zur Datenstruktur der Anwender-Programme

Zur Verwaltung und Verarbeitung experimentell ermittelter
Daten empfiehlt sich unter Mathematica die Verwendung
von →**Listen**. Eine Liste aus N Meßdaten $x_1, x_2, \ldots, x_N$
besitzt beispielsweise die Form $\{x_1, x_2, \ldots, x_N\}$. Prinzipiell
wird eine Mathematica-Liste in geschweifte Klammern $\{\ \}$
gesetzt, wobei die Werte in der Liste durch ein Komma
getrennt werden. Mehrere Listen lassen sich zu Matrizen
zusammenfassen. Die folgende Abbildung zeigt links ein
entsprechendes Beispiel:

*Zur Listen-Verarbeitung
mit Mathematica siehe
Mathematica-Notebook
`listen.ma` auf der
beiliegenden CD-ROM*

```
{{"c1","c2",    "P"},
 {0,     0,     1.0},
 {95,    0,     0.611},
 {190,   0,     0.465},
 {285,   0,     0.361},
 {380,   0,     0.293},
 {475,   0,     0.251},
 {0,     0.5,   0.776},
 {95,    0.5,   0.528},
 {190,   0.5,   0.415},
 . . .   . . .  . . .
 {190,   2,     0.288},
 {285,   2,     0.252},
 {380,   2,     0.219},
 {475,   2,     0.198},
 {0,     2.5,   0.395},
 {95,    2.5,   0.324},
 {190,   2.5,   0.273},
 {285,   2.5,   0.233},
 {380,   2.5,   0.204},
 {475,   2.5,   0.183}}
```

```
c1      c2      P
0       0       1.0
95      0       0.611
190     0       0.465
285     0       0.361
380     0       0.293
475     0       0.251
0       0.5     0.776
95      0.5     0.528
190     0.5     0.415
. . .   . . .   . . .
190     2       0.288
285     2       0.252
380     2       0.219
475     2       0.198
0       2.5     0.395
95      2.5     0.324
190     2.5     0.273
285     2.5     0.233
380     2.5     0.204
475     2.5     0.183
```

*Rechts: (Fiktives) Bei-
spiel eines Datensatzes im
ASCII-Format, wie er
von vielen Meßgeräten
ausgegeben wird. Am
Kopf stehen i.d.R. die
Bezeichnungen der
Variablen (hier: c1, c2
und P). Darunter befindet
sich das eigentliche
Daten-Material. Links ist
der gleiche Datensatz in
Mathematica-Listen-
notation wiederge-
geben. Die Variablen-
Bezeichnung wurde in
Strings konvertiert,
der Datensatz besteht
aus einer Liste von N
Unterlisten der Länge 3
(Zahlentripel)*

Zur Konversion von ASCII-Dateien in eine für Mathematica verwertbare Form kann der Befehl `datenSatz2=con-`
`vertASCII2List[datenSatz1]` (aus dem *package* `"statis-`
`tics`administration`"`) verwendet werden (bei Angabe der
Option `convertASCII->True` wird diese Daten-Konversion
auch durch den Befehl `loadDataFile` ausgeführt). Eine Reihe von Optionen (auf die in den Anwendungs-Beispielen und
in Abschn. 3.0 näher eingegangen wird) erlaubt dabei eine
relativ flexible Vorgehensweise, wie anhand der auf der folgenden Seite abgebildeten Beispiele gezeigt werden soll (Hinweis: Zur Verdeutlichung wurde die Mathematica-Liste mit
der Option `//TableForm` ausgegeben):

Die oberste Liste gibt eine (sehr kurze) ASCII-Datei wieder. In der fünften Spalte ist die Zeit in einer **Zeitdarstellung** wiedergegeben, wie sie von vielen Meßgeräten ausgegeben wird. Da diese Notation **keine** Zahl ist, sondern eine Folge von Zeichen (String), kann Mathematica mit diese Angaben nicht mathematisch rechnen. Wird allerdings der Befehl `convertASCIIFile` mit der Option `timeConversion ->True` aufgerufen, lokalisiert dieser automatisch die Spalte, an deren Kopf das Wort „Time" steht, und wandelt die Strings dieser Spalte in Sekunden um (2. Tabelle von oben, grau unterlegte Spalte). Würde man den Befehl auf Liste 2 (Zeitangaben in Sekunden) wieder mit der Option `timeConversion->True` anwenden, erfolgte die umgekehrte Zeitkonversion, d.h. man erhielte wieder Liste 1. Prinzipiell lassen sich Spalten von Listen beliebig vertauschen (2. Tabelle von unten), löschen oder hinzufügen (siehe Abschn. 3.0). Mathematica erlaubt auch die Verwendung von Listen gemischten Typs wie z.B. in der untersten Tabelle, in der die erste und die letzte Spalte aus Zeichenketten (Strings) besteht, wobei sich der Inhalt beispielsweise einer „String-Spalte" **nicht** mathematisch weiterverarbeiten läßt.

PtiO2	ICP	MAP	CPP	Time
3.12	25	77	52	0.24:00:00
4.76	0	0	0	1.01:00:00
5.98	26	86	60	1.02:00:00
5.96	33	91	58	1.03:00:00
8.1	33	94	61	1.04:00:00
13.	31	94	63	1.05:00:00
17.5	42	105	63	1.06:00:00
8.57	0	0	0	1.07:00:00

PtiO2	ICP	MAP	CPP	Time
3.12	25	77	52	86400
4.76	0	0	0	90000
5.98	26	86	60	93600
5.96	33	91	58	97200
8.1	33	94	61	100800
13.	31	94	63	104400
17.5	42	105	63	108000
8.57	0	0	0	111600

Time	PtiO2	ICP	MAP	CPP
0.24:00:00	3.12	25	77	52
1.01:00:00	4.76	0	0	0
1.02:00:00	5.98	26	86	60
1.03:00:00	5.96	33	91	58
1.04:00:00	8.1	33	94	61
1.05:00:00	13.	31	94	63
1.06:00:00	17.5	42	105	63
1.07:00:00	8.57	0	0	0

Time	PtiO2	ICP	MAP	Anmerkung
0.24:00:00	3.12	25	77	-
1.01:00:00	4.76	0	0	-
1.02:00:00	5.98	26	86	Anmerkung
1.03:00:00	5.96	33	91	-
1.04:00:00	8.1	33	94	-
1.05:00:00	13.	31	94	Anmerkung
1.06:00:00	17.5	42	105	-
1.07:00:00	8.57	0	0	-

Die Fähigkeit von Mathematica, mit Listen und Matrizen zu rechnen, ist sehr gut ausgebaut, so daß dieses Instrumentarium auch zur Verarbeitung von Meßdaten verwendet werden kann. Werden z.B. im Rahmen eines Radioassays zur Untersuchung der Wirkung eines Toxins die Strahlenaktivitäten C(c) in Abhängigkeit von der Dosierung c ermittelt, errechnet sich bei bekannten Werten für die Kontrollen und die Hintergrundstrahlung (Aktivitäten K und B) die Wirkung P(c) des Toxins zu $P(c) = (C(c)-B)/(K-B)$. Liegen die Werte für C(c) als (in diesem Fall einfache) Liste `cListe` und die Werte für B und K als Zahlen vor, lautet der entsprechende Befehl zur Berechnung der Wirkung `pListe=(cListe-B)/(K-B)`. Bei Eingabe einer `cListe` der Größe n erhält man als Resultat eine `pListe` ebenfalls der Größe n.

Die Umrechnung von Daten bzw. Datenlisten gehört zur Vorbereitung der statistischen Auswertung. Je nach Problemstellung sind unterschiedlichste Möglichkeiten gegeben und selbst für einen bestimmten Bereich gibt es u.U. unterschiedliche Ziele der Listenverarbeitung. Im genannten Beispiel der Toxin-Wirkung etwa geben viele Autoren nicht die Wirkung P(c) an, sondern die Überlebensrate $S(c) = 1 - P(c)$, d.h. daß in diesem Fall die entsprechende Mathematica-Eingabe anders aussähe. In den Anwender-Programmen sind zwar einige Beispiele von Listen-Verarbeitungen aufgeführt, trotzdem muß sich hier der Anwender u.U. selber in die (relativ einfache) →Listen-Verarbeitung einarbeiten, um sein Datenmaterial vor Beginn der statistischen Auswertung in die geeignete Form zu bringen.

Ausführlichere Informationen zur Listen-Bearbeitung finden Sie in WOLFRAM, *1991, und* GAYLORD, *1996. Auf der beiliegenden CD-ROM befinden sich die Postscript- und Mathematica-Dateien* listen.ps *und* listen.ma, *die den Umgang von Mathematica mit Listen erläutern*

1.9   Hinweise zur Installation der Programme und der Programm-Bibliotheken

Ein Notebook besteht aus zwei Dateien mit den genannten Namenserweiterungen (Extensionen)

Siehe Abschn. 1.3

Die **Installation** der Programme (Notebooks mit den ←Extensionen ma und mb) sowie der Programm-Bibliotheken (Extensionen m) ist unter allen Betriebssystemen denkbar einfach, da im Grunde lediglich die relevanten Dateien auf den Rechner kopiert werden müssen. Bei der ←Installation von Mathematica auf Ihren Rechner legt das Installationsprogramm bereits ein Unterverzeichnis an, in dem sich die Original-Mathematica-*packages* befinden. Sofern Sie Zugriff auf dieses Unterverzeichnis haben, können Sie die *packages* dort ablegen, anderenfalls müssen Sie die *packages* in ein anderes – sinnvollerweise eigens dazu angelegtes – Unterverzeichnis kopieren.

Installation unter MS-Windows

Als Anwender von MS-Windows besitzen Sie uneingeschränkten Zugang zu allen Dateien und Verzeichnissen. Das Installations-Programm für Mathematica Version 2.2 schlägt als Verzeichnis-Namen `WNMATH22` vor. In diesem Verzeichnis befinden sich u.a. die Unterverzeichnisse `NOTEBOOK` und `PACKAGES`. Mit dem DOS-Befehl `XCOPY D:\PROGS*.M*` `C:\WNMATH22\NOTEBOOK\` (falls D die Bezeichnung Ihres CD-Laufwerkes ist und sich Mathematica auf dem Laufwerk C im Unterverzeichnis `WNMATH22` befindet) kopieren Sie alle Programm-Beispiele in das Verzeichnis `NOTEBOOK`; optional können Sie selbstverständlich ein neues Verzeichnis einrichten und die Beispiel-Dateien dort hineinkopieren.

Wegen der beharrlichen Weigerung Microsofts, mehr als acht Buchstaben zur Bezeichnung von Verzeichnissen und Dateien zuzulassen, wird sich der DOS- und Windows-Anwender sicherlich an solche kryptischen Kürzel bereits gewöhnt haben

Der Inhalt des Unterverzeichnisses `PACKAGES` besteht wiederum aus Unterverzeichnissen (z.B. `STATIST`), in denen schließlich die einzelnen *packages* abgelegt sind (z.B. `DESCRIPT.M`). Damit wird auch deutlich, welche Funktion das Argument des in Abschn. 1.6 erwähnten Mathematica-Befehles `Needs["STATIST`DESCRIPT`"]` zum Aufruf der *packages* besitzt: Der erste Teil des Arguments – `STATIST` – bezieht sich auf das Unterverzeichnis `STATIST`, der zweite Teil auf das *package* `DESCRIPT`. Wenn Sie das auf der CD-ROM befindliche Unterverzeichnis ←`Statistics` in das Unterverzeichnis `C:\WNMATHE22\PACKAGES` kopieren, können die darin enthalhaltenen Befehle mit dem Befehl `Needs["STATIST `PACKAGE-NAME`"]` geladen werden. Sollten hierbei Probleme auftreten, müssen Sie in den Anwender-Programmen u.U. die Befehle `Needs["..."]` durch `Get[DATEINAME]` ersetzen und bei dem Dateinamen den **vollständigen** Pfad und die Extension des *packages* mit angeben (also etwa `Get["C:\WNMATH22\ PACKA-GES\STATIST\DESCRIPT.M"]`)

Mathematica-packages besitzen immer die Extension `m`

Hinweis: Dateinamen sind immer Strings, d.h. daß sie in Mathematica zwischen →Anführungszeichen gesetzt werden müssen. **Beachten Sie bitte auch, daß Mathematica zwischen Klein- und Großschreibung unterscheidet.**

Und zwar in An-führungszeichen, die sowohl vor als auch hinter dem Ausdruck oben stehen müssen ("...")

DOS-Anwender finden in Abschn. 4.2 dieses Buches eine Liste der Original-*package*-Namen von `statistics` und ihre (auf maximal 8 Buchstaben reduzierten) Analoge für MS-DOS und -Windows.

Die Installation unter Apple entspricht grundsätzlich der unter MS-Windows, d.h. daß die Programme bzw. Notebooks in die entsprechenden *folder* kopiert werden, wobei die Einschränkung bezüglich der Dateinamen-Länge und der Groß- und Klein-Schreibung **nicht** gilt.

Installation unter Apple

Für UNIX-Anwender gibt es häufig zwei *folder*, in denen sich Mathematica-*packages* befinden können – in einem nur vom Systemverwalter beschreibbaren Verzeichnis und einem im *user*-Verzeichnis befindlichen *folder*. Werden die *packages* in eines dieser Verzeichnisse kopiert, können sie durch den Befehl `Needs` aufgerufen werden. Treten Komplikationen auf, sollte der Befehl `Get` unter Angabe des gesamten Dateinamens einschließlich des Pfades und der Extension angegeben werden (z.B. `Get["~/Library/Mathematica/Packages/Statistics/DescriptiveStatistics.m"]`; die Tilde ~ steht unter UNIX für das *home*-Verzeichnis des Anwenders).

Installation unter UNIX

1.10 Mathematica-Befehle und Optionen

Ein Mathematica-Befehl setzt sich aus dem Befehls-Namen, dem Befehls-Argument und sogenannten **Optionen** zusammen. Beispiel:

```
Plot[Sin[x],{x,-Pi,Pi},AspectRatio->1/2].
```

Dieser Befehl (Befehlsname: `Plot`) zeichnet den Graphen der Sinus-Funktion (Argument: `Sin[x]`) im geschlossenen Intervall von $-\pi$ bis π (Argument: `{x,-Pi,Pi}`) und legt die Graphik im Format 1/2 (Breite/Höhe; Option: `AspectRatio`) an. Optionen sind grundsätzlich Zuordnungen (*rules*), d.h. daß der Option (hier: `AspectRatio`) mit Hilfe eines Pfeiles (`->`) ein bestimmter Wert (hier: 1/2) zugewiesen wird. Optionen müssen **nicht** gesetzt werden – wird darauf verzichtet, setzt Mathematica einen Standard-Wert (*default*-Einstellung) ein (im obigen Fall wäre dies `1/GoldenRatio` $\approx$ 0,62). Diese Standard-Einstellungen können mit dem Befehl `Options[Befehlsname]` abgefragt und mit `SetOptions[Befehlsname]` global (d.h. für die gesamte Dauer der jeweiligen Mathematica-Sitzung) geändert werden. Die Angabe einer Option innerhalb eines Befehles (z.B. `AspectRatio->1/2`; siehe obiges Beispiel) wirkt sich dagegen nur für diese eine Befehlsausführung aus.

Die Standard-Einstellungen der Optionen im *package* `statistics` orientieren sich an Werten, die man als mehr oder weniger etabliert bezeichnen kann bzw. die in den häufigsten Fällen eingesetzt werden. So beträgt der *default*-Wert für die Irrtumswahrscheinlichkeit α durchgehend 10 % (d.h. `alpha->0.1`); da in den meisten Fällen zweiseitige Hypothesen-Tests durchgeführt werden, wird die entsprechende Option (`TwoSided`) auf den Wert `True` gestellt. Soweit möglich, orientieren sich die Namen der Optionen an den Original-Mathematica-*packages*.

Anwendungen

I n diesem Teil werden zu unterschiedlichen Themenbereichen Anwendungen in Form von Mathematica-Programmen vorgestellt. Jedes dieser Programme besteht aus einem →**Notebook** und den notwendigen *packages*, die vom Notebook →selbständig geladen werden.

Die Gliederung der einzelnen Kapitel dieses Teiles verläuft nach einem einheitlichen Schema. Zu Beginn wird die Themenstellung umrissen, anschließend wird ein Beispiel mit Hilfe dieses Programmes ausgewertet, wobei sich i.d.R. bei aufgeschlagenem Buch die Seiten des Notebooks auf der rechten Seite befinden und direkt gegenüber – auf der linken Buchseite – die Erklärungen, Hinweise und Tips.

Statistische Methoden gibt es viele, und nicht selten gibt es sogar alternative Möglichkeiten, um zu einer Aussage zu kommen. Zu vielen Befehlen bietet das *package* die Möglichkeit an, optional von einer →Standard- auf eine andere Methode auszuweichen. Nicht all diese Optionen – und auch nicht alle Befehle – sind in den beiliegenden Beispiel-Notebooks eingesetzt worden, da dies den Rahmen des Buches sprengen würde.

Hinweis: Mit `Options[befehlsname]` erhalten Sie eine Liste der aktuellen Standard-Optionen. Wollen Sie eine (oder mehrere) dieser Optionen für das **gesamte** Notebook verändern, verwenden Sie den Befehl `SetOptions[befehlsname,option->value]`. Tragen Sie diesen Befehl in eine Initialisierungszelle ein und →formatieren Sie die Zelle entsprechend. Damit wird nach jedem weiteren Start dieses Notebooks Ihre Änderung automatisch berücksichtigt.

Siehe Abschn. 1.5
Siehe Abschn. 1.4

In Kap. 3 finden Sie
nähere Informationen zu
den Statistik-Befehlen
einschl. der möglichen
Optionen

Initialisierungszellen
erkennen Sie an der
Form der Zellklammer
(siehe Abschn. 1.5)

Nach erfolgter Initialisierung können Sie die Notebooks auf zweierlei Weise starten. **Entweder** Sie markieren sämtliche Input-Zellen (außer den Zellen im Initialisierungsteil!) und geben anschließend den Befehl zur Ausführung dieser **oder** Sie klicken die Zellen **der Reihe nach** einzeln an und starten jedesmal die Befehlsausführung (die zweite Vorgehensweise ist insbesondere dann sinnvoll, wenn Sie die Zwischenschritte kontrollieren und ggf. in die Auswertung eingreifen wollen).

Bevor mit Abschn. 2.1 die Beispiele beginnen, noch einige Hinweise zu eventuellen Problemen bei der Ausführung von Befehlen und Programmen bzw. beim Laden von *packages*. Wenn sich Befehle aus den *packages* nicht anwenden lassen, befinden sich letztere eventuell in einem Unterverzeichnis, das von Mathematica nicht gefunden wird. Überprüfen Sie dies und beachten Sie dabei die Hinweise in Abschn. 1.9. Wenn Sie der Routine `loadDataFile` einen falschen ←Pfad oder ein falsches ←Muster für die Dateien-Namen angeben (z.B. `"*.dot"` anstelle von `"*.dat"`), werden die richtigen Daten-Dateien nicht gefunden und können folglich nicht geladen werden. Wird eine Datei erfolgreich geladen, besitzt aber das falsche Format (wenn Sie beispielsweise versuchen, einen univariaten Datensatz mit Methoden für bivariate Datensätze zu bearbeiten), werden die Befehle ebenfalls nicht korrekt ausgeführt – Mathematica rächt sich dann u.U. mit einer Kaskade von Fehlermeldungen.

Hinweis zu den Datensätzen: Bei der Suche nach geeigneten Datensätzen habe ich teilweise auf einen Fundus an eigenen Meßreihen zurückgreifen können, der sich im Laufe der Jahre – einschl. des Studiums – angesammelt hat. Soweit Daten aus der Literatur verwendet werden, ist dies an der betreffenden Stelle ausdrücklich erwähnt. Gleiches gilt für einige Datensätze, die aus didaktischen Gründen mit dem Computer simuliert wurden, wobei versucht wurde, sich an einigermaßen realistische Werte zu halten.

Siehe Abschn. 1.7

Hinweis: Die in diesem Kapitel wiedergegebenen Notebooks wurden unter Mathematica Version 2.2 auf einem NeXT/NeXTStep-Rechner ausgeführt

2.1 Bevölkerungsstatistik -
Beispiel für eine ausführliche deskriptive Statistik

Weniger ist oft mehr – nicht immer ist es sinnvoll, induktive statistische Methoden anzuwenden, etwa dann, wenn es eigentlich keine (sinnvolle) Hypothese gibt, die es zu testen gälte, oder wenn die Stichprobenumfänge sehr →gering sind. Umgekehrt gibt es eine Reihe sehr raffinierter deskriptiver Methoden, die ungeachtet der Frage eingesetzt werden können, ob der Stichproben-Umfang hinreichend groß ist, ob die Daten normalverteilt sind usw. **Methoden der deskriptiven – insbesondere der graphischen – Statistik sind ein ideales Instrument zur Entwicklung von Hypothesen.**

Die Geschichte der induktiven Statistik ist noch relativ jung; im Bewußtsein, sicherlich begründeten Widerspruch zu ernten, würde ich den Beginn des „Zeitalters" dieses Teiles der Statistik auf die Jahrhundertwende verlegen – in Zusammenhang bringend mit Namen wie R. A. Fisher (1890–1962), K. Pearson (1857–1936) oder W. Gosset („*student*"; 1876–1937). Die deskriptive Statistik dagegen ist deutlich älter – bereits in den Frühkulturen Mittel- und Südamerikas, Mesopotamiens, Hawaiis oder Fernasiens war es den Herrschenden ein Anliegen, die Bevölkerung statistisch gut im Auge zu behalten, vorzugsweise zur Abschätzung zukünftiger Steuereinnahmen oder der Wehrfähigkeit des Volkes. Noch heute gehört die Demoskopie zu den Bereichen, in denen eine reine Beschreibung des Datenmaterials zu den wichtigsten Instrumenten gehört (→), auch wenn hier – insbesondere in Verbindung mit den modernen Wirtschaftswissenschaften – zunehmend auch induktive Methoden eingesetzt werden.

In dem vorliegenden Beispiel-Notebook wird eine →Rechner-simulierte Gehaltsstatistik von Ehepaaren untersucht. Auf welchen Modellannahmen diese Simulation beruht, ist bei einer deskriptiv-statistischen Untersuchung im Grunde irrelevenat, gilt es doch auf jeden Fall **nicht**, ein Modell zu bestätigen oder abzulehnen.

2.1.1 Das Notebook (nach einer Auswertung)

Laden von Daten-Dateien

Das Notebook befindet sich unter dem Namen 21.ma *auf der beiliegenden CD-ROM*

Geladen wird die Datei gehalt.dat, die im Verzeichnis "~/Mathematica/data" als Datei im Mathematica-Format List gespeichert ist. Der Befehl loadDataFile teilt das erfolgreiche Laden der Datei mit. Zur Weiterverarbeitung wird dem Datensatz der Name gehalt zugewiesen. Diese Datei besteht aus zwei Unterlisten, von denen die erste das Gehalt der Männer und die zweite das Gehalt der Frauen enthält. Mit der Zuordnung {maenner,frauen}=gehalt; stehen die beiden Datensätze als separate Listen zur Verfügung (das Semikolon am Ende des Befehls unterdrückt die numerische Ausgabe der Liste auf dem Bildschirm).

Daten-Reduktion

Der Befehl Map *wird im Notebook* listen.ma *auf der beiliegenden CD-ROM näher erläutert*

Der Befehl ←Map[Mean,gehalt] wendet den Befehl für den arithmetischen Mittelwert auf alle Unterlisten von gehalt an, d.h. er gibt das (arithmetische) mittlere Gehalt von Männern und Frauen zurück. Gleiches gilt für den Median, die Schief- und die Steilheit. An den hohen Werten für die Kurtosis (Steilheit) und die Skewness (Schiefheit) für die „männlichen" Gehälter erkennt man bereits, daß diese sicherlich nicht normalverteilt sind.

Rohdarstellung der Daten

Die Rohdaten-Darstellung ergibt bereits einige interessante Aufschlüsse: Unter den männlichen Gehältern sind einige wenige Werte extrem hoch, d.h. – etwas salopp formuliert – viele Männer verdienen wenig, und wenige Männer verdienen ausgesprochen viel. Bei den Frauen ist die entsprechende Gehaltsverteilung offensichtlich nicht so krass ausgeprägt.

Einkommens-
Verteilung

Darstellung und Untersuchung zweier Verteilungen

Initialisierungen

☐ Laden von Daten-Dateien

```
gehalt=loadDataFile["*.dat",
    format->"List",
    convertASCII->True,
    path->"~/Mathematica/data/"]//N;
```

```
Anwender-Verzeichnis:
     /statist
Daten-Verzeichnis:
     /statist/Mathematica/data
Vorhandene Daten-Dateien:
     gehalt.dat
     medline.dat
     voltmeter.dat
Name der ausgewählten Datei
     ~/Mathematica/data/gehalt.dat
Datei erfolgreich geladen.
```

Befehl loadDataFile
siehe Abschn. 3.0

```
{maenner,frauen}=gehalt;
```

☐ Daten-Reduktion

```
Map[Mean,gehalt]
{5919.97, 2606.32}
```

Befehl Mean

siehe Abschn. 3.1.5

```
Map[Median,gehalt]
{4920., 2458.}
```

Befehl Median

siehe Abschn. 3.1.5

```
Map[KurtosisExcess,gehalt]//N
{97.1231, 0.662938}
```

Befehl KurtosisExcess

```
Map[Skewness,gehalt]
{9.31125, 0.754303}
```

siehe Abschn. 3.1.5

Befehl Skewness

siehe Abschn. 3.1.5

☐ Roh-Darstellung der Daten

Befehl Map

siehe WOLFRAM, *1991*

```
rawPlot[maenner];
rawPlot[frauen];
```

Befehl rawDataPlot

siehe Abschn. 3.1.2

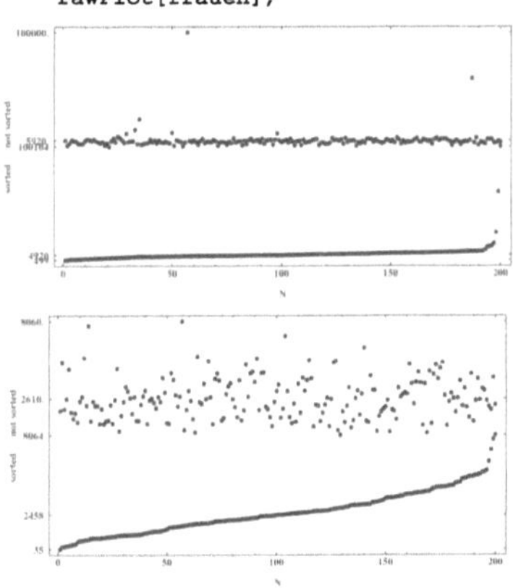

☐ **Verteilung der Daten**

☐ **Quantile-Plot**

Befehl `quantilePlot`
siehe Abschn. 3.1.2

```
quantilePlot[maenner];
quantilePlot[frauen];
```

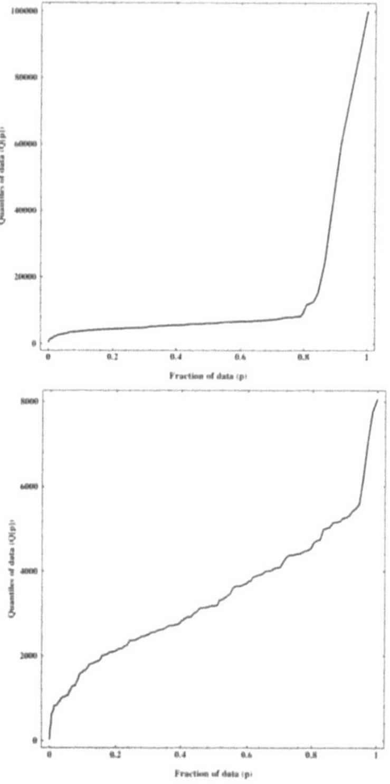

Bei gleich- (d.h. nicht normal-)verteilten Stichproben bewegt sich der Graph des Quantilsplots entlang einer Diagonalen; Abweichungen der Kurve von dieser Diagonalen zu flacheren Steigungen hin treten bei höheren Dichten, steilere Kurvenstücke bei niedrigeren Dichten auf. In diesem Beispiel wird die bisher gemachte Beobachtung bestätigt, wonach sich bei den Männern die größte Dichte im niedrigeren Gehaltsbereich befindet, während es nur wenige Spitzenverdiener gibt. Unter den Frauen ist die Einkommensverteilung dagegen deutlich ausgewogener, insbesondere ist ein starkes „Mittelfeld" vorhanden, während ausgesprochene Niedrig- und Spitzenverdiener seltener auftreten.

□ Symmetry Plot

```
symmetryPlot[maenner];
symmetryPlot[frauen];
```

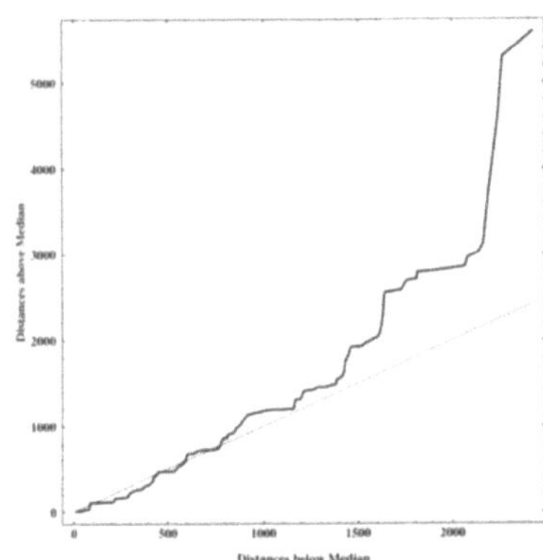

□ Klassisches Histogramm

```
histogram[maenner];
```

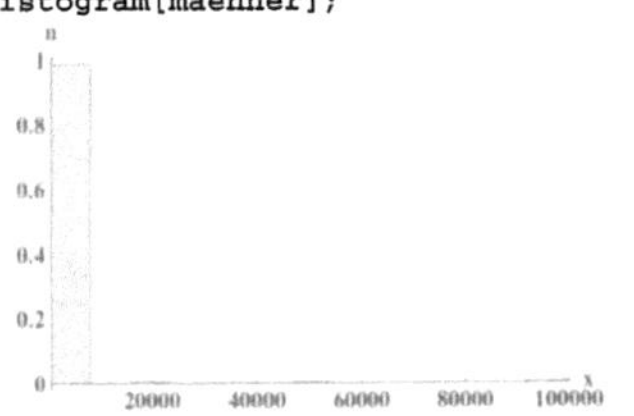

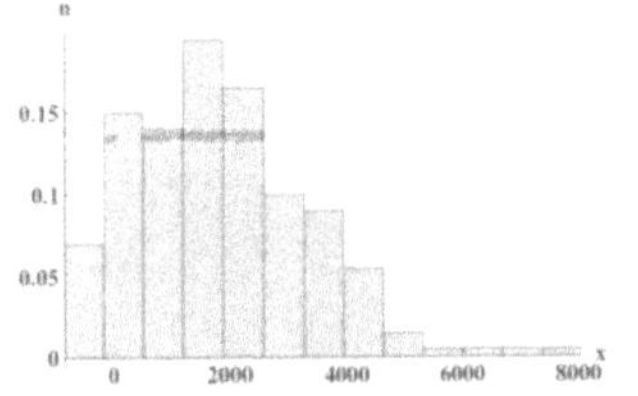

Der Symmetrie-Plot ist geeignet, Symmetrien bzw. Asymmetrien in einer Verteilung darzustellen. Daß die Gehaltsverteilung der Männer stark asymmetrisch ist, wurde bereits festgestellt. Im Quantile-Plot der Frauen-Gehälter (auf der vorhergehenden Seite) hat man dagegen zuerst den Eindruck, diese Verteilung sei mehr oder weniger symmetrisch. Der entsprechende Symmetrie-Plot links zeigt indessen, daß auch die Frauengehälter leicht rechtssteil/linksschief verteilt sind.

Befehl symmetryPlot
siehe Abschn. 3.1.2

Die Histogramm-Darstellung der Verteilung der Männer-Gehälter verdeutlicht die Grenzen dieser Darstellungsform bei extremen Verteilungen. Die im Symmetrie-Plot festgestellte Schiefheit bei den Gehältern der Frauen läßt das Histogramm allenfalls erahnen.

Befehl histogram
siehe Abschn. 3.1.2

☐ Test auf Normalität

Befehl

testOnNormality

siehe Abschn. *3.1.3*

```
testOnNormality[maenner,output->True,
        method->KolmogoroffSmirnow];
```

```
   method->KolmogoroffSmirnow
Test on Normality using
Kolmogoroffs and Smirnows Test
      alpha= 0.1
Test-Result= False
```

```
testOnNormality[frauen,output->True,
        method->KolmogoroffSmirnow];
```

```
   method->KolmogoroffSmirnow
Test on Normality using
Kolmogoroffs and Smirnows Test
      alpha= 0.1
Test-Result= True
```

☐ Ausreißer-Behandlung

Befehl outliers

siehe Abschn. *3.1.4*

```
maennerNeu=outliers[maenner,
     rekursiv->True,
     method->severalOutlierTest,
     output->True];
```

```
   method->severalOutlierTest
rekursiv->True
#1: Ausreißer-Elimination->True
#2: Ausreißer-Elimination->True
#3: Ausreißer-Elimination->True
#4: Ausreißer-Elimination->True
#5: Ausreißer-Elimination->True
#6: Ausreißer-Elimination->True
#7: Ausreißer-Elimination->False
```

```
frauenNeu=outliers[frauen,
     rekursiv->True,
     method->severalOutlierTest,
     output->True];
```

```
   method->severalOutlierTest
rekursiv->True
#1: Ausreißer-Elimination->True
#2: Ausreißer-Elimination->False
```

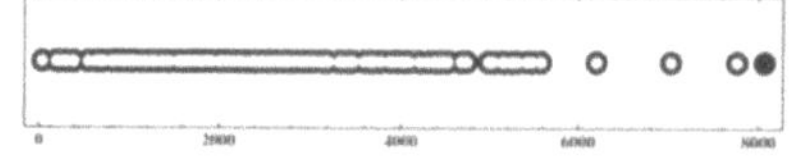

Der Kolmogoroff-Smirnow-Test auf Normalität bestätigt –
basierend auf einer Irrtumswahrscheinlichkeit von 10 % – die
Normalverteilung für die Frauen-Gehälter, lehnt diese für die
Männer-Gehälter aber ab. Die rekursive Ausreißerbereinigung führt bei den Männer-Gehältern zur Elimination von
6 Werten und bei den Frauen von einem Wert.

☐ Zwei unabhängige Variablen
   (zwei Verteilungen)

☐ Bivariater ScatterPlot

Befehl scatterPlot2D
siehe Abschn. 3.2.2

```
scatterPlot2D[Transpose[gehalt],
        histograms->True,
        median->True];
```

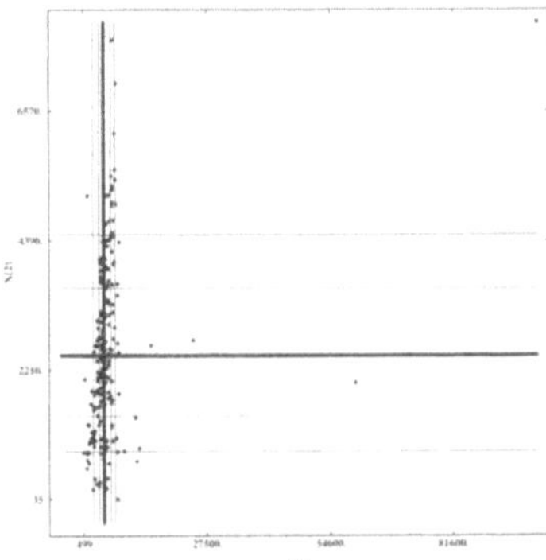

☐ QQ-Plot

Befehl qqPlot
siehe Abschn. 3.2.2

```
qqPlot[gehalt,
     PlotStyle->Thickness[0.01],
     output->False];
```

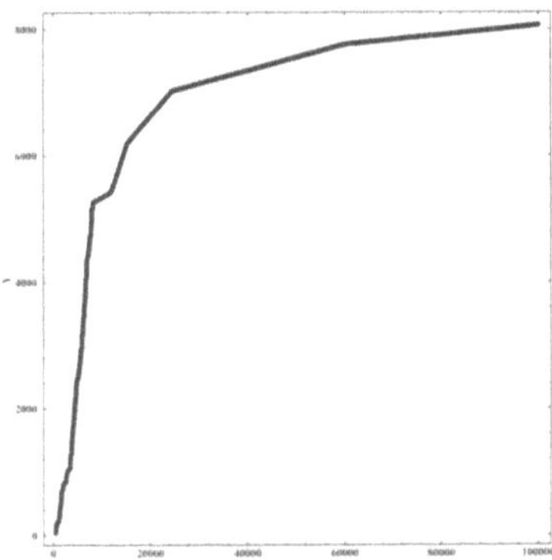

Im 2D-Scatter-Plot werden die Gehälter jedes Ehepaares
paarweise gegeneinander aufgetragen. Gäbe es eine Korrelation zwischen den beiden Gehältern (d.h. z.B. daß die Gehälter eines Geschlechtes von den Gehältern der Ehepartner
abhingen), lägen die Punkte mehr oder weniger ausgeprägt
auf einer Geraden. Eine →Korrelations-Analyse würde diese
Hypothese bestätigen oder ablehnen können. Die Quantils-
Quantils-Graphik (Befehl qqPlot) verdeutlicht nochmals,
daß die beiden Gehaltsverteilungen nicht gleich sind.

Siehe Abschn. 3.3

Befehl histogram3D
siehe Abschn. 3.2.2

□ 3D-Histogramm

```
histogram3D[Transpose[gehalt]];
```

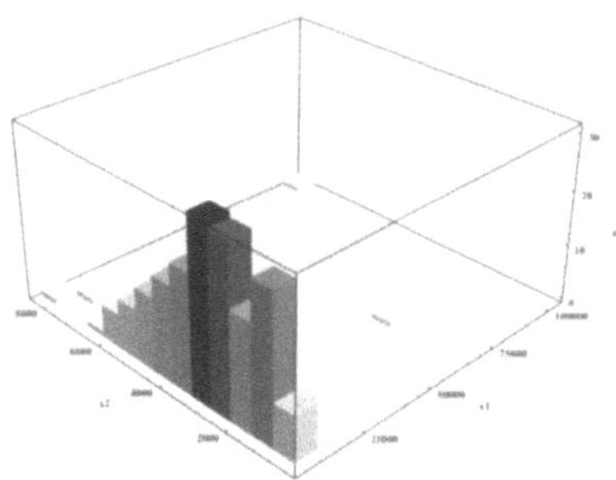

Befehl peelingPlot
siehe Abschn. 3.2.2

□Peeling-Plot

```
peelingPlot[Transpose[gehalt]];
Quantilen:
 18.5%
 43.5%
 64.%
 85.%
 99.5%
```

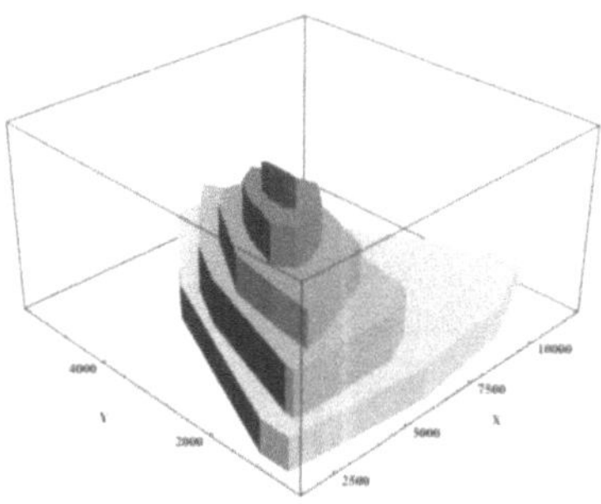

Die beiden dreidimensionalen Abbildungen auf dieser Seite geben oben das bivariate 3D-Histogramm und unten das *peeling* (mit den ($\approx$) 100 %-, 85 %-, 64 %-, 43,5 %- und 18,5 %-Quantilen) der Stichprobe wieder. Es fällt auf, daß das Maximum des Histogramms stärker am Rand liegt als das des *peelings*; der Grund liegt darin, daß die Verteilung – insbesondere bezüglich der Männer-Gehälter – extrem asymmetrisch ist, d.h. daß der Median dieser Verteilung (um welchen sich die Hüllen des *peelings* anordnen) oberhalb des Verteilungsmaximums liegt (auch für den entsprechenden univariaten Fall gilt, daß bei rechtssteilen/linksschiefen Verteilungen der Median oberhalb des Modal-Wertes liegt).

2.2 Widerstandsmessung mit der Wheatstone'schen Brücke – Beispiel für deskriptive Statistik und Fehlerfortpflanzung

2.2.1 Experimentelle Grundlagen

Die **Wheatstone'sche Brücke** ist eine Schaltung (siehe abgebildetes Schaltbild) zur Ermittlung eines unbekannten elektrischen Widerstandes X mit Hilfe eines Referenz-Widerstandes R und zwei variablen Widerständen l und $l2$, wobei die Randbedingung $l + l2 = L$ gilt (Potentiometer). Das Potentiometer wird so eingestellt, daß die Spannung $U = v4 - v3$ verschwindet. Ist das entsprechende lineare Gleichungssystem erst einmal erstellt, läßt es sich mit Mathematica rasch lösen (rechts: $X = l \cdot R/l2$).

Wheatstone'sche Brücken werden beispielsweise in der Intensiv-Medizin zur *online*-Messung des arteriellen Blutdruckes eingesetzt. Dabei wird das Schaltbild durch Ionenimplementation in einem extrem dünnen und elastischen, monokristallinen Siliziumkristall erzeugt; mit sich änderndem Blutdruck variiert auch die Wölbung dieser Membran und damit die „Geometrie" der Wheatstone'schen Brücke.

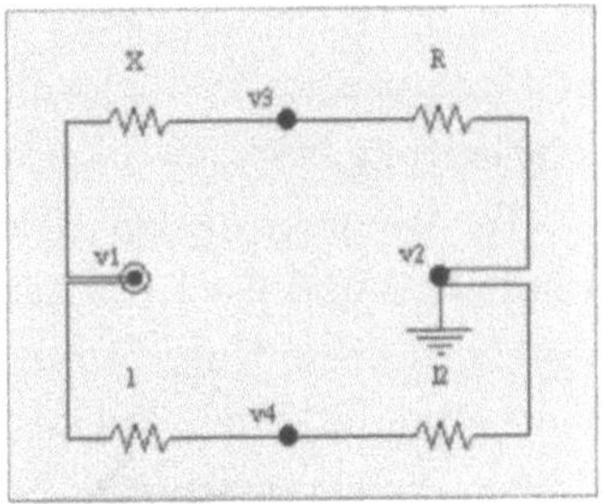

Schaltbild einer Wheatstone'schen Brücke, erstellt mit dem unter NeXT/NeXTStep laufenden Programm CircuitBuilder, welches zugleich das (lineare bzw. nichtlineare) Gleichungssystem ermittelt und im Mathematica-Format ausgibt

Das vom CircuitBuilder ausgegebene lineare Gleichungssystem für die Wheatstone'sche Brücke und die Lösung durch Mathematica (unterste Zeile im abgebildeten Notebook)

```
solutions = Solve[{
v1 == 1.000000,
v2 == 0.0,
i3[0] + i3[1] == 0.0,
i4[0] + i4[1] == 0.0,
i1[0] == -i3[0],
i1[0] == (v1-v3)/X,
i3[1] == -i2[0],
i3[1] == (v3-v2)/R,
i1[1] == -i4[0],
i1[1] == (v1-v4)/1,
i4[1] == -i2[1],
i4[1] == (v4-v2)/12
},{
v1,i1[0],i1[1],
v2,i2[0],i2[1],
v3,i3[0],i3[1],
v4,i4[0],i4[1],
}];

v3=v3 /.solutions
```

$$\left\{ \frac{1. \ (-(1\ R) - 12\ R)}{-(1\ R) - 12\ R - 1\ X - 12\ X} \right\}$$

```
v4=v4/.solutions
```

$$\left\{ \frac{1. \ (-(12\ R) - 12\ X)}{-(1\ R) - 12\ R - 1\ X - 12\ X} \right\}$$

```
Solve[v3==v4,X]
```

$$\left\{ \left\{ X \to \frac{1. \ 1\ R}{12} \right\} \right\}$$

2.2.2 Das Notebook (nach einer Auswertung)

Nach Aufruf und Initialisierung des Notebooks sind die notwendigen *packages* ("Statistics`DescriptiveStatistics`", "statistics`descriptiveStatistics`", "statistics`administration`" und "statistics`correlation`" geladen).

Das Notebook befindet sich unter dem Namen 22.ma auf der beiliegenden CD-ROM

☐ Laden von Daten-Dateien

Die zu ladende Daten-Datei befindet sich (in diesem Beispiel) im Unterverzeichnis path->"~/Mathematica/data" und ist im Mathematica-Listenformat abgespeichert. Zur Weiterverarbeitung bekommt die geladene Liste den Namen dataSet.

Im Versuch wurden 100mal gleichzeitig die drei Widerstände R, l und $L = l + l2$ gemessen. Die Datenliste dataSet besteht aus drei Unterlisten, die die Meßwerte von R, L und l enthalten. Mit der Befehlszeile {rM,LM,lM} wird den drei Größen die entsprechende Teilliste zugeordnet.

Die physikalische Einheit von r, L und l ist Ω

☐ Eingabe der Gleichung

Die Herleitung der Gleichung mit Hilfe von Mathematica wurde in Abschn. 2.2.1 besprochen; das Resultat wurde hier direkt in das Notebook eingegeben und anschließend ausgeführt. Mit den noch nicht numerisch bestimmten Mittelwerten ({mr,mL,ml}) und Standardabweichungen ({sr,sL, sl}) gibt der Befehl errorPropagation eine symbolische Gleichung zur Berechnung der Standardabweichung von x aus.

☐ Punkt- und Intervallschätzer

In diesem Abschnitt werden die arithmetischen Mittelwerte, die Mediane und die Standardabweichungen von r, L und l ermittelt. Um diese Werte im weiteren Verlauf verwenden zu können, erhalten sie Namen (means, medians und stdDev).

Der entsprechende Test für l und L bestätigte ebenfalls Normalität, wurde aus Platzgründen aber nicht wiedergegeben

☐ Test auf Normalität

Die 100 Meßwerte für R sind normalverteilt ($\leftarrow$).

Widerstands-Messung mit der

Wheatstone-Brücke

Test auf Normalverteilung und Unabhängigkeit mehrerer Variablen

und Fehlerfortpflanzung

Initialisierungen

▢ Laden von Daten-Dateien

```
dataSet=loadDataFile["*.dat",format->"List",
    path->"~/Mathematica/data/"];
```

```
Anwender-Verzeichnis:
      /statist
Daten-Verzeichnis:
      /statist/Mathematica/data
Vorhandene Daten-Dateien:
      gehalt.dat
      wheat.dat
Name der ausgewählten Datei
      ~/Mathematica/data/wheat.dat
Datei erfolgreich geladen.
```

```
{rM,LM,lM}=dataSet;
```

▢ Eingabe der Gleichung

```
x=r*l/(L-1)
```

$$\frac{l\ r}{-1\ +\ L}$$

```
errorPropagation[x,{r,L,l},{mr,mL,ml},{sr,sl,sL}]
```

$$\text{Sqrt}[\frac{ml^2\ mr^2\ sl^2}{(-ml\ +\ mL)^4} + (\frac{ml\ mr}{(-ml\ +\ mL)^2} + \frac{mr}{-ml\ +\ mL})^2\ sL^2 + \frac{ml^2\ sr^2}{(-ml\ +\ mL)^2}]$$

Befehl

errorPropagation

siehe Abschn. 3.1.6

▢ Punkt- und Intervall-Schätzer

```
means=Map[Mean,dataSet]
{100.961, 5.00241, 2.50163}
```

```
means=Map[Median,dataSet]
{101.126, 5.00537, 2.49956}
```

```
stdDev=Map[StandardDeviation,dataSet]
{4.6696, 0.0500123, 0.0531574}
```

▢ Test auf Normalität

```
testOnNormality[dataSet[[1]],output->True,
        method->KolmogoroffSmirnow];
```

```
  method->KolmogoroffSmirnow
Test on Normality using
Kolmogoroffs and Smirnows Test
        alpha= 0.1
Test-Result= True
```

Befehl testOnNormality

siehe Abschn. 3.1.3

Hinweis: Bereits die Feststellung, daß sich die Mediane und die arithmetischen Mittelwerte aller drei Widerstände kaum voneinander unterscheiden, ist ein Hinweis dafür, daß die Stichproben normalverteilt sein könnten (keinesfalls aber ein Beweis dafür!).

◼ Unabhängigkeit der Variablen

Im nächsten Schritt soll die Unabhängigkeit der drei Variablen R, L und l voneinander überprüft werden, da diese aus der Sachlogik heraus nicht unbedingt von vorne herein angenommen werden kann (wenn sich beispielsweise die gesamte Meßapparatur im Verlauf des Experimentes erwärmt und sich damit die Werte der temperaturabhängigen Widerstände verändern, wären die Meßfehler in r, L und l nicht zufällig, sondern systematisch bedingt, d.h. in diesem Fall, daß man eine Korrelation zwischen den drei Größen feststellen würde).

Befehl correlation. *Die hierfür notwendige Normalität der Stichproben wurde bereits getestet und bestätigt*

Siehe Abschn. 3.3.1

Im ersten Schritt wird für das Stichproben-Paar l und L der *peeling*-Plot dargestellt. Das graphische Resultat scheint keinen Hinweis auf eine Abhängigkeit beider Variablen zu ergeben. Mit Hilfe des ←**Pearsonschen Korrelationskoeffizienten** wird die Hypothese verschwindender Korrelation getestet. Für das Wertepaar L und l ergibt sich ein Wert bei nahezu Null, so daß hier auf einen ←Signifikanz-Test verzichtet wurde. Beide Stichproben sind somit voneinander unabhängig.

Die analoge Vorgehensweise für die Stichproben-Paare r und L bzw. r und l ergaben die gleichen Resultate; aus Platzgründen werden sie hier nicht wiedergegeben.

◼ Erwartungswert und Standardabweichung der berechneten Größe

In diesem Abschnitt wird schließlich das eigentliche Resultat wiedergegeben: die (geschätzte) Größe des unbekannten Widerstandes X ($\approx 100\,\Omega$) und seine Standardabweichung ($\approx 7\,\Omega$).

Unabhängigkeit der Variablen

```
peelingPlot[Transpose[{1M,LM}]];
```
```
100
93
80
71
57
47
38
30
19
12
5
```
```
Quantilen:
  20.%
  43.%
  70.%
  88.%
  99.%
```

Befehl `peelingPlot`
siehe Abschn. 3.2.2

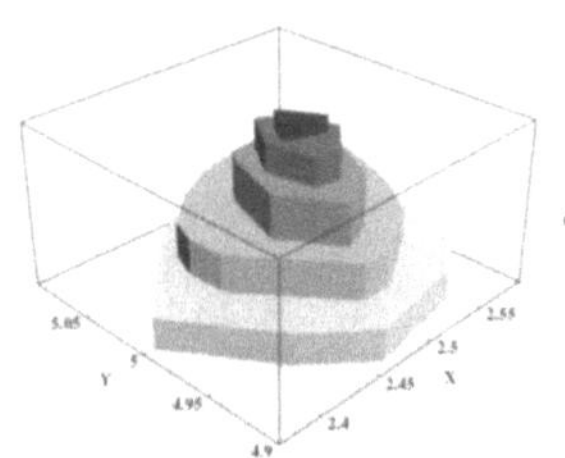

```
correlationCoefficient[Transpose[{1M,LM}]]
0.0947186
```

Befehl `correlation-`
`Coefficient`
siehe Abschn. 3.3.1

Erwartungswert und Standardabweichung der berechneten Größe

```
xE=rE*lE/(LE-lE)/.toRules[{rE,LE,lE},means]
100.874
```

```
errorPropagation[x,
    {r,L,l},means,stdDev]
6.64173
```

Befehl `toRules`
siehe Abschn. 3.0

Befehl
`errorPropagation`
siehe Abschn. 3.1.6

2.2.3 Einsatz des Notebooks in anderen Bereichen

Das oben vorgestellte Notebook demonstriert 1.) den Test eines Datensatzes auf Normalverteilung, 2.) die Herleitung einer mathematischen (in diesem Fall relativ einfachen) Gleichung aus einem (in diesem Fall linearen) Gleichungssystem mit Mathematica, 3.) die Überprüfung der einzelnen Variablen auf Unabhängigkeit und 4.) die Handhabung des Fehlerfortpflanzungsgesetzes. Diese vier Schritte gehören – insbesondere in der Technik und in der experimentellen Physik – oftmals zum Beginn der Auswertung einer Meßreihe.

Sollten Sie sich ein eigenes Notebook zu ihrer Problemstellung einrichten wollen, können Sie Teile dieses Notebooks kopieren und in Ihr Programm einbauen (*copy and paste*). Dabei müssen Sie allerdings darauf achten, daß die notwendigen *packages* in Ihrem Notebook initialisiert werden; sehen Sie sich ggf. den (hier ←geschlossenen) Initialisierungs-Abschnitt an, dem Sie die Namen der notwendigen Programm-Bibliotheken entnehmen können (←).

Wählen Sie im Notebook wheatstn.ma *(auf der CD-ROM) die geschlossene Zelle mit dem Titel* Initialisierungen, *und öffnen Sie diese durch doppeltes Anklicken mit der Maus. Nähere Informationen zu Notebooks und Zellen siehe Abschn. 1.5*

2.3 Dosis-Wirkungs-Analyse

Die Dosis-Wirkungs-Analyse beschäftigt sich mit dem Zusammenhang zwischen der Dosierung einer pharmakologisch
aktiven Substanz (bzw. im weiteren Sinn einer Behandlungs-
Modalität) und deren Wirkung auf einen Organismus. Für
die Wirkungsmechanismen eines solchen Präparates gibt es
eine Reihe von Modellen. Bindungsspezifische Moleküle (Liganden) benötigen beispielsweise ein bestimmtes Protein
(Rezeptoren), um mit diesem einen Rezeptor-Ligand-Komplex zu bilden und damit eine Reaktionskette zu initialisieren, die letztendlich eine biologische Reaktion hervorruft
(ARIENS, 1956/57). In anderen Fällen beruht die Wirkung
auf stochastischen Mechanismen, etwa bei der Therapie von
Tumoren durch radioaktive Strahlung oder Alkylanzien
(PFEUFER, 1993). Andere Dosis-Wirkungs-Theorien schließlich betrachten die behandelten Probanden lediglich als makroskopische Systeme und beschreiben die Wirkung von pharmakologisch aktiven Substanzen als wahrscheinlichkeitstheoretisch bedingt (Probit-Theorie; FINNEY, 1971; MORGAN,
1992). Hinzu kommt, daß die Wirkung von Medikamenten oder anderen Präparaten auch von der Kombination mit
weiteren Komponenten abhängen kann (PFEUFER, 1993;
JÄGER, 1993; VOLLMAR, 1985 ; PÖCH, 1993).

Die oftmals entscheidende Frage bei der Wirkstoff-Forschung ist die nach der Wirkung des jeweiligen Stoffes. Dosis-
Wirkungs-Kurven sind i.d.R. nichtlinear in den Parametern,
d.h. daß die Methoden der nichtlinearen Regression eingesetzt werden müssen. Im vorliegenden Beispiel wird die Wirkung eines Proteins auf das Wachstum von Tumorzellen untersucht.

Laden von Daten-Dateien

Die Daten befinden sich in der Datei `doseresp.dat`, die als Mathematica-Liste (`format->List`) vorliegt.

Definition der Gleichung

Bei dem hier beschriebenen Versuch handelt es sich um eine Rezeptor-Ligand-Wechselwirkung, wie sie in der Pharmakologie häufig auftritt. Die Wirkung solcher Systeme wird durch die logistische Gleichung

$$P(c) = \frac{max}{1 + \left(\frac{\mu}{c}\right)^{\sigma}}$$

beschrieben, wobei c die Dosis und μ die Dosis ist, an der die halbe Wirkung auftritt (ID_{50}), σ als Kooperativität und max als intrinsische Aktivität bezeichnet wird (ARIENS, 1956, 1957). In der Strahlen-Therapie wird anstelle der logistischen Gleichung auf dem Niveau einzelner Zellen häufig die linear-quadratische Gleichung $P(c) = 1 - exp(-a \cdot c - b \cdot c^2)$ verwendet (KELLERER, 1972), in der qualitativen Dosis-Wirkungs-Analyse die Probit-Gleichung

$$P(c) = \frac{1}{\sigma\sqrt{2\pi}} \cdot \int_0^c e^{\frac{(Log[x] - Log[\mu])^2}{2\sigma^2}} \, dx$$

(FINNEY, 1971).

Auswertung

Im Rahmen der Auswertung durch den Befehl `nonLinearFit` werden folgende Informationen ausgedruckt: Korrelationskoeffizient, korrigierter Korrelationskoeffizient, Gesamtvarianz, Informationsmatrix, Kovarianzmatrix, Liste zur Varianzanalyse, Parameter-Schätzer und geschätzte Gleichung sowie Konfidenzintervalle der Parameter (zweite Seite des Notebooks).

Dosis-Wirkungs-Analyse

Nichtlineare Approximation

Initialisierungen:

☐ Laden von Daten-Dateien

```
gehalt=loadDataFile["*.dat",
    format->"List",
    convertASCII->True,
    path->"~/Mathematica/data/"]//N;
```

```
Anwender-Verzeichnis:
      /statist
Daten-Verzeichnis:
      /statist/Mathematica/data
Vorhandene Daten-Dateien:
      doseresp.dat
Name der ausgewählten Datei
      ~/Mathematica/data/doseresp.dat
Datei erfolgreich geladen.
```

☐ Definition der Gleichung

```
f=max/(1+(m/x)^s);
param={m,s,max};
variables={x};
```

☐ Auswertung

```
nonLinearFit[dataSet,f,variables,param];
```

```
AdjustedRSquared -> 0.970716
RSquared -> 0.971725
```

ParameterTable ->

	Estimate	SE	TStat	PValue
m	0.932983	0.0937845	9.94815	0
s	1.6578	0.201792	8.21539	0
max	0.766362	0.0497177	15.4143	0

```
EstimatedVariance -> 0.00123331
```

InformationMatrix ->

$$
\begin{pmatrix}
1434.41 & -219.519 & -3371.96 \\
-219.519 & 166.028 & 1001.16 \\
-3371.96 & 1001.16 & 10108.3
\end{pmatrix}
$$

CovarianceMatrix ->

$$
\begin{pmatrix}
0.00879553 & -0.0150539 & 0.00442503 \\
-0.0150539 & 0.0407199 & -0.00905476 \\
0.00442503 & -0.00905476 & 0.00247185
\end{pmatrix}
$$

ANOVATable ->

DoF	SoS	MeanSS	FRatio
2	0.0345327	0.0172664	0.392813
27	1.1868	0.0439556	
29	1.22133		

```
BestFitCoefficients -> {0.932983, 1.6578, 0.766362}
```

$$\text{BestFit} \to \frac{0.766362}{1 + 0.891367 \left(\frac{1}{x}\right)^{1.6578}}$$

Die oberen drei Graphiken auf der folgenden Seite geben die Lage der Konfidenzintervall-Grenzen und des geschätzten Parameters (dicke schwarze Punkte) wieder. Da sich – wie auch aus der logistischen Gleichung ersichtlich ist – der Parameter max linear zur abhängigen Variable verhält, liegen die entsprechenden Konfidenzintervall-Grenzen symmetrisch um den geschätzten Wert von max = 0.77 verteilt. Die beiden anderen Parameter – σ (s) und μ (m) – verhalten sich nicht linear (zur abhängigen Variablen), d.h. daß die entsprechenden Konfidenzintervall-Grenzen verzerrt (*biased*) sind (hier: Irrtumswahrscheinlichkeit $\alpha = 10\,\%$).

Die unterste Abbildung gibt die geschätzte Dosis-Wirkungs-Kurve (dicke Linie) und die Grenzen des $10\,\%$-Vertrauensbereiches (dünne Linien) sowie die Meßwerte (Punkte) wieder.

Häufig werden in der Pharmakologie Verfahren zur Dosis-Wirkungs-Analyse oder Auswertung von Bindungs-Versuchen eingesetzt, die auf einer Linearisierung der Daten beruhen (z.B. Lineweaver-Burk- oder Hill-Plot). Wie in Abschn. 3.5 (Nichtlineare Regression) nochmals erwähnt wird, ist ein solches Vorgehen an und für sich nicht korrekt, da mit der nichtlinearen Transformation auch die stochastischen Fehler der Meßwerte transformiert werden und diese anschließend nicht mehr normalverteilt sind.

Das vorliegende Notebook läßt sich für viele Probleme der nichtlinearen Regression einsetzen. Liegt ein Datensatz mit zwei unabhängigen Variablen vor, wird als graphische Darstellung der geschätzten Funktion ein dreidimensionaler Plot ausgegeben. Bei drei- und mehr unabhängigen Variablen erfolgt **keine** analoge Graphik-Ausgabe.

161.448

```
m->{{0.534899, 0.932983, 1.49264}
s->{{0.625309, 1.6578, 4.20501}
max->{{0.590903, 0.766362, 0.941917}
```

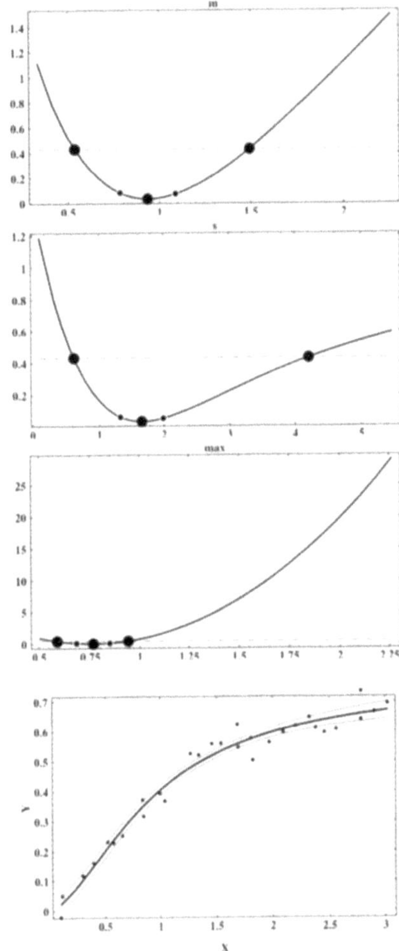

2.4   Digitale Blotanalyse

Elektrophoretische *blots* gehören zum Standard-Repertoire molekularbiologischer Methoden. Das Grundprinzip ist einfach: In (in der Regel) hydrophilen Medien spalten viele Makromoleküle (z.B. Proteine oder mRNA) z.B. Protonen ab (Protonensäuren) und sind damit elektrisch (negativ) geladen. In einem elektrischen Feld bewegen sich diese Moleküle zur positiven geladenen Kathode. Die Praxis sieht indessen deutlich komplizierter aus. Es gibt eine Reihe diverser Medien (Gele, Filterpapiere, Kunststoff-Kügelchen oder wässrige Medien) oder Elektrodenanordnungen. Auch die Zielsetzungen sind unterschiedlich: Elektrophoretische Verfahren werden zur Bestimmung von Molekülgewichten eingesetzt oder zur Trennung etwa von Proteingemischen.

In diesem Abschnitt geht es um die Elektrophorese als Mittel zur Bestimmung von Proteingewichten. Auch hier gibt es wieder unterschiedliche Fragestellungen: Von Interesse sein kann das absolute Gewicht eines Proteins (üblicherweise in *dalton* angegeben; hierzu muß ein sogenannter Marker bekannten Gewichts in der Elektrophorese „mitlaufen"), das Verhältnis zweier Proteingewichte zueinander oder der prozentuale Anteil von Proteinen an einem Gemisch. Allen Verfahren liegt die – aus Sicht des Physikers sicherlich zu kommentierende – Annahme zugrunde, daß Proteine gleichen Gewichts (gleiche elektrische Ladungen vorausgesetzt) gleich schnell laufen; unterschiedliche Konformationen von Proteinen, die sich sicherlich auch auf das Fließverhalten auswirken, werden ←**nicht** berücksichtigt.

Die Auswertung digital eingelesener (einge*scannter*) *blots* mittels Rechner ist zwar naheliegend, in einem vertretbaren zeitlichen und finanziellen Rahmen aber erst seit einigen wenigen Jahren möglich. Hierzu gibt es eine Reihe mehr oder weniger etablierter Software, die auf den unterschiedlichsten Plattformen (DOS, Windows, Apple, UNIX) läuft. Mathematica ist an und für sich **kein** Programm zur digitalen Auswertung von *blots* oder Bildbearbeitung im allgemeinen. Daß beides prinzipiell geht, zeigt dieses Notebook. Beim Starten dieses Programmes wird   allerdings

deutlich, daß die *pixel*-weise Bearbeitung von Bildern einem schnell die Grenzen der eigenen Hardware verdeutlicht. Mathematica rechnet gründlich und nach Möglichkeit analytisch – beides Eigenschaften, die z.B. die „Filterung" eines Bildes in die Länge ziehen. **Hinweis** für Mathematica-Programmierer: Abhilfe verschaffen kann man sich, wenn man von der Mathematica-Funktion `Compile` Gebrauch macht und möglichst viele Programmschritte vorcompiliert.

Mathematica ist in der Lage, binär abgespeicherte Daten einzulesen und zu verarbeiten. Zu solchen binären Dateien gehört das *raw*-Format, welches von einigen Bildverarbeitungs-Programmen auch intern verwendet wird. In diesem Format werden die einzelnen Grau- bzw. Farbwerte zeilen- und spaltenweise *pixel* für *pixel* abgespeichert, d.h. man erhält eine einzige, unstrukturierte Liste von *bytes*. Viele *scanner* sind in der Lage, Graphiken in diesem Format abzulegen. Ist dies nicht möglich, greife man zu entsprechenden Graphik-Konvertierprogrammen wie beispielsweise *piclab*, die es – bei oftmals erstaunlich guten Qualitäten und günstigen Preisen – auf dem *public domain*-Markt gibt.

Wegen der Unstrukturiertheit von *raw*-Dateien muß Programmen, die solche Graphik-Formate laden, mitgeteilt werden, aus wie vielen Zeilen h und Spalten w sich das Bild zusammensetzt, wobei selbstverständlich gilt, daß w·h = n (n: Länge der *raw*-Datei in Bytes). Das folgende Notebook stellt eine Routine `selectGraphicFormat` zur Verfügung, die →sämtliche (mathematisch) möglichen Werte für w und h auf dem Bildschirm ausdruckt und anschließend interaktiv nach einem dieser Wertepaare fragt. Mit dem ebenfalls in dem Notebook definierten Befehl `storeGraphic` besteht die Möglichkeit, Graphiken als Mathematica-Listen im Format w×h zu sichern, so daß beim Laden dieser Dateien das lästige Suchen nach der richtigen Graphik-Größe entfällt.

Ziel des folgenden Notebooks ist die Bearbeitung eines einge*scannten blots* mit Hilfe von Filtern und eine anschliessende Überprüfung, ob die beiden auf diesem *blot* erkennbaren Signale ein gleich großes Molekulargewicht „besitzen".

Bei großen raw-Dateien und „ungünstigem" Datenumfang können dies schon einmal an die hundert Wertepaare sein !

2.4.1 Das Notebook (nach einer Auswertung)

Laden einer raw-Datei

In dieser Zelle befindet sich der – hier nicht ausgeführte – Befehl `loadDataFile[fileName,format->raw]`, der sämtliche raw-Dateien im angegebenen Verzeichnis anzeigt und interaktiv nach dem Namen der zu ladenden Datei fragt. In diesem Notebook wurde jedoch eine bereits als Mathematica-Liste abgespeicherte Datei geladen (Abschnitt Laden einer *dat*-Datei). Der zur Konvertierung einer *raw*- in eine *dat*-Datei notwendige Befehl befindet sich in dem hier ebenfalls geschlossenen Abschnitt (←) Konvertieren von Ausschnitten in InputForm.

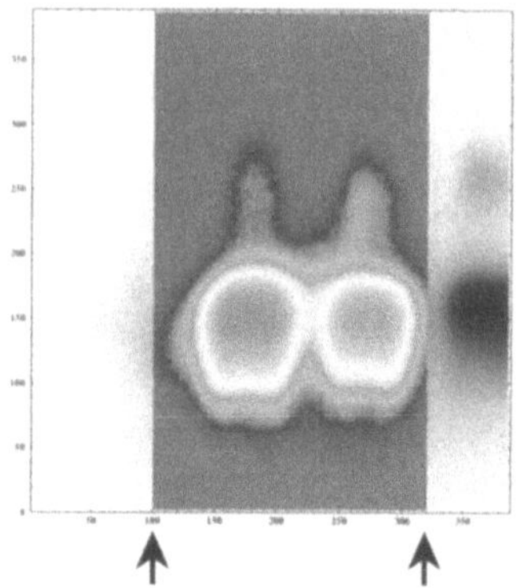

Laden einer dat-Datei

Siehe vorhergehenden Absatz; um den Rechenaufwand etwas einzugrenzen, wurde nicht der gesamte *blot* konvertiert, sondern lediglich der für die Auswertung relevante Teil (siehe Abbildung oben).

Hinweis: Dieses Notebook verarbeitet lediglich schwarz-weiß eingescannte Bilder.

Roh-Darstellung

Roh-Darstellung des *blots*.

Sobel-Filter

Der ←**Sobel-Filter** wird eingesetzt, um „Kanten" eines Bildes, d.h. Bereiche starker Grauwert-Veränderungen, hervorzuheben.

Darstellung und statistsiche Verarbeitung elektrophoretischer blots

Digitale Bild-Analyse / Hypothesen-Tests

Initialisierungen

▢ Laden einer raw-Datei

▢ Konvertieren von Ausschnitten in InputForm

▢ Laden einer dat-Datei

```
liste=loadDataFile["*.dat",
    format->"List",
    path->"~/Mathematica/data/"]//N;
```

```
Anwender-Verzeichnis:
      /statist
Daten-Verzeichnis:
      /statist/Mathematica/data
Vorhandene Daten-Dateien:
      picture.dat
      wheat.dat
Name der ausgewählten Datei
      ~/Mathematica/data/picture.dat
Datei erfolgreich geladen.
```

```
w=Length[liste];
h=Length[liste[[1]]];
pixel[x_,y_]:=liste[[Round[x],Round[y]]];
```

▢ Roh-Darstellung

```
blotPlot[rawList];
```

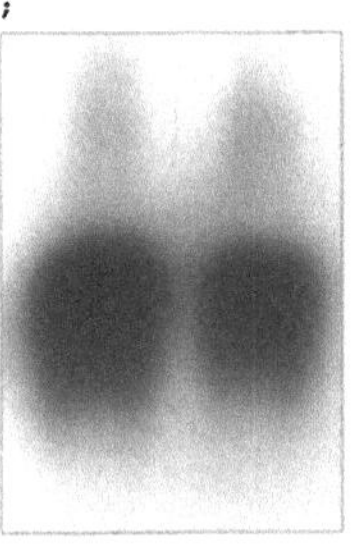

Der Befehl plotBlot *und sämtliche hier verwendeten Filter und Optionen sind in der Initialisierungs-Zelle dieses Notebooks definiert*

▢ Optische Filter/Bildbearbeitung

▣ Sobel-Filter

```
blotPlot[rawList,filter->Sobel];
```

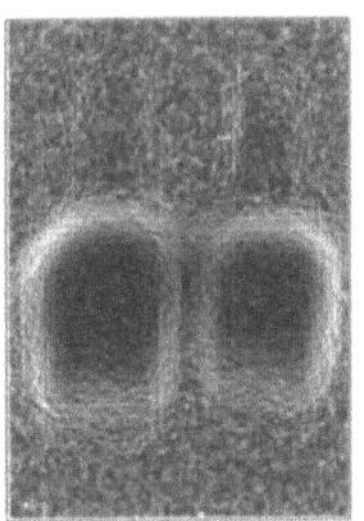

Gradienten-Filter

 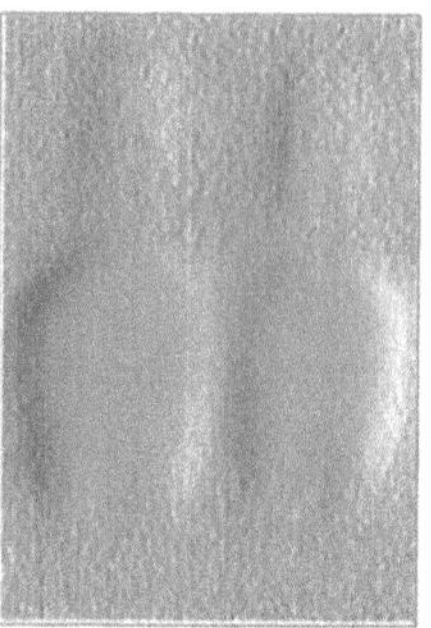 

Die Option `filter->` `PixelGradient[]` *kann mit den Richtungen nord, nordost, ost, südost ... west, nordwest aufgerufen werden*

Gradienten-Filter stellen im Grunde die Ableitung der Grauwert-Verteilung dar, wobei hierzu eine bestimmte Richtung vorgegeben werden muß. Visuell sieht die Darstellung so aus, als ob von dieser vorgegebenen Richtung Licht auf den *blot* fällt. Im Notebook ist der West-Gradient wiedergegeben, die folgende Abbildung gibt ferner (von links nach rechts) den Nord-, Ost- und Süd-Gradienten wieder ($\leftarrow$).

Random-Filter

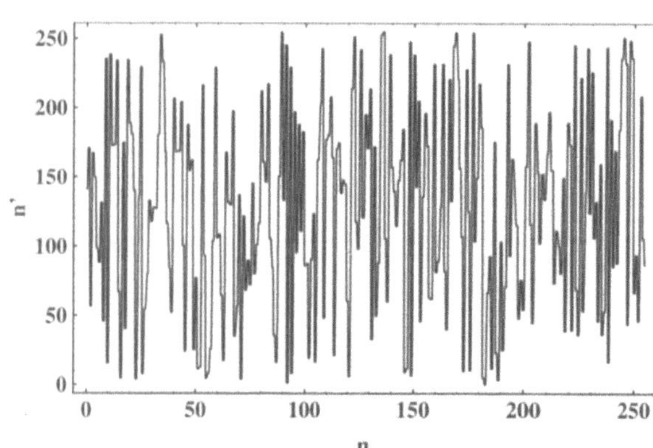

Look Up Table eines Random-Filters: der Graph der Funktion $n : n \mapsto n'$ *wird durch Randomisierung bestimmt*

Eine Möglichkeit, Bilder digital zu bearbeiten, ist, jedem Grauwert n einen anderen Grauwert n' durch eine Tabelle zuzuordnen; diese Tabelle wird **Look Up Table** (LUT) genannt. Die Abbildung links gibt die graphische Darstellung einer solchen LUT wieder, die jedem Grauwert einen willkürlichen Wert zuordnet. In mit **Random-Filter** bearbeiteten *blots* lassen sich großflächige Bereiche gleicher Grauwerte erkennen. Diese treten etwa dann auf, wenn der *Scanner* übersteuert wurde, d.h. wenn große Flächen einheitlich schwarz sind (Grauwert 255; auf den Original-*blots* sind solche Bereiche schwer erkennbar, da das menschliche Auge beispielsweise den Grauwert 255 nicht vom Grauwert 254 unterscheiden kann).

Gradient

```
blotPlot[rawList,filter->pixelGradient[west]];
```

Random-Filter

```
blotPlot[rawList,filter->random];
```

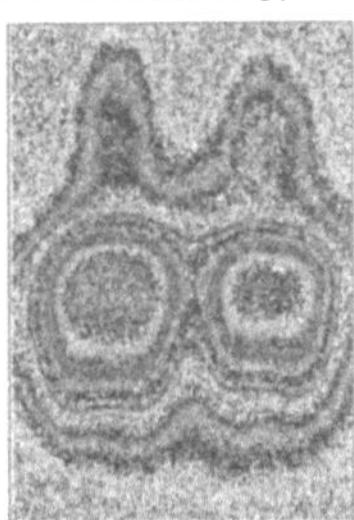

Grauwert-Spreizung

```
blotPlot[rawList,filter->maximalGrayLevelRange];
```

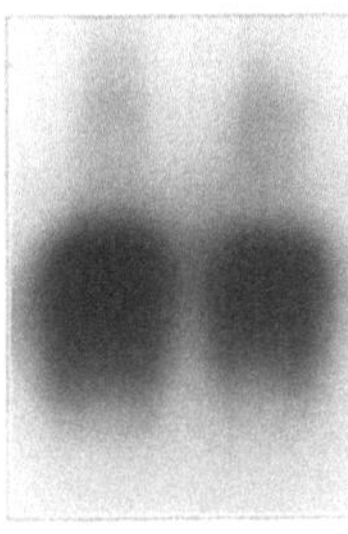

Smoothing

ContourPlot

```
blotPlot[rawList,filter->contours];
```

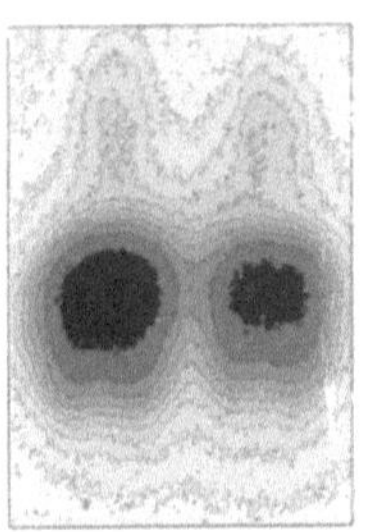

☐ Grauwert-Spreizung (vorhergehende Seite)

Häufig treten extrem weiße bzw. schwarze *pixel*-Werte in eingescannten *blots* nicht auf. In diesem Fall ermittelt die Option `filter->maximalGrayLevelRange` den untersten (hellsten) und den obersten (dunkelsten) Grauwert und verändert die ursprünglichen Grauwerte so, daß sie nach der Transformation auch die Werte 0 (weiß) und 255 (schwarz) enthalten. **Wichtig**: Diese Manipulation stellt im Grunde eine Verfälschung des Original-*blots* dar, d.h. beispielsweise daß in Publikationen darauf hingewiesen werden muß.

☐ Smoothing (vorhergehende Seite)

Diese hier nicht ausgeführte Option erlaubt die Glättung von Bildern durch arithmetische Mittelwert-Bildung über einen bestimmten Bereich.

☐ ContourPlot (vorhergehende Seite)

Contour-Darstellung des *blots*; diese Option greift auf den Original-Mathematica-Befehl `ContourPlot` zurück und gibt den *blot* in der Höhenliniendarstellung wieder. **Achtung**: Die Erstellung eines solchen Bildes dauert u.U. sehr lange und ist dann überdies extrem Speicherplatz-intensiv.

☐ Eingabe der blot-Signale

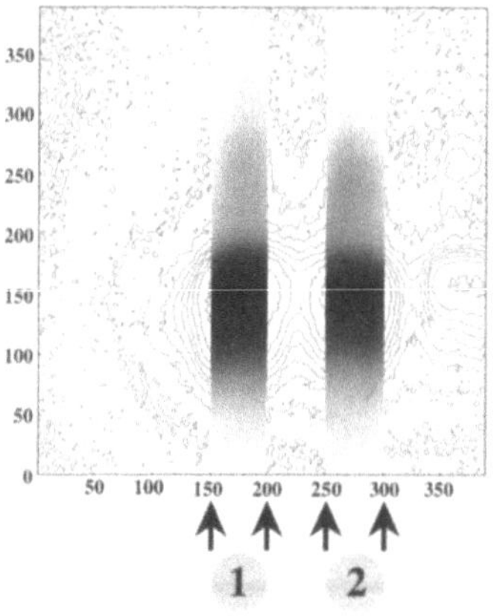

Zur Eingabe der blot-Signale, die statistisch untersucht werden sollen, werden die Koordinaten xg und yg der entsprechenden Grenzen angegeben (die x-Werte sind in der nebenstehenden Abbildung durch Pfeile (1, 2) markiert

Wird der Befehl `plotBlot` mit der Option `FrameTicks->True` aufgerufen, werden die Achsen des *blots* den x- und y-Werten entsprechend beschriftet. Dieser Skalierung lassen sich die Wertebereiche entnehmen, die man zur statistischen Bearbeitung des *blots* verwenden möchte (Abbildung links). Diese Werte

☐ Eingabe der blot-Signale

```
yG={    {30,70},
        {130,170}};

xG={    {20,150},
        {20,150}};
```

■ H-Test nach Kruskal und Wallis

```
evaluateBlot[rawList,method->KruskalWallis];
```

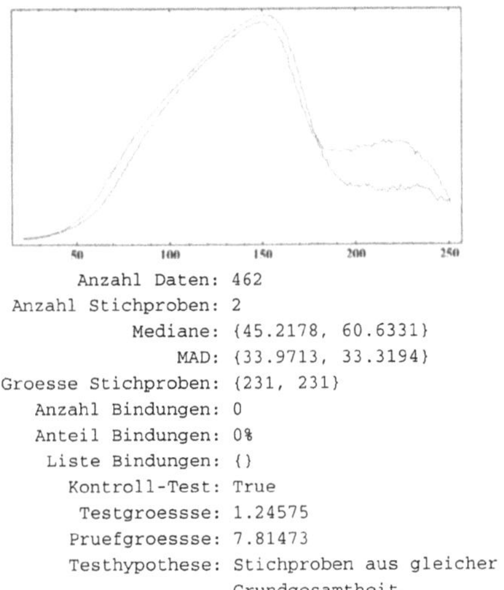

```
            Anzahl Daten: 462
      Anzahl Stichproben: 2
                 Mediane: {45.2178, 60.6331}
                     MAD: {33.9713, 33.3194}
     Groesse Stichproben: {231, 231}
        Anzahl Bindungen: 0
        Anteil Bindungen: 0%
         Liste Bindungen: {}
           Kontroll-Test: True
            Testgroessse: 1.24575
            Pruefgroessse: 7.81473
           Testhypothese: Stichproben aus gleicher
                          Grundgesamtheit
           Testergebnis: True   (alpha=10.%)
```

werden als Liste (hier: xG und yG) dem Befehl `evaluateBlot` (nächster Abschnitt) übergeben.

▨ H-Test nach Kruskal und Wallis

In diesem Abschnitt findet die eigentliche statistische Auswertung des *blots* statt. Gefragt ist, ob die beiden erkennbaren *peaks* aus einer Grundgesamtheit stammen (und damit ein vergleichbares Laufverhalten aufweisen). Die vom Befehl `evaluateBlot` ausgegebene Graphik zeigt die beiden *peaks* als Kurven, das Auswertungsprotokoll enthält Angaben zu den Daten und zur Statistik. Da nicht davon ausgegangen werden kann, daß die beiden Kurven eine Normalverteilung wiedergeben, wurde auf ein parameterfreies Testverfahren zurückgegriffen. Um sich die Möglichkeit offenzuhalten, auch mehr als zwei Signale zu vergleichen, liegt die Anwendung des →H-Tests nach KRUSKAL und WALLIS nahe.

Zum H-Test nach Kruskal und Wallis siehe Abschn. 3.9.6

2.5 Bestimmung der elektrischen Leitfähigkeit von Hefezellwänden mittels Elektrorotation – Beispiel für lineare Regression

Hefen der Spezies *Saccharomyces cerevisiae*, die Bier- bzw. Bäckerhefen also, gehörten schon immer zu dem, was seitens der Bayerischen Staatsregierung anläßlich der „Biergarten-Revolution" als kulturelles Gut bezeichnet wurde: Durch anaeroben Stoffwechsel vergären diese Zellen Glucose (Traubenzucker) zu Ethanol. Heutzutage findet die Bierhefe aber auch deutlich weniger ←toxische Einsatzgebiete, beispielsweise dient sie als Alternative zur Bakterie *Escherichia coli* bei der gentechnischen Produktion von Medikamenten (wie etwa Human-Insulin). Hefezellwände sind erstaunlich stabil, sowohl gegen mechanische als auch chemische Einflüsse. Sie bestehen zum größten (Gewichts-) Teil aus den Polysacchariden Mannan, Glucan oder Chitin, ferner enthalten sie Proteine, N-Acetylglucoamine und zu ca. 0,1–8,5 % Phosphatgruppen und 2–10 % Lipide.

Gentechnisch veränderte Zellen sind am Anfang ihres Daseins nicht selten Einzelexemplare. Zeigt eine Zelle die gewünschte Eigenschaft (d.h. produziert sie beispielsweise eine pharmakologisch wichtige Substanz), muß sie „hochgepäppelt", d.h. kloniert werden. Da man dieses Verfahren wegen der Kostspieligkeit nur für „ausgewählte" Zellen einsetzt, das Auswahlverfahren aber naheliegenderweise die Zelle nicht abtöten darf, sucht man nach Methoden, nicht-invasiv auf bestimmte Zelleigenschaften schließen zu können. Bei den Bierhefen geht es dabei u.a. auch um die Frage, wie sich die Zelle in Kulturmedien verhält – auf brau-deutsch ausgedrückt: wie das Brauverhalten der Hefen aussieht (ober- oder untergärig, neigt sie zur Aggregation usw.). Dieses Verhalten der Hefezellen wird maßgeblich durch die Beschaffenheit ihrer Zellwand, insbesondere durch deren Phosphat- und Lipid-Gehalt bestimmt. In dem folgend dargestellten Versuch und seiner Auswertung wird überprüft, ob sich mit Hilfe der ausgesprochen nicht-invasiven Methode der Elektrorotation auf den Lipid-Gehalt einer Hefezellwand schliessen läßt.

2.5.1 Zur Elektrorotation

Elektrisch leitende Gegenstände in einer isolierenden Umgebung besitzen eine Dielektrizitätskonstante ϵ, die stark Frequenz-abhängig ist. Im niedrigen Frequenzbereich wird der Gegenstand vollständig polarisiert (wegen der nichtleitenden Umgebung können diese Ladungen aber nicht abfließen), zu höheren Frequenzen hin nimmt wegen der endlichen Zeit, die die Polarisierung benötigt, um sich aufzubauen, dieses Phänomen und damit die Dielektrizitätskonstante des Gegenstandes einschl. des nichtleitenden Mediums ab. Umgekehrt steigt die elektrische Leitfähigkeit des Sytems aus dem leitenden Gegenstand und dem nichtleitenden Medium mit zunehmender Frequenz an, was der bekannten Hochpaß-Eigenschaft des elektrischen Kondensators entspricht (elektrischer Verschiebestrom). Diese Frequenz-Abhängigkeit wird als **elektrische Dispersion** bezeichnet.

Zellen besitzen wegen ihres hohen Zucker-, Protein-, Lipid- und Phosphat-Gehalts an ihren Oberflächen eine hohe Ladungsträgerdichte, darüber hinaus sind im Zytoplasma eine Reihe von Ionen in z.T. relativ hohen Konzentrationen gelöst. Befindet sich eine Zelle in einem nahezu nichtleitenden wässrigen Medium (dessen Osmolarität man ja ggf. mit speziellen Zuckern einstellen kann), liegt das eben besprochene System mit elektrisch dispergenten Eigenschaften vor. Ein elektrisches Rotationsfeld ändert – wie ein Wechselfeld auch – kontinuierlich seine Feldrichtung, d.h. der Feldvektor rotiert, der Feldbetrag jedoch bleibt zeitlich konstant. In einem solchen Feld zeigen Zellen in extrem schwachleitenden wässrigen Medien die Eigenschaft, im Bereich um ca. 10 kHz (Rotationsfrequenz) deutlich erkennbar **gegen** und im Bereich um ca. 1 MHz **mit** dem Feldvektor zu rotieren, wobei sich die Zelle je nach Viskosität des Mediums und elektrischer Feldstärke ca. 1- bis 2mal pro Sekunde um die eigene Achse dreht. Hefezellwände rotieren mangels Zytoplasma lediglich mit dem elektrischen Feld, wobei die Feldfrequenz, bei der die Hefezellwand maximal schnell rotiert, linear von der Leitfähigkeit des Mediums abhängt (siehe Notebook).

2.5.2   Das Notebook (nach einer Auswertung)

Zur Umrechnung von den Labor- in SI-Einheiten wird die Liste laborgroessen mit den Umrechnungskonstanten definiert.

☐ Laden von Daten-Dateien

Elektrische Leitfähigkeit $\sigma = \rho^{-1}$, wobei ρ der spezifische elektrische Widerstand ist. $[\sigma] = S/m$ (S: Siemens; Einheit des elektrischen Leitwertes)

Es werden zwei Daten-Dateien geladen. Die erste Datei (dataSet1) enthält Ergebnisse von Rotationsversuchen unbehandelter Hefezellwände, die zweite Liste (dataSet2) bezieht sich auf Hefezellen, in denen der Lipidgehalt durch das Enzym Trypsin deutlich verringert wurde.

Die Messungen wurden im elektrischen Leitfähigkeitsbereich von ca. ←5–30 $\mu S/cm$ durchgeführt. Jeder Datensatz besteht aus mehreren Unterlisten, die je zwei Werte enthalten, nämlich die eingestellte elektrische Leitfähigkeit und die ←Feldfrequenz, bei der die Hefezellwand maximal **in Richtung des Feldes** rotiert.

Einheit der Feldfrequenz ν: $[\nu] = Hz = s^{-1}$

In den beiden untersten Ausdrücken des auf der gegenüberliegenden Seite abgebildeten Notebook-Teils werden die in Labor-Einheiten vorliegenden Datensätze in das SI-Einheitensystem konvertiert.

☐ Lineare Approximation (übernächste Seite)

An die beiden Datensätze dataSet1b und dataSet2b wird die Geradengleichung $y = a + b \cdot x$ angepaßt. Die approximativ gewonnenen Schätzer-Funktionen erhalten die Namen f1 und f2. Die Graphiken geben für beide Datensätze – von oben nach unten – die approximierte Kurve einschl. des 90%-Konfidenz-Bereiches, die Lage und das Histogramm der Residuen wieder. Im Protokoll auf dem Bildschirm ausgedruckt wurde eine Reihe statistischer Daten und das Resultat eines Tests auf Normalität der Residuen.

Dielektrische Eigenschaften isolierter Hefezellwände

Lineare Regressionsanalyse

Initialisierungen

```
laborgroessen={  e0->8.85*10^(-12),
                 s0->10^-4,
                 f0->10^6,
                 r0->10^-6};
```

▨ Laden von Daten-Dateien

```
dataSet1=loadDataFile["*.dat",
    format->"List",
    path->"~/Mathematica/data/"];
```

```
Anwender-Verzeichnis:
     /statist
Daten-Verzeichnis:
     /statist/Mathematica/data
Vorhandene Daten-Dateien:
     rot1.dat
     rot2.dat
Name der ausgewählten Datei
     ~/Mathematica/data/rot1.dat
Datei erfolgreich geladen.
```

```
dataSet2=loadDataFile["*.dat",
    format->"List",
    path->"~/Mathematica/data/"];
```

```
Anwender-Verzeichnis:
     /statist
Daten-Verzeichnis:
     /statist/Mathematica/data
Vorhandene Patienten-Namen:
     rot1.dat
     rot2.dat
Name der ausgewählten Datei
     ~/Mathematica/data/rot2.dat
Datei erfolgreich geladen.
```

```
dataSet1b=
Inner[Times,dataSet1,{s0,f0} /.laborgroessen,List];
```

```
dataSet2b=
Inner[Times,dataSet2,{s0,f0} /.laborgroessen,List];
```

*Zur Bearbeitung von
Listen siehe z.B.
GAYLORD, 1996, oder
WOLFRAM, 1991*

◨ Lineare Approximation

```
f1=linearFit[dataSet1b,a+b*x,
       {x},{a,b}];
```

Befehl `linearFit`
siehe Abschn. 3.4

```
   Dateilaenge= 40
Anzahl Variable= 2
             r= 0.995069
 r(korrigiert)= 0.994809
```

```
      Schaetzer=
    est       stdDev     tValue     pValue

a   122800.   15100.      8.13        0
           8        6
b   2.582 10  8.527 10   30.27        0
```

```
    ANOVA-Table=
          dof  SQ                MQ            FRatio  PValue
                         13                 12
model   2.    1.301 10    6.507 10      3834.    0
                         10                  9
error   38.   6.45 10     1.697 10
                         13
total   40.   1.308 10
```

```
           sR= 41199.2
         chi2= 137533.
Test-Groesse= 49.8018
    chi2-Test= False (alpha=10.%)
Test on Normality of residuals:
```

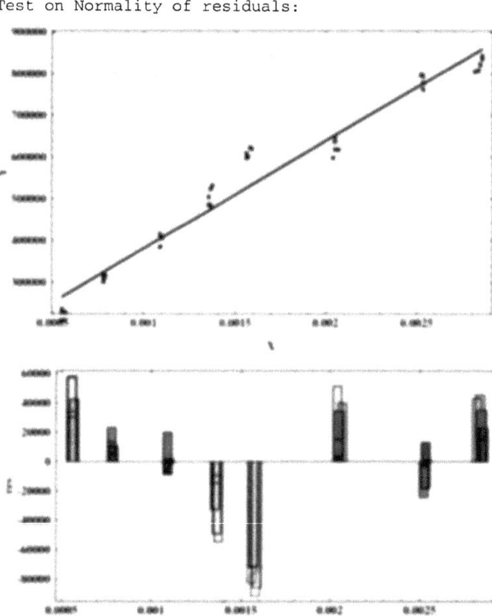

```
movingHistogram[((f1 /.x->Transpose[dataSet1b][[1]])-
                 Transpose[dataSet1b][[2]]];
```

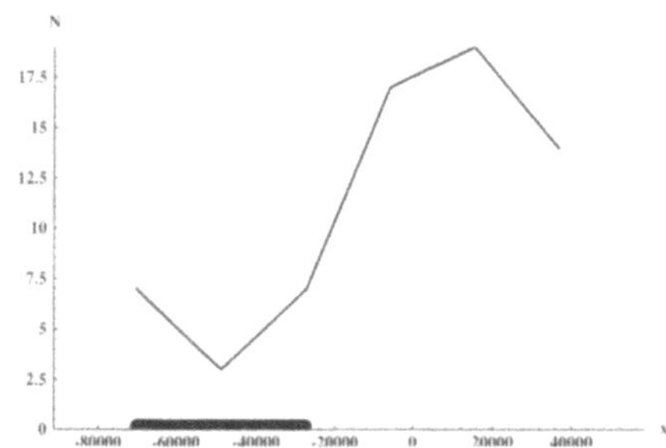

```
f2=linearFit[dataSet2b,a+b*x,
             {x},{a,b}];
```

```
       Dateilaenge= 35
Anzahl Variable= 2
              r= 0.997553
  r(korrigiert)= 0.997405
```

```
       Schaetzer=
     est        stdDev      tValue      pValue

a   45080.     10120.       4.454      0.00009131
         8          6
b   2.636 10   6.242 10    42.24       0
```

```
     ANOVA-Table=
        dof  SQ              MQ            FRatio  PValue
                   12              12
model   2.   7.702 10    3.851 10      6728.   0
                   10              8
error   33.  1.889 10    5.725 10
                   12
total   35.  7.721 10
```

```
           sR= 23926.
         chi2= 39932.3
 Test-Groesse= 43.773
    chi2-Test= False (alpha=10.%)
Test on Normality using Madow's Method
        alpha= 0.1
     Skewness= -0.0292788 (should be equal to 0)
     Kurtosis= -0.662746 (should be equal to 0)
Test-Result= True
```

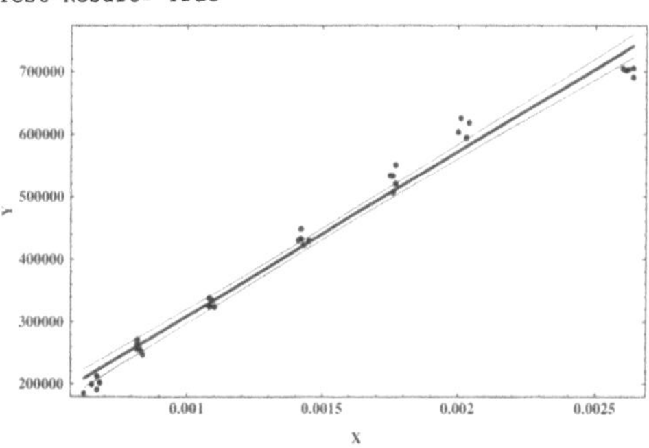

☐ Rotationsgleichung

Die formale Herleitung der Gleichung zur Rotation einschaliger Teilchen ist elektrodynamisch gesehen zwar kein großes Problem, rechnerisch aber sehr aufwendig. Bei einschaligen Objekten mit einer relativ dünnen Schale (Schalendicke d < $\frac{1}{10}$ r) gilt approximativ für die charakteristische Feldfrequenz f_c

$$f_c = \frac{\sigma_i + 2 \cdot \sigma_a}{\epsilon_i + 2 \cdot \epsilon_a},$$

wenn σ die elektrische Leitfähigkeit und ϵ die Dielektrizitätskonstante ist, sich die Indizes i und a auf das einschalige Teilchen und die Umgebung beziehen und f_c die Feldfrequenz ist, bei der das einschalige Teilchen maximal (mit dem oder gegen das Feld) rotiert. Die Eigenschaften der als hinreichend dünn angenommenen Schale gehen in die Innenleitfähigkeit ein, d.h. $\sigma_i \mapsto \sigma_i + 2\sigma_{schale} \cdot d/r$, wenn r der Radius des Teilchens und d die Schalendicke ist. Anstelle des Terms $\sigma_{schale} \cdot d/r$ schreibt man auch K_s/r, d.h. man faßt den Beitrag der Schale zur Teilchenleitfähigkeit als Oberflächenleitfähigkeit K_s auf. Für isolierte Hefezellwände gilt ferner, daß $\sigma_i = \sigma_a$ und $\epsilon_i = \epsilon_a$. Aus diesen Gleichungen und den Größen a und b aus der linearen Approximation gewinnt man die Beziehung $\text{Ks} \text{->} \frac{3}{2} \frac{a}{b} \text{r}$ (siehe Notebook), aus der sich die gesuchte Oberflächenleitfähigkeit der betreffenden Hefezellwand ermitteln läßt.

☐ Ermittlung der Dielektrizitätskonstanten der Schale

Die Dielektrizitätskonstante ϵ_s der Schale ergibt bei beiden Messungen einen Wert von $\approx 435 \cdot \epsilon_0$ ($\leftarrow$). Die Standardabweichungen sind mit $14{,}5 \cdot \epsilon_0$ bzw. $10{,}2 \cdot \epsilon_0$ relativ gering.

☐ Berechnung von Ks (folgende Seite)

Die Oberflächenleitfähigkeit liegt bei der unbehandelten Stichprobe um den Faktor 3,5 höher als bei der Trypsin-behandelten Stichprobe. Ein (hier nicht wiedergegebener)

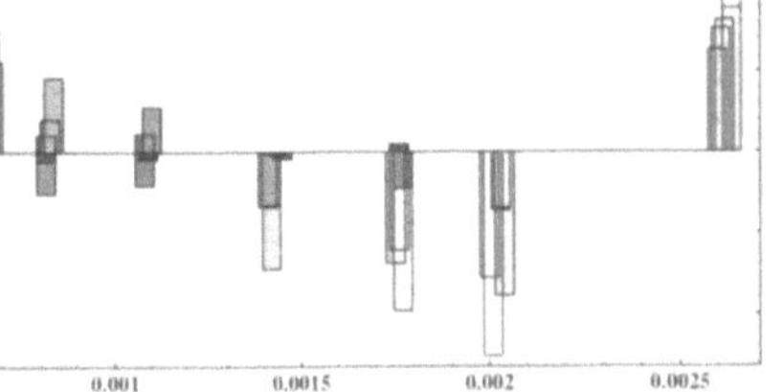

```
movingHistogram[(f2 /.x->Transpose[dataSet2b][[1]])-
                Transpose[dataSet2b][[2]]];
```

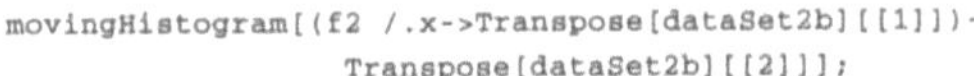

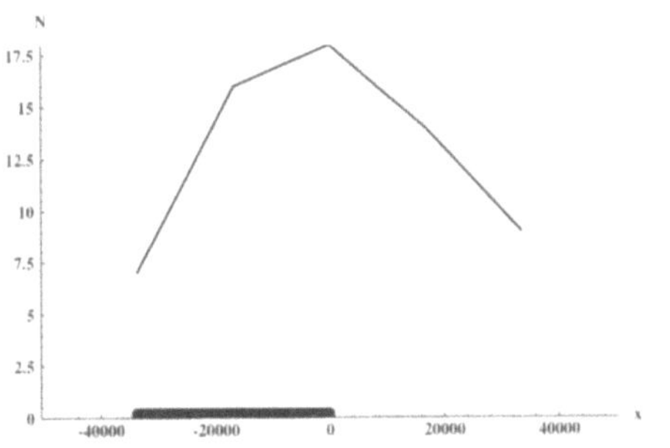

Befehl movingHistogram
siehe Abschn. 3.1

▢ Rotationsgleichung

```
fc=(si+2sa)/(ei+2ea);

fc=fc/.si->sa+2*Ks/r/.ei->ea
```

$$\frac{\dfrac{2\ Ks}{r} + 3\ sa}{3\ ea}$$

```
Solve[b==D[fc,sa],ea]
```

$$\{\{ea\ ->\ \frac{1}{b}\}\}$$

```
lsgKs=Flatten[Solve[a==fc/.sa->0,Ks]/.%][[1]]
```

$$Ks\ ->\ \frac{3\ a\ r}{2\ b}$$

```
a1=f1/.x->0;
a2=f2/.x->0;

b1=D[f1,x];
b2=D[f2,x];
```

Mit dem Befehl Solve
lassen sich geeignete
Gleichungen bzw.
Gleichungssysteme nach
einer oder mehreren
Variablen auflösen. Siehe
WOLFRAM, *1991*

▢ Berechnung von e0

```
1/(b1*e0)/.laborgroessen
1/(b2*e0)/.laborgroessen
437.7
428.599

errorPropagation[1/(b*e0),{b},{mb},{sb}]


errorPropagation[1/(b*e0)/.laborgroessen,{b},{b1},{sb1}]
errorPropagation[1/(b*e0)/.laborgroessen,{b},{b2},{sb2}]
14.4575
10.1477
```

Befehl
errorPropagation
siehe Abschn. 3.1

▢ Berechnung von Ks

```
Ks/.lsgKs /.{a->a1,b->b1,r->r0*1.9}/.laborgroessen
Ks/.lsgKs /.{a->a2,b->b2,r->r0*1.9}/.laborgroessen
```

$1.35537 \ 10^{-9}$

$4.87276 \ 10^{-10}$

```
errorPropagation[Ks /.lsgKs,{a,b,r},{ma,mb,mr},{sa,sb,sr}]
```

```
errorPropagation[Ks /.lsgKs,{a,b,r},
        {a1,b1,1.9*r0},{sa1,sb1,0.5*r0}]/.laborgroessen
errorPropagation[Ks /.lsgKs,{a,b,r},
        {a2,b2,1.9*r0},{sa2,sb2,0.5*r0}]/.laborgroessen
```

$3.96247 \ 10^{-10}$

$1.68952 \ 10^{-10}$

Test zeigt, daß dieser Unterschied – basierend auf 10 % Irrtumswahrscheinlichkeit – signifikant ist, d.h. daß die Methode der Elektrorotation tatsächlich einen Unterschied zwischen unbehandelten und Trypsin-behandelten Hefezellwänden feststellen kann.

2.6   Vergleich der elektrischen Leitfähigkeit dreier Kalium-Halogenid-Lösungen

In diesem Beispiel-Notebook werden Versuche mit 1-molaren wässrigen Lösungen von Kaliumchlorid (KCl), Kaliumbromid (KBr) und Kaliumjodid (KJ) ausgewertet. Gemessen wurden jeweils 8-mal die Leitfähigkeiten (in $mS \cdot m^2/mol \rightarrow$) von Stichproben dieser Lösungen mit Hilfe eines Leitfähigkeitsmessers und einer Elektrode. Es soll anhand einer 3·8-Kontingenztafel mit dem Befehl `contingencyTable` überprüft werden, ob das Elektroden-System in der Lage ist, den theoretisch zu erwartenden Unterschied zwischen den molaren elektrischen Leitfähigkeiten von KCl, KBr und KJ zu erfassen.

S *(Siemens): Einheit der elektrischen Leitfähigkeit $(1 \, S = 1/\Omega)$*

Kontingenz-Tafeltests werden in sehr vielen Disziplinen auch außerhalb der Naturwissenschaften eingesetzt, etwa in der Psychologie, der klinischen Medizin oder der Ökonometrie und Demoskopie. In der Qualitätssicherung beispielsweise im Dienstleistungs-Bereich werden ebenfalls Kontingenz-Tafeltests eingesetzt, etwa bei der Frage nach der Zufriedenheit von Patienten in einem Krankenhaus (z.B. Zufriedenheit von Privat- vs. Kassen-Patienten mit dem Pflegepersonal, der ärztlichen Versorgung usw.).

Alternativ zu den Kontingenz-Tafeltests können folgende Verfahren eingesetzt werden, wenn die entsprechenden Bedingungen erfüllt sind:

Stichproben normalverteilt und Varianz-homogen:
     Varianzanalyse (Abschn. 3.9)
Stichproben nicht normalverteilt:
     H-Test nach Kruskal und Wallis (Abschn. 3.9.6)
Stichproben normalverteilt und Varianz-homogen, 2 Merkmale:
     Student-t-Test (Abschn. 3.7.3)
Stichproben normalverteilt, 2 Merkmale:
     Welch-Test (Abschn. 3.7.3)

2.6.1 Das Notebook (nach einer Auswertung)

☐ Laden von Daten-Dateien

Geladen wird der Datensatz `salts.dat`, dem der Listen-Name `dataSet` zugeordnet wird. Darunter wird der Inhalt der Datei als formatierte Tabelle auf dem Bildschirm wiedergegeben.

☐ Homogenität der ermittelten Leitfähigkeiten

Der Test auf Homogenität der 3 mal 8 Stichproben wird mit einer Irrtumswahrscheinlichkeit von 5 % durchgeführt. Das Test-Resultat ist positiv, d.h. daß das eingesetzte Elektroden-System im Rahmen des vorgegebenen Stichproben-Umfangs **nicht** exakt genug arbeitet, um die ←tatsächlich vorhandenen Unterschiede zwischen den molaren Leitfähigkeiten von KCl, KBr und KJ zu erfassen.

Bestätigt ein Test eine Normalverteilung der Stichproben und wären die Varianzen dieser Stichproben gleich (zu Tests auf Normalverteilung siehe Abschn. 3.1.3; zu Tests auf Varianzhomogenität siehe Abschn. 3.9.4), käme auch eine Varianzanalyse (ANOVA; siehe Abschn. 3.9.3) zur Überprüfung der Stichproben-Homogenität in Frage. Als parametrisches Verfahren ist die ←*power* in der ANOVA stärker, d.h. daß dieser Test eventuell vorliegende Stichproben-Heterogenitäten eher erkennt. Sollen nur die Leitfähigkeiten zweier Kalium-Halogenid-Lösungen verglichen werden, kann auch der Student-*t*-Test bzw. der Welch-Test als parametrisches Verfahren oder eine entsprechende parameterfreie Methode eingesetzt werden (siehe Abschn. 3.7.4).

Bestimmung der elektrischen Leitfähigkeit von Kalium-Halogeniden

Mehr-Felder-Test

Initialisierungen

☐ Laden von Daten-Dateien

```
dataSet=loadDataFile["*.dat",format->"List"];
```

```
Anwender-Verzeichnis:
     /statist
Daten-Verzeichnis:
     /statist/Mathematica/data
Vorhandene Daten-Dateien:
Name der ausgewählten Datei
     ~/Mathematica/data/salts.dat
Datei erfolgreich geladen.
```

☐ Homogenität der ermittelten Leitfähigkeiten:

```
TableForm[dataSet,TableHeadings->{
       Automatic,Automatic},
       TableSpacing->{0,2}]
      1     2     3     4     5     6     7     8

1    11.2  11.3  11.2  11.2  11.3  11.2  11.1  11.1
2    11.7  11.6  11.7  11.7  11.6  11.7  11.7  11.8
3    12.   11.8  11.7  11.8  11.8  11.8  11.8  11.8
```

Befehl TableForm

siehe WOLFRAM, *1991*

```
contingencyTable[dataSet,alpha->0.05];
```

```
3*8-Contingenz-Tafeltest:
         1     2     3     4     5     6     7     8
    1   11.2  11.3  11.2  11.2  11.3  11.2  11.1  11.1
    2   11.7  11.6  11.7  11.7  11.6  11.7  11.7  11.8
    3   12.   11.8  11.7  11.8  11.8  11.8  11.8  11.8
   SS   34.9  34.7  34.6  34.7  34.7  34.7  34.6  34.7

     ZS       P          XP
     89.6     0.125      1.4
     93.5     0.125134   1.46406
     94.5     0.126984   1.52381
     277.6               4.38787
Hypothesen-Test auf Homogenitaet:
Pruefgroesse=23.6848
                   -12
 Testgroesse=8.41765 10
Testergebnis=True (alpha=5.% bei 2seitigem Test)
```

Befehl

contingencyTable

siehe Abschn. 3.8.1

2.7 Arterieller Blutdruck – Beispiel für eine Zeitreihen-Analyse

In Abschn. 2.2 wurde in Zusammenhang mit dem Fehler-fortpflanzungsgesetz erwähnt, daß die Wheatstone'sche Brücke zur Messung von elektrischen Widerständen in der Intensiv-Medizin eingesetzt wird, um *online* den Blutdruck an Patienten zu messen. In diesem Abschnitt wird eine solche Blutdruck-Kurve mit Methoden der Zeitreihen-Analyse untersucht. Dabei interessiert hier die Frage, ob **1.)** die Zeitreihe einen globalen Trend aufweist und **2.)** ob die Zeitreihe periodische Komponenten besitzt. Die Meßreihe selbst besteht aus 1000 Einzelmessungen, die im Abstand von ca. 11,5 Sekunden abgespeichert wurden, d.h. sie erstreckt sich über einen Zeitraum von etwas mehr als drei Stunden. Der Datensatz besteht aus 1000 Unterlisten, wovon jede die Zeit (in Sekunden) und den Blutdruck (in mm Hg) enthält.

Zeitreihen-Analysen spielen auch in den Wirtschaftswissenschaften oder in der Populationsbiologie eine wichtige Rolle. Während in den Wirtschaftswissenschaften häufig periodische Komponenten die Zeitreihe prägen, treten diese in der Populationsbiologie eher selten auf, d.h. hier interessiert verstärkt der Gesamt-Trend der Zeitreihe. Das vorliegende Beispiel wurde ausgewählt, um eine Zeitreihe zu untersuchen, die prinzipiell sowohl von einer Trend- als auch von einer periodischen Komponente geprägt werden kann.

Die dritte wichtige – stochastische – Komponente in der Zeitreihen-Analyse spielt vor allem in den Wirtschaftswissenschaften eine große Rolle. Darauf basierende Ansätze wie beispielsweise **ARIMA** (*Autoregressive Integrated Moving Average Process*) wurden in der vorliegenden Programm-Bibliothek nicht aufgenommen, um anstelle dieser sehr speziellen und außerhalb der Wirtschaftswissenschaften nur selten eingesetzten Methoden allgemeinere und verbreitetere Verfahren zu berücksichtigen. Prinzipiell ist eine Programmierung dieser Verfahren in Mathematica nicht allzu schwierig, zur Methodik sei hierzu auf LEINER, 1991, oder auf SCHLITTGEN, 1985, hingewiesen.

2.7.1 Das Notebook (nach einer Auswertung)

☐ Laden der Datensätze

Der hier geladene Datensatz liegt als Mathematica-Liste vor, besitzt die Extension dat und befindet sich im Unterverzeichnis /statist/Mathematica/data. Der geladene Datensatz erhält den Namen dataSet.

Das Notebook befindet sich unter dem Namen 27.ma auf der beiliegenden CD-ROM

☐ Rohdarstellung

In der Rohdarstellung des Datensatzes fällt ein leicht negativer Gesamttrend auf, der durch offenbar stochastische Komponenten überlagert wird. Der einzelne, stark nach oben und unten „ausreißende" *peak* rührt eventuell von einer Provokation des Patienten, beispielsweise von einer Berührung durch das Pflegepersonal, her.

☐ Autokorrelation

Wird der Verlauf einer Zeitreihe durch periodische Komponenten geprägt, korreliert die Zeitreihe „mit sich selbst", d.h. genau genommen mit der um den Wert τ phasenverschobenen Zeitreihe, wenn τ die Phasendauer des periodischen Vorganges ist. Dieser Vorgang wird als **Autokorrelation**, die entsprechende graphische Darstellung als →**Autokorrelogramm** bezeichnet.

Siehe Abschn. 3.6.1

Das Autokorrelogramm des Blutdruck-Datensatzes (siehe Abbildung auf der folgenden Seite) ergibt – bis auf die Korrelation der Zeitreihe mit ihrer Identischen – keinen Anhaltspunkt für eine periodische Komponente.

Untersuchung einer Blutdruck-Kurve auf Trend und Periodizität

Zeitreihen-Analyse

Initialisierungen

☐ Datensätze

```
dataSet=loadDataFile["*.dat",format->"List"];
```

```
Anwender-Verzeichnis:
     /statist
Daten-Verzeichnis:
     /statist/Mathematica/data
Vorhandene Daten-Dateien:
     map.dat
     medline.dat
     rot1.dat
     rot2.dat
Name der ausgewählten Datei
     ~/Mathematica/data/map.dat
Datei erfolgreich geladen.
```

☐ Rohdarstellung

```
show[dataSet];
```

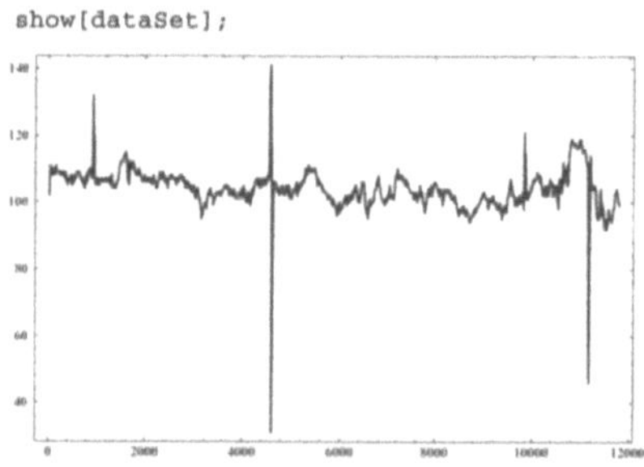

☐ Autokorrelation

Befehl

`autoCorrelation`

siehe Abschn. 3.6.1

```
autoCorrelation[dataSet];
```

☐ Trend

```
monotoneTrendTest[dataSet,
        method->linearFit,
        PlotRange->{All,All}];
```

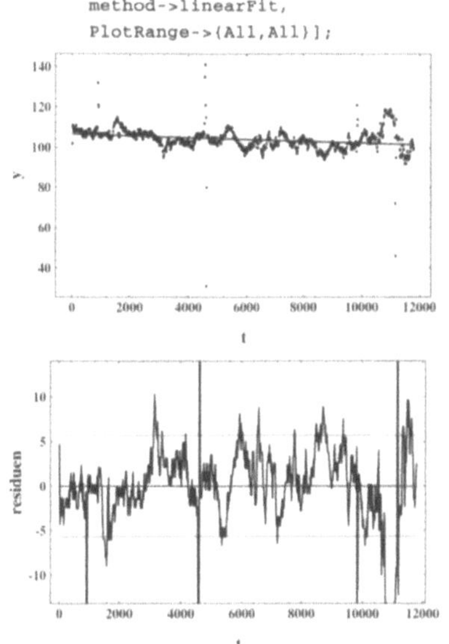

Befehl

`monotoneTrendTest`

siehe Abschn. 3.6

```
Test on Normality using Madow's Method
      alpha= 0.1
   Skewness= 2.21762 (should be equal to 0)
   Kurtosis= 40.2477 (should be equal to 0)
Test-Result= False
```

```
monotoneTrendTest[dataSet,
       method->CoxStuart,
       PlotRange->{All,All}];
```

```
Trend-Test nach COX und STUART
72 positiv aufsteigende Daten-Paare
255 negativ aufsteigende Daten-Paare
Negativer Trend hypothetisch
Trend-Hypothese: True (alpha=10.%)
```

■ Trend

Die zuerst eingesetzt Option zur **Trend-Überprüfung** basierte auf der Methode der →**linearen Regression**. Die ermittelte Gerade ergibt zwar einen leicht negativen Trend, der anschließende Test der Residuen zeigt allerdings, daß diese nicht normalverteilt sind, d.h. daß die Anwendung der (linearen) Methode der kleinsten Quadrate nicht gerechtfertigt ist. Aus diesem Grund wurde auf den parameterfreien →**Trend-Test nach Cox und Stuart** zurückgegriffen.

Siehe Abschn. 3.4

Siehe Abschn. 3.6.1

☐ **Gleitender Mittelwert**

```
movingAverage[dataSet,function->Median];
```

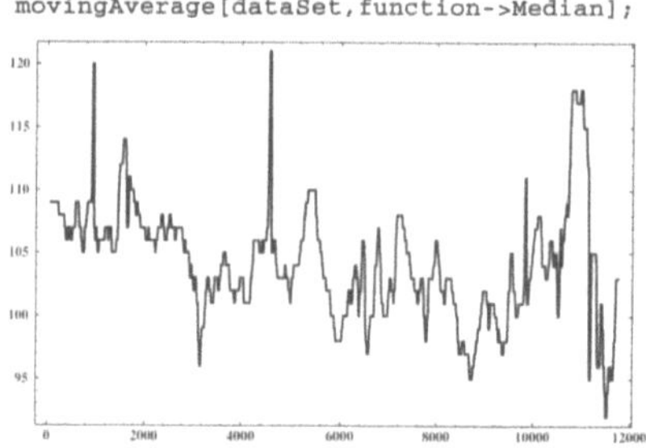

```
movingAverage[dataSet,function->Mean];
```

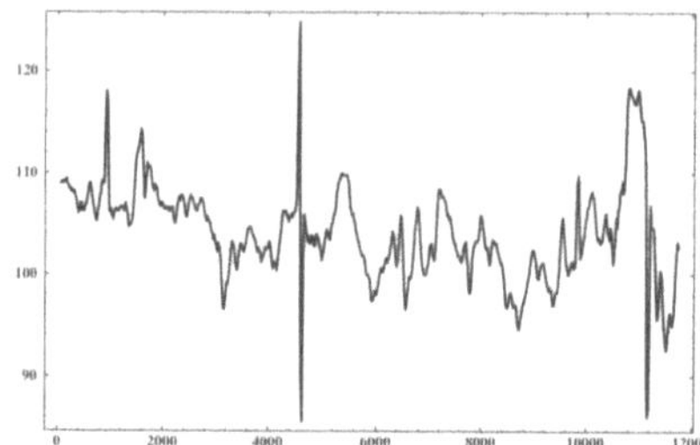

☑ **Differenzen-Filter**

```
derivation[dataSet];
```

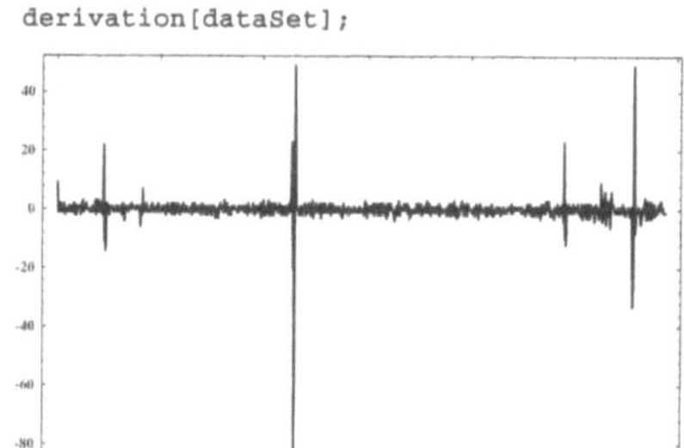

Gleitender Mittelwert

Siehe Abschn. 3.6.2   Glättung der Zeitreihen (←) durch die Bildung des gleitenden arithmetischen Mittelwertes (`function->Mean`) bzw. des
Medians (`function->Median`).

Differenzen-Filter

Siehe Abschn. 3.6.1   Die erste Ableitung der Zeitreihe erlaubt eine ←Beurteilung
lokaler und globaler Trends. Solche Trends ergeben sich für
die hier vorliegende Zeitreihe **nicht**.

☐ Exponentielle Glättung

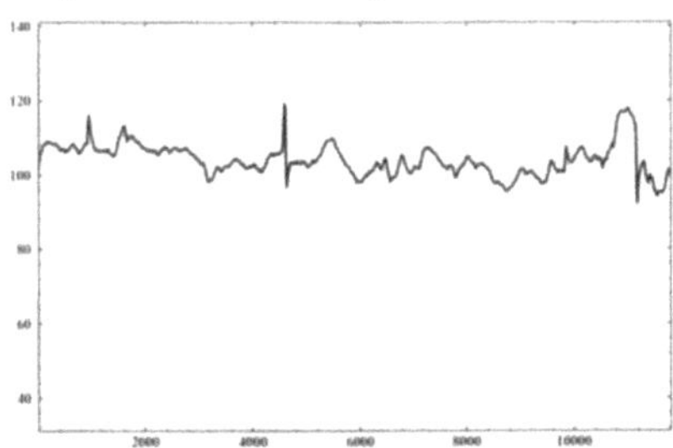

```
dataSet3=exponentialSmoothing[dataSet,0.05];
```


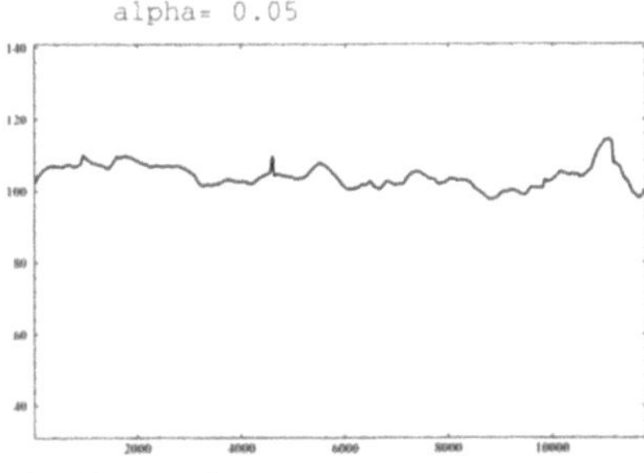

```
show[dataSet3];
```

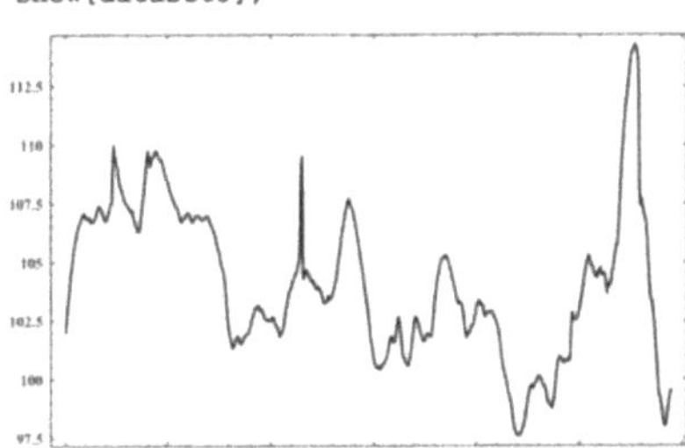

▣ Exponentielle Glättung

→**Exponentielle Filter** sind *memory*-Filter, d.h. daß bei Filterung eines Wertes zum Zeitpunkt t auch Informationen aus dem früheren Zeitreihen-Verlauf eingehen. Vom Glättungsfaktor α hängt ab, wie stark frühere Ereignisse berücksichtigt werden. In dem Beispiel-Notebook wurde mit $\alpha = 0.2$ ein Faktor gewählt, der nur relativ kurz zurückliegende Ereignisse entscheidend berücksichtigt, während der in der Abbildung darunter eingesetzte niedrigere Glättungsfaktor längere Zeiträume mit einbezieht.

Siehe Abschn. 3.6.2

63

☐ Fourier-Glättung

```
fourierSmoothing[dataSet];
```

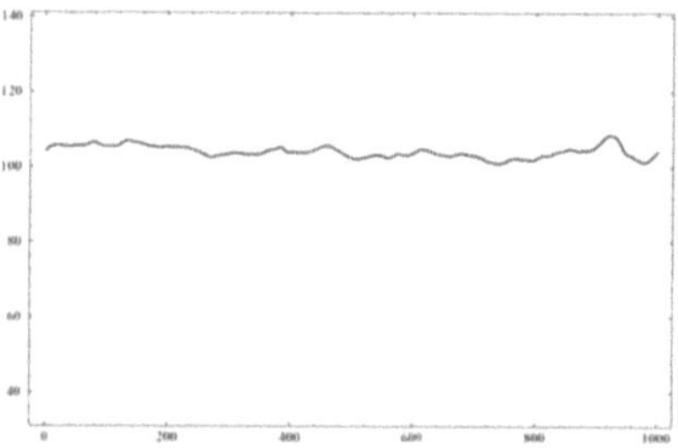

☐ Periodogramm

```
periodogram[dataSet];
```

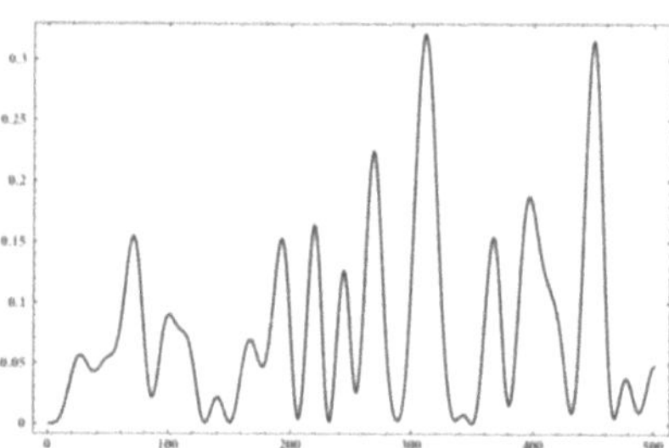

Fourier-Glättung

Mit Hilfe der Fourier-Glättung gelingt eine relativ starke Unterdrückung der „Rausch"-Komponenten, da dieser Filter lediglich Trend-Komponenten durchläßt (←).

Siehe Abschn. 3.6.2

Periodogramm

Siehe Abschn. 3.6.4

Ziel des ←**Periodogramms** ist, festzustellen, ob der Zeitreihe periodische Vorgänge zugrunde liegen und wenn ja, welche Frequenz diese Vorgänge besitzen. In einem solchen Fall würde man im Periodogramm einen deutlichen und ausgeprägten *peak* erwarten, aus dessen Position sich die Frequenz ermitteln läßt. Die hier gezeigte Abbildung weist auf keine periodischen Vorgänge hin, vielmehr ist die Vielzahl an *peaks* typisch für die Fourier-Transformierte eines stochastischen Rauschens.

Statistische Grundlagen

n diesem Teil sollen die statistischen – und erforderlichenfalls auch die numerischen – Methoden erläutert werden, die in den Mathematica-*packages* zur Statistik eingesetzt werden. Da die zum Lieferumfang von Mathematica gehörenden Statistik-Programmbibliotheken (*package* Statistics) in den →*package*-Handbüchern teilweise nur knapp erläutert sind, darauf aber im Rahmen dieses Buches häufiger zurückgegriffen wird, werden viele dieser Befehle ebenfalls in den Erläuterungen berücksichtigt.

WOLFRAM RESEARCH, *Guide to Standard Mathematica Packages, Versionen 2.0 (1991), 2.1 (1992) oder 2.2 (1993)*

Wie bereits erwähnt, werden statistische Routinen der Mathematica-Standard-*packages* (sofern diese bereits existieren) verwendet. Da **jeder** Mathematica-Anwender im Besitz dieser Programm-Bibliotheken ist, bedeutet dies keinerlei Einschränkung in der Anwendbarkeit der beiliegenden Programme und *packages*. **Nicht** eingesetzt – und daher im Rahmen dieses Buches nicht weiter berücksichtigt – wurden dagegen Statistik-Module, die in der von WOLFRAM RESEARCH installierten →MathSource (*via* Internet oder im Handel auf CD-ROM) erhältlich sind.

In Abschn. 1.3 wird die E-mail-Adresse von MathSource angegeben; darüber hinaus ist MathSource im Buchhandel erhältlich (siehe Abschn. 4.3.3)

Alle Mathematica-Befehle werden im Rahmen einer einheitlichen **Box** näher beschrieben. Eine solche Box enthält folgende Informationen:

```
Befehl:    befehlsname
package:   Name des zu ladenden packages
Optionen:  Optionen
Funktion:  Aufgabe/Funktion des Befehls
Literatur: Hinweise auf Quellen bzw. nähere Informationen
```

Das Beispiel Std-
ErrSampM *ist fiktiv*

Der Befehl
StandardErrorOf-
SampleMean *ist im*
Standard-package
Descriptive-
Statistics *definiert*

Mathematica-Standard-
Befehle beginnen
immer mit einem
Großbuchstaben

WOLFRAM RESEARCH verfolgt bei der Benennung von Befehlen die Politik, anstelle von Kürzeln voll ausgeschriebene Namen zu vergeben. Beispielsweise wird der zusätzliche Aufwand, anstelle eines kryptischen ←StdErrSampM das längere Wort ←StandardErrorOfSampleMean einzutippen, durch den Vorteil überwogen, von Befehlsnamen direkt auf die Bedeutung (eben des Befehls ←StandardErrorOfSampleMean) schließen zu können. Diese Politik wurde im Rahmen dieses Buches und seiner Programm-Bibliotheken konsequent übernommen. Zur Unterscheidung zwischen Befehlen aus den Mathematica-Standard-*packages* zum einen und der beiliegenden CD-ROM zum anderen beginnen die Befehlsnamen der hier definierten Prozeduren **fast immer** mit einem ←Kleinbuchstaben!

Im Unterverzeichnis (*folder*) tutorials (für MS-DOS- und MS-Windows-Anwender: tutorial) auf der beiliegenden CD-ROM befinden sich zu jedem Abschnitt aus diesem Kapitel Notebooks, in denen die jeweiligen Befehle und Optionen eingehender dargelegt werden.

3.0 Gemeinsame Routinen

Bevor die Arbeit mit den *packages* beginnen kann, müssen einige „Vorarbeiten" erledigt werden, die weniger statistischer denn eher „administrativer" Art sind – `"statistics`administration`"` heißt daher jenes Programm-Paket, das in allen Programm-Beispielen zuerst geladen werden muß. Es stellt dem Programmanwender folgende Befehle zur Verfügung:

Siehe auch Notebook 30.ma im Unterverzeichnis tutorials auf der beiliegenden CD-ROM

Befehl: `time2Second[timeString]`
package: `"statistics`administration`"`
Optionen: –
Funktion: Konvertiert eine als String eingegebene Zeitangabe in Sekunden
Literatur: –

2 steht hier für das englische to (zu)

Häufig wird die Zeit in der Schreibweise `d.h:m:s` oder `h:m:s` dargestellt, wenn d der Tag ist, h die ganze Stunde, m die ganze Minute und s die Sekunde (wahlweise als ganzer oder als reeller Wert). `time2Second[timeString]` erwartet die Eingabe dieser Zeitangabe als String und konvertiert sie zu einer ganzen bzw. reellen Zahl. Beispiel: `time2Second["2.23:12:8.4"]` gibt den (reellen) Wert `256328.4` zurück.

Befehl: `second2Time[seconds]`
package: `"statistics`administration`"`
Optionen: –
Funktion: Konvertiert einen in Sekunden angegebenen Zeitwert in einen Zeitstring
Literatur: –

Wirkt umgekehrt wie der zuvor genannte Befehl, d.h. er wandelt beispielsweise die Zeitangabe `256328.4` in den String `"2.23:12:8.4"` zurück.

Diese beiden Befehle spielen insbesondere in der Zeitreihen-Analyse (Abschn. 3.6) eine wichtige Rolle.

Befehl: convertASCII2List[ASCIIlist]
package: "statistics`administration`"
Optionen: head,start,strings,timeConversion
Funktion: Wandelt eine im ASCII-Format vorliegende Liste
              in eine Mathematica-Liste um
Literatur: −

Häufig liegen Daten-Dateien als Liste neben- und untereinandergestellter Werte vor. Geräte aus dem technischen (z.B. Voltmeter mit serieller Schnittstelle), wissenschaftlichen (z.B. Hochfrequenz-Impedanzmesser) oder auch dem medizinischen Bereich (z.B. *online*-Meßgeräte von Blutgaswerten) geben solche Listen aus und erlauben ihre Speicherung z.B. auf Festplatten oder Disketten. Der Befehl convertASCII2List liest diese Dateien ein und konvertiert sie in eine Mathematica-Liste (siehe auch Abschn. 1.8). Mit der Option head->value (Standard-Einstellung: 1) wird angegeben, in welcher Zeile der ASCII-Liste sich der Kopf befindet, der den Inhalt der Spalten beschreibt. **Wichtig**: Sollten in einer der Spalten Zeitangaben stehen, die konvertiert werden müssen (s.o.), muß im Kopf dieser Spalte der Begriff "Time" stehen. Der Befehl convertASCII2List erkennt dann bei Angabe der Option timeconversion->True (*default*-Einstellung!), daß die Angaben dieser Spalte durch den Befehl time2Second konvertiert werden müssen. In der Standard-Einstellung wird davon ausgegangen, daß sich der Listenkopf in der ersten Zeile befindet und anschließend der Datensatz beginnt (start->2). Ist dies nicht der Fall, kann mit der Option start->zeile eingegeben werden, ab welcher zeile die Konvertierung der Strings in numerische Werte beginnen soll. Werden Positionen von Spalten in der Option strings ->{position1,position2,...} aufgeführt (Standard-Einstellung: strings->{}), werden die Daten in dieser Spalte **nicht** konvertiert, sondern als Strings (in Zollzeichen " " gesetzt) übernommen.

Hinweis: Der Befehl konvertiert ab der Startzeile den gesamten Datensatz bis zum Ende. Innerhalb einer Zeile sind die einzelnen Werte durch Leerzeichen oder Tabulatoren zu trennen, jede Zeile muß mit einem *carriage* (ASCII-

Zeichen 13) und/oder einem *return* (ASCII-Zeichen 10) abgeschlossen werden; das Dateiende wird durch ein *end of file* (ASCII-Zeichen 09) markiert. Da sich ASCII-Zeichensätze durch (nahezu) jeden Text-Editor laden und bearbeiten lassen, ist es prinzipiell kein Problem, ASCII-Listen vor einer Konvertierung durch `convertASCII2List` manuell aufzubereiten.

Befehl: `loadDataFile[muster]`
package: `"statistics`administration`"`
Optionen: `path,format,convertASCII`
Funktion: Laden einer Daten-Datei und optionale Konvertierung mittels `convertASCII2List` (s.o.)
Literatur: –

Siehe Abschnitt 1.7. Der Befehl wird mit einem `muster` gestartet und sucht in dem unter `path->Pfadname` (Standardeinstellung: `path->~/data`; Pfadangaben sind als String zwischen Zollzeichen `"  "` zu setzen) angegebenen Pfad nach allen Dateien dieses Musters. **Wichtiger Hinweis für MS-DOS- und Windows-Anwender**: Anstelle der unter UNIX verwendeten *slash*-Zeichen (/) zur Strukturierung von Pfadangaben müssen Sie *backslashs* (\) einsetzen. Unter UNIX ersetzt die Tilde $\sim$ den Namen des Heimatverzeichnisses des Anwenders. Unter MS-DOS ist anstelle dieser Tilde der gesamte Pfad einzugeben, in dem sich Ihr Daten-Verzeichnis data befindet, also z.B. `C:\Mathematica\data`. Der entsprechende Aufruf des Befehls lautet in diesem Beispiel `loadDataFile[*.dat,path->"C:\Mathematica\data"]`. Die Routine druckt auf dem Bildschirm sämtliche in dem angegebenen Verzeichnis befindlichen Dateien mit der Extension dat aus und öffnet ein Fenster zur Eingabe des Dateinamens (ohne Extension; siehe Abschn. 1.7). **Achtung**: Achten Sie bei der Eingabe des Dateinamens darauf, daß sowohl Mathematica als auch viele Betriebssysteme (z.B. UNIX) zwischen Klein- und Großbuchstaben unterscheiden.

Mit dem Befehl `loadDataFile` können folgende Daten-Typen geladen werden:

Option: `format->ASCII`

Funktion: Lädt – wie bereits weiter oben besprochen – eine ASCII-Datei und konvertiert diese bei Angabe der Option `convertASCII->True` in eine Mathematica-Liste

Option: `format->Byte`

Funktion: Lädt Dateien, deren Werte im Byte-Format abgespeichert wurden

Option: `format->List`

Funktion: Lädt Dateien, die im Mathematica-Listenformat (siehe Abschn. 1.8) gespeichert sind

Option: `format->raw`

Funktion: Im Grunde ist diese Option mit der Option `format->Byte` identisch, allerdings wird die Extension `*.raw` speziell für im raw-Format gespeicherte Bilder verwendet

Befehl: `deleteDummies[liste,delete]`
package: `"statistics`administration`"`
Optionen: `dummies`
Funktion: Löscht die dummie-Variablen **E** aus Listen
Literatur: –

Häufig werden in Datensätzen bestimmte Werte eliminiert (anstelle des Wertes steht dann beispielsweise ein Bindestrich) oder durch einen anderen Wert (z.B. 0) ersetzt. Aus folgenden Gründen wird hier vorgeschlagen, die Eulersche Zahl E als Dummy-Variable in die Liste einzusetzen: Zum einen ist E eine reelle, d.h. nicht-rationale Zahl; E wird daher niemals als Resultat eines experimentellen Versuches auftreten, der nur – egal mit welcher Genauigkeit – rationale Zahlen liefert ($2{,}71828 \neq E$). Zum zweiten ist E ein von Mathematica geschütztes Symbol (eben für die Eulersche Zahl), d.h. man wird nicht versehentlich der Dummy-Variablen E über eine Gleichung (z.B. `E = 1.7`) einen anderen Wert zuweisen können, so daß Mathematica weiterhin E z.B. gleich

1.7 setzen würde. Zum dritten kann aber jederzeit mit Hilfe von `ToRules` dem Wert E **lokal** ein anderer Wert zugewiesen werden (z.B. `{1,2,3,E,5,6}/.E->` 1.7 liefert `{1,2,3,1.7, 5,6}`). Auf die folgende Problematik des Einsatzes von Dummy-Variablen sei hingewiesen: Besitzen zwei Listen die gleiche Länge, kann man sie beispielsweise mit dem Befehl Transpose →transponieren, d.h. aus `{{x1,x2,...},{y1,y2, ...}}` wird `{{x1,y1},{x2,y2},...}`. Besitzen beide Ursprungslisten unterschiedlich viele Dummy-Variablen und werden diese eliminiert, d.h. ersatzlos gestrichen, resultieren daraus Listen unterschiedlicher Längen, die sich nicht mehr transponieren – und damit beispielsweise auch nicht mehr graphisch als Wertepaare darstellen – lassen.

Auf den Einsatz von Dummy-Variablen sollte man nach Möglichkeit verzichten, insbesondere dann, wenn man damit versucht, sogenannte **Ausreißer** von vorne herein zu tilgen. Auf jeden Fall sollte man scheinbar abseitig liegende Werte im Datensatz belassen und zumindest eines der Verfahren zur Ausreißererkennung anwenden (zur Ausreißerbehandlung siehe Abschn. 3.1.4) resp. auf parameterfreie und damit i.d.R. robustere statistische Verfahren zurückgreifen.

Wird eine Matrix mit den Elementen x_{ik} transponiert, erhält man eine Matrix mit den Elementen x_{ki} (d.h. die Indizes der Matrix-Elemente werden vertauscht). Zum Befehl Transpose *siehe* WOLFRAM, *1991*

Befehl: `info`
package: `"statistics`administration`"`
Optionen: –
Funktion: Druckt eine Informationsliste auf dem Bildschirm aus
Literatur: –

Mit diesem Befehl kann auf dem Bildschirm eine Liste ausgedruckt werden, die folgende Informationen enthält:
- Angaben zum Rechner-Typ
- Angaben zum Betriebssystem
- Angaben zum Rechner-Namen
- Angaben zur Rechner-ID
- Angaben zur eingesetzten Mathematica-Version
- →Datum des Programm-Durchlaufs
- →Uhrzeit des Programm-Durchlaufs

Hier werden das System-Datum und die System-Zeit des Rechners abgefragt, die selbstverständlich stimmen müssen

Der Grund dafür, eine solche Routine zu schreiben, liegt darin, daß u.U. zu einer Auswertung von Meßdaten auch dokumentiert werden soll, **wann** die Auswertung durchgeführt und welche Mathematica-Version auf welchem Rechner verwandt wurde.

Befehl: `installFont[device]`
package: `"statistics`administration`"`
Optionen: `fontScreen,fontPrinter`
Funktion: Einstellung des Schrift-Fonts für Mathematica-Graphiken
Literatur: –

Unter einigen Betriebssystemen wie z.B. NeXT gibt es das Problem, daß Graphik-Texte auf dem Bildschirm kleiner dargestellt werden, auf einem Drucker aber größer ausgegeben werden. Da dies für den Graphik-Export aus den Notebooks sehr lästig ist, kann mit den Befehlen `installFont[printer]` bzw. `installFont[screen]` der Font an das Ausgabe-Medium (Drucker oder Bildschirm) angepaßt werden (bei Aufruf von `installFont[manuell]` wird der Benutzer interaktiv nach dem Ausgabe-Medium gefragt). Mit den Optionen `fontScreen` und `fontPrinter` lassen sich die Standard-Einstellung (`fontScreen->{"Times-Bold",12}` und `fontPrinter->{"Times-Bold",6}`) verändern.

*Man beachte die Klein-
schreibung des ersten
Buchstabens; siehe
Randnotiz S. 66*

Befehl: `toRules[liste1,liste2]`
package: `"statistics`administration`"`
Optionen: –
Funktion: Ersetzt den Mathematica-Befehl `ToRules`
Literatur: –

Der Mathematica-Befehl `ToRules[{a,b,c}=={A,B, C}]` sollte eigentlich zu dem Resultat `{a->A, b->B, c->C}` führen, bei einigen älteren Versionen (z.B. Mathematica Version 2.0 unter NeXT) erhält man aber nur das unbrauchbare Ergebnis `{a->A, b->B}`, d.h. daß die dritten (und weiteren) Listenelemente einfach ignoriert werden. `toRules[ {a,b,c}, {A,B,C}]` führt diesen Befehl korrekt durch.

3.1 Univariate deskriptive Statistik

Zu den Aufgaben der →**deskriptiven Statistik** gehört die systematische Untersuchung von empirisch erhobenem Datenmaterial wie etwa die Ermittlung von Maßzahlen (z.B. Datenumfang, Mittelwerte oder Varianzen), das Aufzeigen von Datenstrukturen (wie z.B. der Dichte-Verteilung) oder die graphische Darstellung der Daten. Viele Methoden der deskriptiven Statistik sind mathematisch einfach zu bewältigen und intuitiv leicht überschaubar.

Oft auch als beschreibende Statistik bezeichnet

Ein mächtiges Instrumentarium der deskriptiven Statistik ist die **Reduktion von Datenmaterial**. Zur Berechnung diverser **Punkt-** und **Intervall-Schätzer** bietet das Original-Mathematica-*package* `"Statistics`DescriptiveStatistics`"` praktisch alle in Frage kommenden Größen an (siehe Abschn. 3.1.5). Im Bereich der **graphischen** deskriptiven **Statistik** dagegen ist Mathematica – mit Ausnahme einiger konventioneller Darstellungsmöglichkeiten und einem gut ausgebauten Fundus an →**Histogrammen** – noch ausbaufähig, so daß hier das *package* `"statistics`descriptiveStatistics`"` wichtige und z.T. etablierte Ergänzungen anbietet.

Siehe auch Notebook `30.ma` *im Unterverzeichnis* `tutorials` *auf der beiliegenden CD-ROM*

Package `Graphics`Graphics``

Üblicherweise steht der Einsatz der deskriptiven Statistik am Beginn einer statistischen Auswertung, um das Datenmaterial zu sichten und zur weiteren Auswertung vorzubereiten. Allerdings gehört beispielsweise zur Darstellung der Daten-Verteilung oft auch der Hypothesen-Test, ob die Daten →normalverteilt sind. Daher wurden in das *package* `"statistics`descriptiveStatistics`"` zusätzlich entsprechende Methoden aus der induktiven Statistik aufgenommen, die zur Daten-Vorbereitung notwendig sind.

Normalverteilung ist z.B. Voraussetzung für die Anwendbarkeit der Varianzanalyse, siehe Abschn. 3.9

3.1.1 Schema zur deskriptiven Statistik

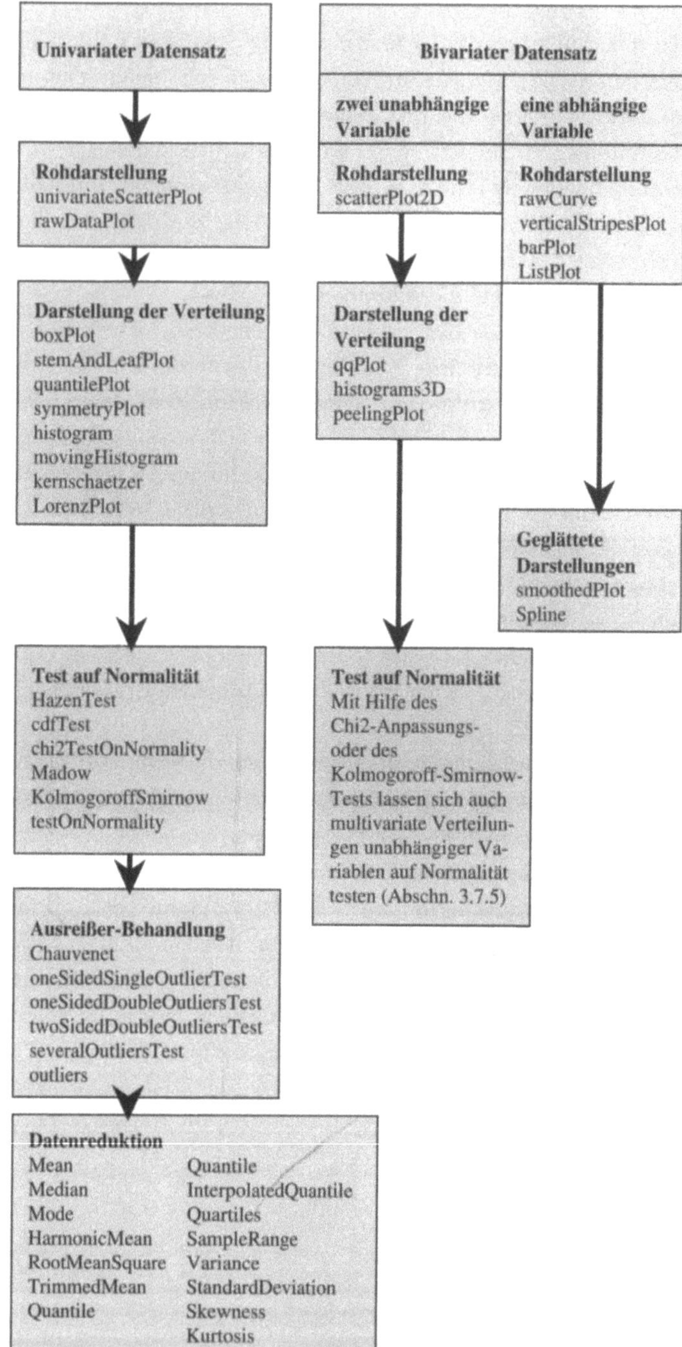

3.1.2 Graphische Darstellung von Daten

In der **statistischen Graphik** haben sich bestimmte Darstellungsformen etabliert, die ein rasches visuelles Erkennen von Sachverhalten ermöglichen. Einige dieser Methoden wurden als Verfahren zur Verifikation von Hypothesen oder zur statistischen Auswertung zu Zeiten entwickelt, als der Einsatz von Rechnern in der jetzigen Form noch nicht möglich war. Aus heutiger Sicht ersetzen diese Methoden zwar keine Verfahren aus der **induktiven Statistik**, trotzdem sollte man sich ihrer bedienen, um beispielsweise Hypothesen-Tests graphisch nachzuvollziehen oder aufzustellen.

Literaturhinweise: CHAMBERS, *1983;* TUFTE, *1982;* GESSLER, *1993;* RIEDWYL, *1987; Beispiele von Designer-Graphiken aus dem deskriptiv-statistischen Bereich findet man in* PEDERSON, *1988*

Mathematica bietet zwar eine Reihe gut ausgebauter Möglichkeiten an, Zahlenmaterial graphisch wiederzugeben, bis auf eine Vielzahl an →Histogramm-Varianten sind aber keine ausgesprochen typischen Darstellungen aus der statistischen Graphik implementiert. In diesem Kapitel werden daher einige Routinen zur graphischen Darstellung univariaten Datenmaterials vorgestellt.

package `"Graphics`Graphics`"`

```
Befehl:    univariateScatterPlot[dataSet]
package:   "statistics`descriptiveStatistics`"
Optionen: reduced
Funktion: Darstellung eines univariaten Datensatzes
Literatur: −
```

Der **univariate Scatter-Plot** ist die einfachste Möglichkeit, eindimensionale Datensätze darzustellen. Die Abbildung gibt die einzelnen Datenpunkte wieder, mit der Option `reduced->True` werden darüber hinaus der **arithmetische Mittelwert** und der **Median** sowie die **Standardabweichung** und die **Quartilen** und **Perzentilen** eingetragen.

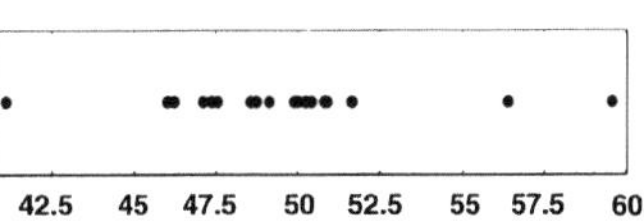

Scatter-Plot eines univariaten Datensatzes

Befehl: `rawDataPlot[dataSet]`
package: `"statistics`descriptiveStatistics`"`
Optionen: −
Funktion: Darstellung eines univariaten Datensatzes
Literatur: −

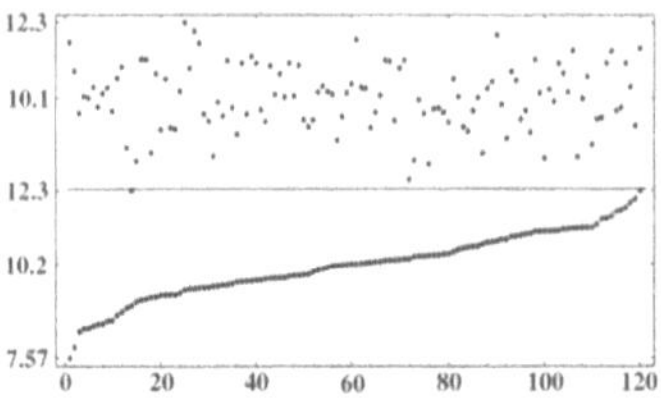

Der **rawDataPlot** besteht aus einer oberen und einer unteren Hälfte. Jeweils wird der Datensatz sequentiell von links nach rechts aufgetragen, wobei die Ordinate den Wert der Datenpunkte wiedergibt. In der oberen Hälfte sind die Datenpunkte der Eingangsliste entsprechend angeordnet, in der unteren Hälfte wurden diese Daten zuvor der Größe nach sortiert.

Befehl: `boxPlot[dataSet,x,y]`
package: `"statistics`descriptiveStatistics`"`
Optionen: `range, thickness, dimension, scatter, mean, median`
Funktion: Darstellung eines univariaten Datensatzes
Literatur: −

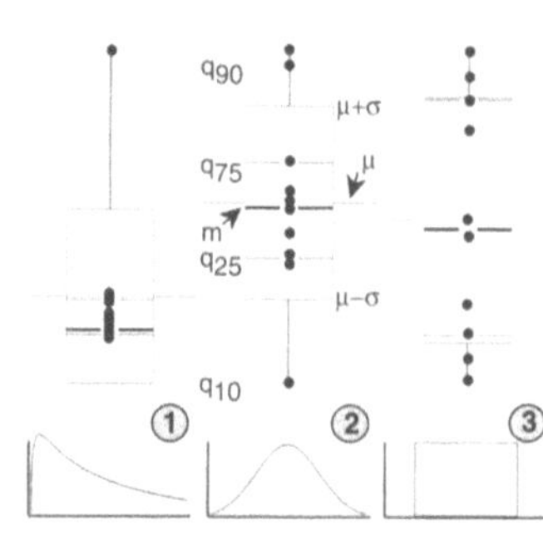

Die Prozedur **boxPlot** legt für einen univariaten Datensatz eine Box an (siehe Abbildung links), in die je nach eingestellter Option die Einzeldaten (`scatter->True`), die **parametrischen Maßzahlen** (`mean->True`: arithmetischer Mittelwert $\pm$ Standardabweichung), die **parameterfreien Maßzahlen** (`median->True`: Median und Quantilen) und/oder der Gesamtbereich des Datensatzes (`range->True`) eingetragen werden. Mit `thickness->value` ($0 \leq$ `value` ≤ 1) kann die relative Breite der Box variiert werden. Bei Aufruf des Befehls ohne Angabe der Positions-Liste `{x,y}` wird die Box an der Stelle `{x=0,y=0}`, anderenfalls an der angegebenen Stelle angelegt. So lassen sich mehrere Boxen miteinander und mit anderen **Graphik-Objekten** kombinieren. Die Abbildung rechts gibt als Beispiel eine durch **lineare Regression** ermittelte Gerade wieder, deren Stützpunkte sich jeweils aus mehreren Einzeldaten zusammensetzen und als Box-Plots dargestellt wurden.

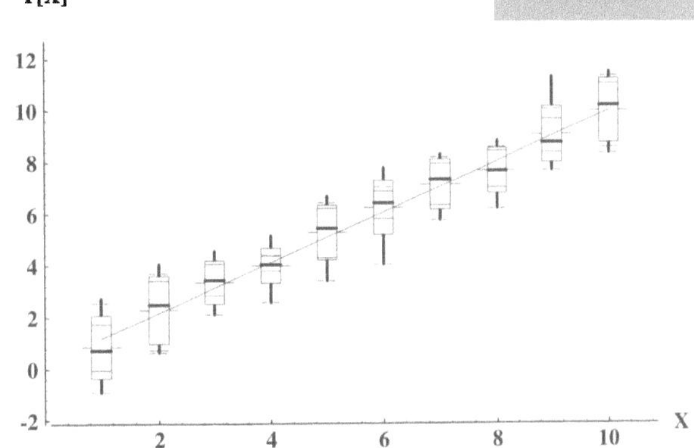

Oben: Kombination
mehrerer Boxen und einer
approximierten Geraden

Befehl: `stemAndLeafPlot[dataSet]`
package: `"statistics`descriptiveStatistics`"`
Optionen: −
Funktion: Empirische Verteilung eines univariaten Datensatzes
Literatur: −

Beim **Stem and Leaf-Plot** handelt es sich eigentlich um einen tabellierten Text, dessen Aufbau allerdings sehr an horizontal orientierte Histogramme erinnert. Die Daten werden zuerst der Größe nach geordnet. Anschließend werden die ersten signifikanten Stellen untereinander aufgetragen (Abbildung, dunkelgrau unterlegte Spalte: Stamm) und die restlichen Stellen rechts davon horizontal und der Größe nach geordnet aufgelistet (hellgrau unterlegte Balken: Blätter). Um eine gewisse Übersichtlichkeit beizubehalten, trägt die Routine `stemAndLeaf-Plot` in den Blättern lediglich **eine signifikante Stelle** ein. Die Graphik wird als formatierter →ASCII-Text ausgegeben und kann dementsprechend nachbearbeitet werden.

Stem and Leaf-Plots für zwei Stichproben aus einer normalverteilten (links) und einer gleichverteilten Grundgesamtheit (rechts). Der ASCII-Text enthält *nicht die* in der Abbildung wiedergegebene Grauunterlegung

Befehl: `quantilePlot[dataSet]`
package: `"statistics`descriptiveStatistics`"`
Optionen: –
Funktion: Überprüfung eines univariaten Datensatzes auf
Gleichverteilung
Literatur: CHAMBERS, 1983; GESSLER, 1993

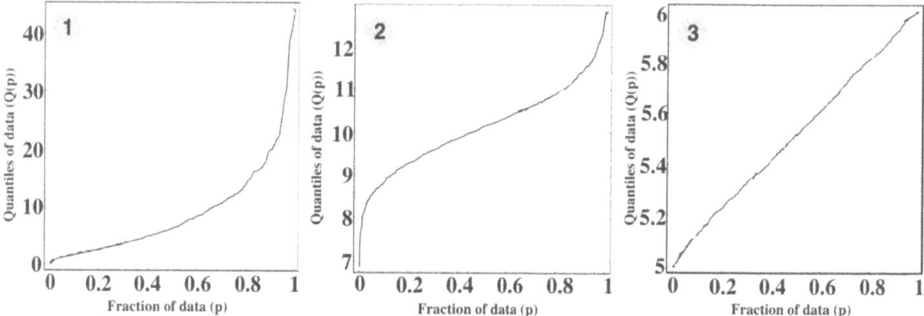

Quantilsplot von

Stichproben aus einer

lognormal (links), nor-

mal (Mitte) und gleich-

verteilten Grundgesamt-

heit (rechts); weitere

Erläuterungen im Text

In der **Quantilsgraphik** werden die **geordneten Daten**
(x_i: Ordinate) gegen ihre **Quantilsränge** (α_i: Abszisse)
aufgetragen. Hinreichend große Stichproben aus gleichverteilten Grundgesamtheiten zeigen in diesem Plot einen Verlauf entlang der Hauptdiagonalen (Abbildung oben rechts,
durchgezogene Linie), andere Verteilungen weichen davon
ab. In Bereichen großer Steigungen sind die Dichten geringer
als in Bereichen geringer Steigungen. So besitzt im abgebildeten mittleren Beispiel die Verteilung an den Rändern
geringe und in der Mitte höhere Konzentrationen, darüber
hinaus verhält sich der Kurvenverlauf relativ symmetrisch
zum Mittelpunkt der Verteilung, d.h. daß sich die Verteilung
symmetrisch zum Mittelwert verhält (tatsächlich entstammt
die Stichprobe einer normalverteilten Grundgesamtheit). Im
links abgebildeten Beispiel verläuft die Kurve am unteren
Rand sehr flach und am oberen Rand deutlich steiler. Hier
liegt eine Verteilung vor, die sich deutlich **rechtssteil** bzw.
linksschief verhält (tatsächlich handelt es sich hier um eine
Stichprobe aus einer lognormal verteilten Grundgesamtheit).

Befehl: `symmetryPlot[dataSet]`
package: `"statistics`descriptiveStatistics`"`
Optionen: –
Funktion: Symmetrie der empirischen Verteilung eines uni-
          variaten Datensatzes
Literatur: CHAMBERS, 1983; GESSLER, 1993

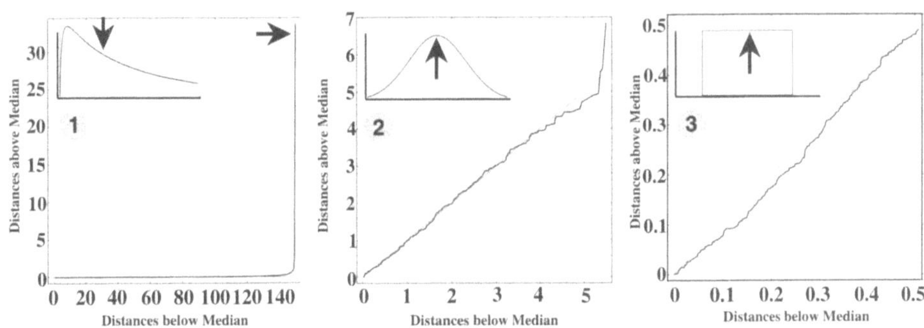

Der **Symmetrie-Plot** ist dazu geeignet, **Asymmetrien** empirischer Verteilungen zu erkennen. Dazu werden paarweise die Werte an der i-ten Stelle unter- und oberhalb des Medians (i = 1, 2, ..., $n/2$ bzw. $(n-1)/2$ für gerad- bzw. ungeradzahlige Datenumfänge) gegeneinander aufgetragen. Verhält sich die empirische Verteilung symmetrisch zum **Median**, verläuft die Kurve entlang der Hauptdiagonalen (Abbildung, mittleres und rechtes Beispiel: Stichproben aus einer normal- und einer gleichverteilten Grundgesamtheit). Bei **rechtssteilen (linksschiefen) Verteilungen** verläuft die Kurve unterhalb der Hauptdiagonalen (Abbildung, linkes Beispiel: Stichprobe aus einer lognormal verteilten Grundgesamtheit), bei linkssteilen (rechtsschiefen) Verteilungen deutlich darüber.

Symmetrie-Plots für Stichproben aus einer lognormal (links), normal (Mitte) und einer gleichverteilten Grundgesamtheit (rechts). Die Pfeile in den inlays geben die Lage der jeweiligen Mediane an

Befehl: `histogram[dataSet]`
package: `"statistics`descriptiveStatistics`"`
Optionen: `classes, width, distances, steps,`
          `shift,colorFunction,show,ordinate`
Funktion: Empirische Verteilung eines univariaten Datensatzes
Literatur: –

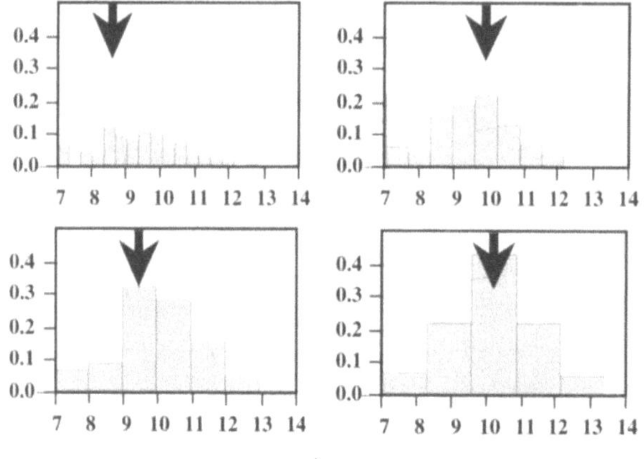

Das **klassische Histogramm** zählt wohl zu der am häufigsten verwendeten Darstellungsform von Verteilungen, und das, obwohl die richtige – oder besser: optimale – Konstruktion eines guten Histogramms alles andere als einfach ist. Ein Histogramm unterteilt den Wertebereich eines geordneten Datensatzes vom Umfang $n - \{x_1, x_2, \ldots, x_n\}$ – in k Klassen und ordnet jeden Wert x_i einer dieser Klassen zu. Wie man leicht erkennen kann, bestimmen – neben den Daten – auch die Anzahl und die Positionen der Klassen die Form des Histogramms. In der oberen Abbildung wurden (für die gleiche Stichprobe (n = 100) aus einer normalverteilten Grundgesamtheit) die Anzahl der Klassen variiert (k = 17, 9, 7 und 5; von oben links nach unten rechts) und die entsprechenden Histogramme dargestellt. Obwohl allen vier Histogrammen der **gleiche** Datensatz zugrunde liegt, gewinnt man unterschiedliche Eindrücke von der Symmetrie der Verteilung, d.h. daß das klassische Histogramm zur visuellen Beurteilung einer Verteilung mit großer Vorsicht einzusetzen ist.

Die Routine `histogram` legt in der Standard-Einstellung $\sqrt{n}$ (abgerundet) Histogramm-Balken an, wenn n der Umfang des Datensatzes ist. Mit der Option `steps->`

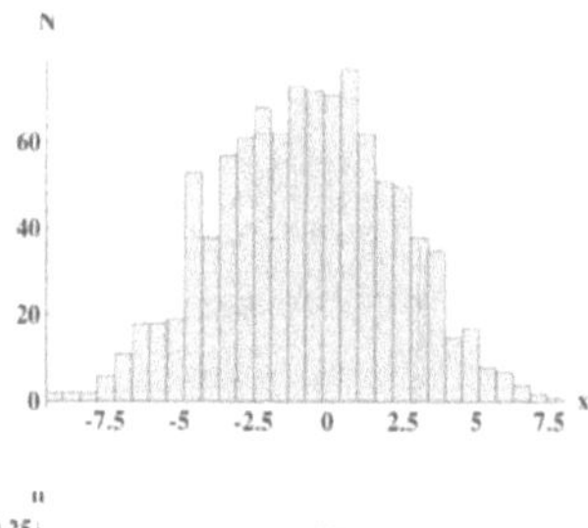

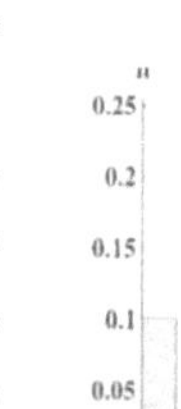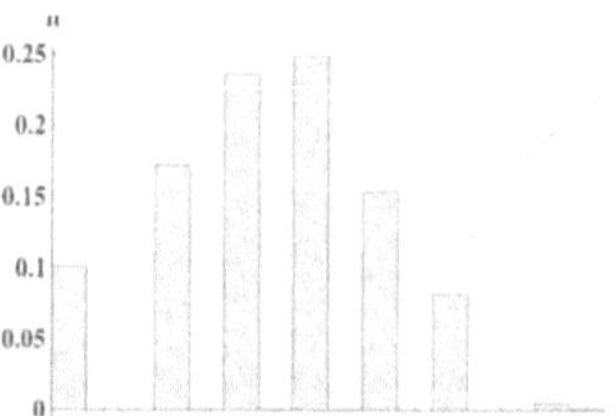

Rechts: Unterschiedliche Optionen bei der Gestaltung von Histogrammen: beliebige Definiton der Anzahl der Balken (oben), der Balkenbreite (Mitte), oder der Balken-Abstände (unten). Darüber hinaus lassen sich die Farben der Balken Benutzer-definieren

value kann die Anzahl der Stufen allerdings verändert werden. Mit der Option `classes->{c1,c2,c3,...}` können eigene Klassen definiert, mit `width->value` und `distances->value` die Balkenbreiten und die Balkenabstände verändert werden. Die Ordinaten-Einteilung wird mit (`ordinate->absolute`) von der relativen (Summe der Balkenhöhen ergibt 1) auf eine absolute Skalierung (Summe der Balkenhöhen ergibt n) umgestellt. Mit `show->False` kann der graphische Output der Routine unterdrückt werden.

Mit Histogrammen werden oft auch mehrere Datensätze bzw. Verteilungen gleichzeitig dargestellt. Unabhängig von der Einstellung des Schalters `show` (`->False` oder `->True`) gibt die Routine `histogram` das Histogramm und seine Formatierung als Graphik-Objekt zurück, d.h. daß dieses Graphik-Objekt mit Hilfe des Befehls Show – zusammen mit anderen Graphik-Objekten – dargestellt werden kann. Die notwendige (bzw. sinnvolle) horizontale Verschiebung der Balken wird mit dem Befehl `shift->x` durchgeführt, zur besseren Unterscheidbarkeit der einzelnen Histogramme kann die Farbe mit `colorFunction->GrayLevel[value]` (bzw. `->Hue[value,value,value]` oder einem anderen Farbwert) manipuliert werden.

Mathematica-Programmierer seien auch auf die Original-Mathematica-packages `"Graphics`Graphics`"` *und* `"Statistics`Datamanipulation`"` *hingewiesen, mit deren Hilfe ebenfalls Histogramme erstellt werden können!*

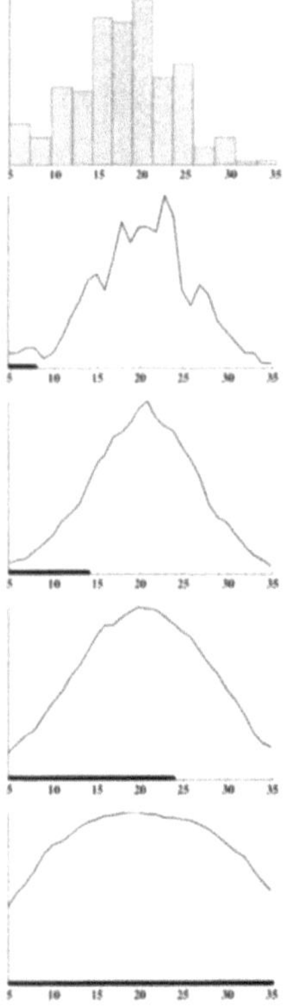

Befehl: `movingHistogram[dataSet]`
package: `"statistics`descriptiveStatistics`"`
Optionen: `show, ordinate, range`
Funktion: Empirische Verteilung eines univariaten Datensatzes,
          Alternative zum klassischen Histogramm
Literatur: VICTOR, 1978

Dadurch, daß das klassische Histogramm die einzelnen Werte eines Datensatzes in starre Klassen einteilt, kommt es **1.)** je nach Einteilung der Klassen zu unterschiedlichen Histogrammen und **2.)** eventuell zu „unschönen Sprüngen" zwischen den Histogramm-Balken. Im **gleitenden Histogramm** werden zwar – wie im klassischen Histogramm auch – die Anzahlen der Werte innerhalb eines Intervalls ermittelt, allerdings gleitet dieses Intervall quasi „kontinuierlich" über den gesamten Datensatz und vermeidet dadurch die genannten „unschönen Sprünge". Je breiter das Intervall wird, desto „glatter" wird die Kurve des gleitenden Histogramms, wobei zu hohen Intervall-Breiten hin die Charakteristik der Kurve zunehmend weniger durch den Datensatz geprägt wird (siehe Abbildung). Die Kunst, das gleitende Histogramm richtig einzusetzen, liegt somit in der Wahl einer geeigneten Intervall-Breite (gegenüber dem klassischen Histogramm ist dies bereits eine Vereinfachung, denn dort mußte zudem noch die optimale Position der Klassen ermittelt werden, was hier wegfällt). Die Routine `movingHistogram` teilt hierzu den gesamten Wertebereich des Datensatzes in n_0 Klassen auf, wobei n_0 die größte ganze Zahl kleiner $\sqrt{n}$ ist (n: Stichproben-Umfang). Mit `range->delta` lassen sich optional auch andere Intervallbreiten `delta` einstellen. Mit den Optionen `show` und `ordinate` läßt sich die Graphik-Ausgabe ein- und ausschalten bzw. die Ordinate auf absolut oder relativ skalieren. Ein Balken am unteren Rand der Graphik gibt die Breite des betreffenden Intervalls an.

Befehl: `kernSchaetzer[dataSet]`
package: `"statistics`descriptiveStatistics`"`
Optionen: `box, range`
Funktion: Empirische Verteilung eines univariaten Datensatzes,
             Alternative zum klassischen Histogramm
Literatur: VICTOR, 1978

Bei **Kernschätzer-Histogrammen** „gleitet" ähnlich wie beim gleitenden Histogramm ein definiertes Intervall quasi-kontinuierlich über den gesamten Datenbereich. Innerhalb dieses Intervalls wird der Anteil der Werte am Gesamtumfang des Datensatzes ermittelt. Während beim gleitenden Histogramm jedoch die Werte innerhalb des betreffenden Intervalls gleich gewichtet werden, findet beim Kernschätzer eine beliebige Gewichtung statt (in diesem Sinne handelt es sich beim gleitenden Histogramm um ein Kernschätzer-Histogramm mit rechteckiger Charakteristik). Sind die Intervallbreiten zu groß (d.h. gilt für die Anzahl n_I der von einem Intervall I erfaßten Daten **nicht** mehr $n_I \ll n$), wird der Kurvenverlauf des Kernschätzers weniger durch den Datensatz, sondern mehr durch die Form der Gewichtungsfunktion geprägt (siehe Abbildung folgende Seite). Die Routine `kernSchaetzer` wählt in der Standard-Einstellung (`range->Automatic`) die Intervallbreite so, daß die Anzahl der Klassen, n_K, der nächstkleineren ganzen Zahl kleiner $\sqrt{n}$ entspricht. Mit dieser Regelung wird deutlich, daß auch Kernschätzer nur dann eine zuverlässige Abschätzung der Verteilung der Grundgesamtheit erlauben, wenn der Datenumfang n hinreichend groß ist. Als Faustregel kann man annehmen, daß die Forderung $n \cdot \alpha \ll n$ für $\alpha = 0.1$ angenommen werden kann, d.h. daß $\sqrt{n}/n \equiv 1/\sqrt{n} < 0.1$ und damit $n \geq 100$ sein muß. Mit (`range->value`) kann auch eine andere beliebige Intervallbreite definiert werden. Wie bereits beim Befehl `movingHistogram` wird auch hier die Intervallbreite am unteren Rand der Abbildung durch einen Balken angegeben.

Rechts: Kernschätzer-Histogramme einer Stichprobe für verschiedene Kernschätzer-Funktionen (Zeilen) und Intervallbreiten (Spalten). Ganz oben links ist zusätzlich das klassische Histogramm der gleichen Stichprobe dargestellt

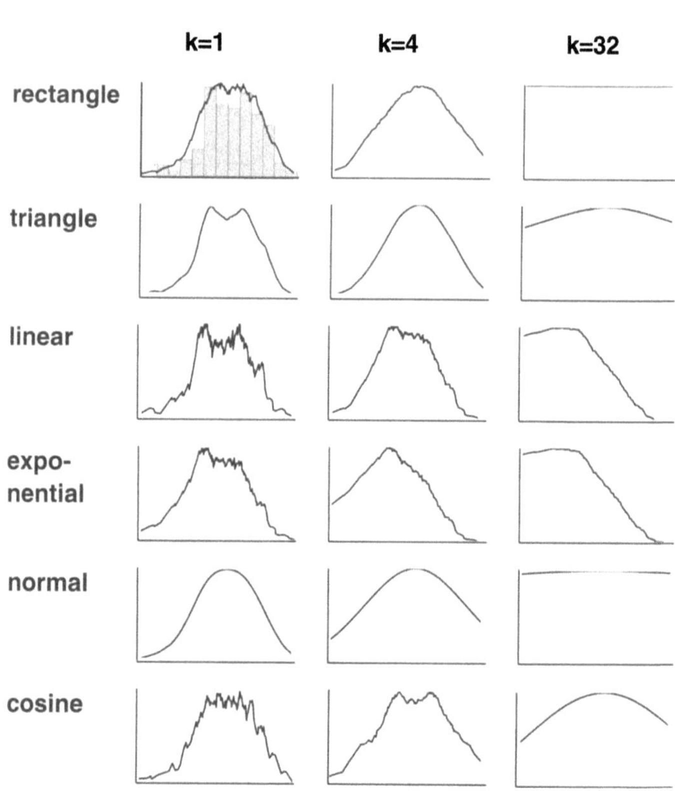

Befehl: `LorenzPlot[dataSet]`
package: `"statistics`descriptiveStatistics`"`
Optionen: —
Funktion: Abweichung einer empirischen Verteilung positiver Daten von der Gleichverteilung
Literatur: LORENZ, 1905; BOL, 1995

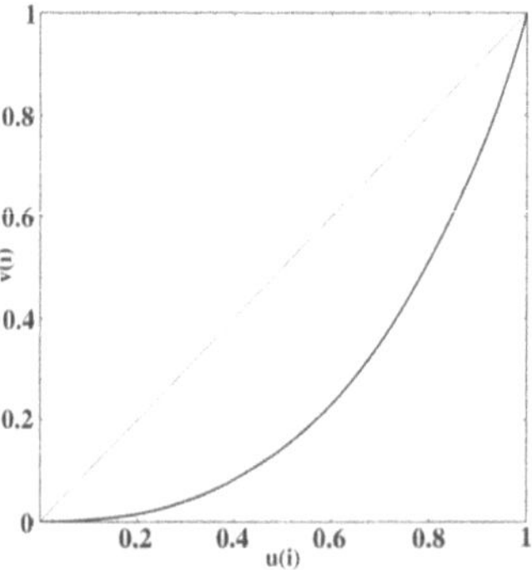

In einigen Bereichen statistischer Anwendungen interessiert die Frage, ob eine Stichprobe gleichverteilt ist oder nicht (die Einkommensverteilung beispielsweise ist bekanntlich etwas linksschief d.h. viele Leute verdienen weniger und wenige Leute verdienen mehr – und es gibt Menschen, die hier durchaus keine Gleichverteilung sehen wollen). Zur Darstellung der empirischen Gleichverteilung eines Datensatzes stammt die nach LORENZ, 1905, benannte **Lorenz-Graphik**. Dazu werden zuerst die Daten der Größe nach geordnet. Anschließend werden die kumulativen Dichten der Merkmale $u(k)$ und ihrer Ausprägungen $v(k)$ mit

$$u(k) = \frac{k}{n} \ (\rightarrow) \qquad \text{und} \qquad v(k) = \frac{\sum\limits_{i=1}^{k} x_i}{\sum\limits_{i=1}^{n} x_i}$$

Mit $k = 1, \ldots, n$, wobei n der Stichprobenumfang ist

ermittelt und gegeneinander aufgetragen. Je stärker die entsprechende Kurve von der Hauptdiagonalen abweicht, desto ungleich-verteilter ist der Datensatz. Als Maß für diese Abweichung wird oft der **Ginli-Koeffizient** herangezogen, der definiert ist als Quotient der Fläche unter der tatsächlichen Kurve zur Fläche unter der Hauptdiagonalen. Weicht dieser „signifikant" ($\rightarrow$) von 1 ab, liegt keine Gleichverteilung vor.

Ob eine Abweichung von der Gleichverteilung signifikant ist, läßt sich allerdings nur durch einen Hypothesentest ermitteln

3.1.3 Test auf Normalität

Häufig wird die **Normalverteilung** nach ihrem „Schöpfer" Carl Friedrich Gauss (1777–1855) benannt – oder besser gesagt: nach **einem** ihrer Schöpfer, denn wie viele andere berühmte Dinge auch hat dieses Kind mehrere Väter, etwa Abraham de Moivre (1677–1754) oder Pierre Simon Marquis de Laplace (1749–1827). In den experimentellen Wissenschaften und in der Wahrscheinlichkeitstheorie spielte die Normalverteilung schon immer eine wichtige Rolle und mit der Einführung des neuen Zehnmarkscheines hat sie nun auch den pekuniären Bereich unseres Lebens erfaßt. Der oft für den Kurvenverlauf der Normalverteilung verwendete Begriff „Glockenkurve" impliziert möglicherweise etwas von Überschaubarkeit und einem ordnenden Höheren; wie viele andere $\rightarrow$„harmonisierende" Thesen des 19. oder beginnenden 20. Jahrhunderts auch hat allerdings die Annahme, (nahezu) alles sei normalverteilt, Federn lassen müssen.

Zum Beispiel daß die Natur keine Sprünge mache oder daß – im übertragenen Sinne – Gott nicht würfele (Albert Einstein als Einwand gegen die Quantentheorie)

*Mit dem Mathematica-
Befehl* Random[Normal-
distribution[mu,
sigma] *lassen sich
zufällige Stichproben
einer normalverteilten
Grundgesamtheit (mit
den Parametern* mu *und*
sigma*) generieren*

HAZEN, *1914. Bis zum
Einsatz von Computern
für statistische Auswer-
tungen war das Hazen-
Verfahren die Methode
zum Normalitätstest*

*Im Kapitel „Deskrip-
tive Statistik" befinden
sich diese Tests nur, weil
beides Bestandteile
der Daten-Vorberei-
tung sind*

Siehe Abschn. 3.7

Viele statistische Methoden gehen von der Annahme aus, daß die experimentell erhobenen Stichproben (auf die diese Methoden angewandt werden sollen) einer normalverteilten Grundgesamtheit entstammen und sich die aus diesen Stichproben gewonnenen **Schätzer** (z.B. **Mittelwerte** und **Standardabweichungen**) **erwartungstreu** zu den (allerdings unbekannten) Verteilungsparametern der Grundgesamtheit verhalten. Trotz der weit verbreiteten Praxis, dies von vorne herein als gegeben anzunehmen, gibt es zwei entscheidende Gründe, diese Annahmen als Hypothesen zu testen und erst danach zu entscheiden, welche statistischen Methoden zur weiteren Auswertung herangezogen werden. Zum **ersten** kann man mit einfachen ←Computer-Simulationen zeigen, daß Stichproben, die tatsächlich einer (simulierten) normalverteilten Grundgesamtheit entstammen, mit abnehmendem Stichproben-Umfang immer häufiger von der Normalverteilung abweichen und die aus diesen kleinen Stichproben gewonnenen Schätzer mit den (in diesem Fall bekannten) Parametern der Grundgesamtheit **nichts** zu tun haben. Zum **zweiten** kann nicht automatisch davon ausgegangen werden, daß jede Grundgesamtheit normalverteilt ist.

Im folgenden werden einige Verfahren zum **Test auf Normalverteilung** vorgestellt. Der erste Test basiert auf der ←Hazen-Transformation und wurde entwickelt, um die Wasser-Kapazitäten US-amerikanischer Flüsse zu ermitteln. Diese Methode ist ebenso populär wie umstritten, wurde aber quasi aus historischen Gründen ebenfalls in die Verfahren zum Test auf Normalverteilung aufgenommen (Befehl Hazen).

Tests auf Normalität sind ←**Hypothesen-Tests**, d.h. eine Normalverteilung läßt sich niemals beweisen, sondern lediglich als Hypothese akzeptieren (annehmen) oder verwerfen (ablehnen). Wie bei jedem Hypothesen-Test muß **vor** der Anwendung des Verfahrens die Wahrscheinlichkeit α festgelegt werden, mit der man bereit ist, eine Hypothese H_0 (hier: der Normalverteilung) **fälschlicherweise** abzulehnen (←**Irrtumswahrscheinlichkeit** oder **Fehler I. Art**); mit der Option alpha->value kann die Standard-Einstellung von $\alpha = 10\%$ geändert werden.

Befehl: `Hazen[dataSet]`

package: `"statistics`descriptiveStatistics`"`

Optionen: `alpha, output`

Funktion: Führt eine Hazen-Transformation der Daten durch und überprüft diese Werte anschließend auf Linearität

Literatur: HAZEN, 1914; FINNEY, 1971

Die Methode führt im Grunde rechnerisch das durch, was man auch als „Wahrscheinlichkeitspapier-Verfahren" bezeichnet. Die **Hazen-** (bzw. **Probit-) Transformation** wendet die **Umkehrfunktion** $H(\mu, \sigma)$ der **kumulativen Dichte** $cdf(x, \mu, \sigma)$ der Normalverteilung

$$cdf(x, \mu, \sigma) = \int\limits_{-\infty}^{x} e^{-\frac{(\tau - \mu)^2}{2\sigma^2}} \, d\tau \mapsto H(\mu, \sigma) := cdf^{-1}(x, \mu, \sigma)$$

auf den univariaten Datensatz an. Bei hinreichend guter Normalverteilung der Ursprungsdaten liegen diese transformierten Werte auf einer Geraden, die durch **lineare Regression** bestimmt wird. Aus den Parametern der Geraden kann rechnerisch auf die Schätzer für den Mittelwert μ und die Standardabweichung σ geschlossen werden. Durch einen **Chi^2-Anpassungstest** wird überprüft, ob – basierend auf einer Irrtumswahrscheinlichkeit α – die Gerade tatsächlich die (Hazen-transformierten) Werte beschreibt. Der Befehl `Hazen` gibt – je nach Ausgang des Chi^2-Anpassungstests – den Wert `True` (Hypothese H$_0$ auf Normalverteilung **bestätigt**) oder `False` (H$_0$ **abgelehnt**) zurück, darüber hinaus gibt der Befehl bei der Option `output->True` ein Protokoll und eine Graphik (siehe Abbildung rechts) aus.

Zur Hazen-Transformation: Die dünne Kurve gibt die kumulative Verteilung der transformierten Daten, die dicke Linie die angepaßte Gerade wieder. An den an der Abszisse markierten Stellen können die Schätzer für μ und σ abgelesen werden. a und b sind die Grenzen des Konfidenzbereiches der Breite 1·σ

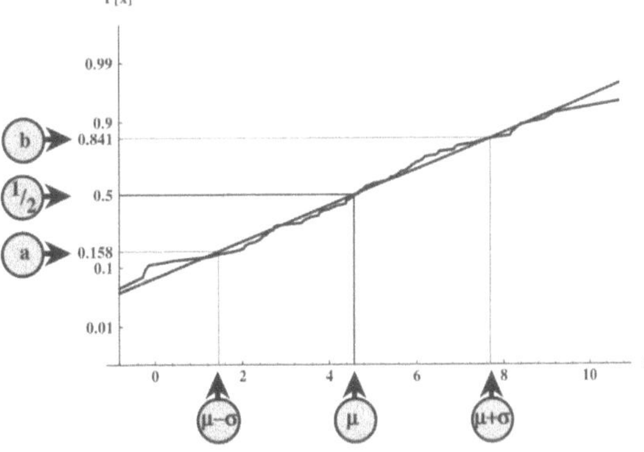

Siehe Abschn. 3.4 (lineare Regression) und Abschn. 3.5 (nichtlineare Regression; dort findet sich eingangs auch eine weitergehende Kritik zum Thema „Lineare Regression nichtlinear transformierter Werte")

Siehe folgende Methode

Die Kritik am Test auf Normalverteilung via Hazen-Transformation beruht darauf, daß die Daten **nichtlinear transformiert** werden. ←**Lineare** wie ←**nichtlineare Regressionsverfahren**, die auf der **least squares**-Methode beruhen, passen die zu approximierende Gleichung so an, daß die Summe der Quadrate der Abweichungen (Dekremente) zwischen den einzelnen Meßwerten und der geschätzten Kurve verschwindet, d.h. daß die Kurve gleichsam „symmetrisch durch die Punkte verläuft". Durch die nichtlineare Hazen-Transformation werden die Dekremente an den Rändern stärker verzerrt als in der Mitte, d.h. daß unter ungünstigen Umständen die Schätzung aufgrund linearisierter Daten zu anderen Resultaten führt als die ←Schätzung mittels nichtlinearer Approximationsverfahren anhand untransformierter Daten.

Zum CDF-Test. Die dünne Kurve stellt die kumulative Datenverteilung, die dicke Kurve die approximierte kumulative Normalverteilung dar. m und M sind der empirische Mittelwert und der Median, μ und σ sind die approximativ gewonnenen Schätzer

Befehl: `cdfTest[dataSet]`
package: `"statistics`descriptiveStatistics`"`
Optionen: `alpha, output`
Funktion: Führt eine nichtlineare Anpassung der kumulativen Normalverteilung an die Daten durch und testet das Resultat mittels Chi^2-Anpassungstest
Literatur: −

An der Hazen-Methode ist zu kritisieren, daß die nichtlinearen Daten zuerst mit Hilfe der Hazen-Transformation linearisiert werden, bevor der Test durchgeführt wird. Daher liegt der Gedanke nahe, an die **untransformierten** Original-Daten die kumulative Normalverteilung mittels **nichtlinearer** Approximation anzupassen. Diesen Test führt der Befehl `cdfTest` durch, wobei die Option `output->True` die Ausgabe eines Protokolls und einer Graphik (Abbildung) ermöglicht. Mit `alpha` wird die Irrtumswahrscheinlichkeit bestimmt.

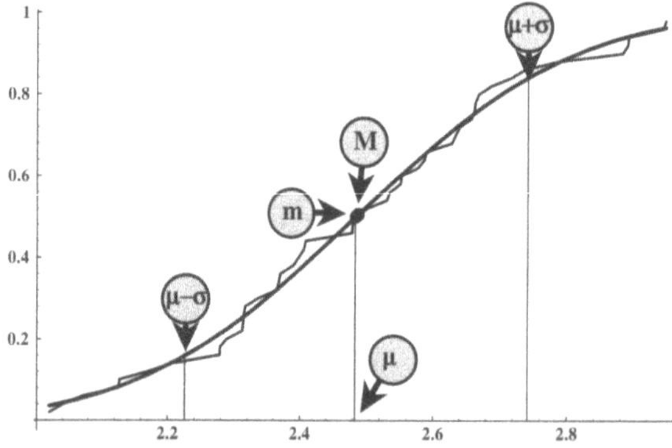

Die Graphik gibt neben der empirischen kumulativen
Dichte und der approximierten kumulativen Normalverteilung auch den →**empirischen Mittelwert** (m), den →**Median** (M) und den **approximativ ermittelten Mittelwert** (μ) an. Diese drei Werte liegen in der Abb. dicht
beieinander, was für das Vorliegen einer normalverteilten
Stichprobe eine notwendige Voraussetzung ist, keinesfalls
aber ein hinreichender Beweis dafür, da die Lage der Mittelwerte lediglich von der →**Schiefheit** (*Skewness*), **nicht**
aber von der →**Steilheit** (Kurtosis) der Verteilung abhängt.
Ein weiter unten vorgestellter, von MADOW, 1940, entwor-
fener Test zieht beide Größen zur Beurteilung der Normalität
eines Datensatzes heran.

Siehe Abschn. 3.1.5
(Mittelwert und Median)

Siehe Abschn. 3.1.5
(Kurtosis und Exzeß)

```
Befehl:    chi2TestOnNormality[dataSet]
package:   "statistics`descriptiveStatistics`"
Optionen:  alpha, output
Funktion:  Test auf Normalverteilung
Literatur: ZAR, 1984
```

Der **Chi²-Anpassungstest** (siehe auch Abschn. 3.7.5) gehört zu den Standard-Tests, mit dem eine experimentell erhobene Stichprobe auf eine hypothetische Verteilung hin
überprüft werden kann. Die Test- und Prüfgrößen sind für
den Fall eines Tests auf Normalverteilung:

$$X^2 = \sum_{i=1}^{k} \frac{(y_i - \hat{y}_i)^2}{\hat{y}_i} \quad \text{und} \quad X^2_{k-3,\alpha/2} \quad ,$$

wenn die n Stichprobenwerte in k Klassen der Stärke $\to n_i$
aufgeteilt werden, y_i die beobachtete und $\hat{y}_i$ die theoretische, durch die Normalverteilung beschriebene Verteilung
angibt. Für den Test werden die aus y_i gewonnenen Schätzer
des Mittelwertes (μ) und der Standardabweichung (σ) herangezogen, weswegen für die Anzahl der Freiheitsgrade (ν)
die Beziehung $\nu = k - 3$ gilt. Mit den beiden Verteilungs-
schätzern lassen sich schließlich die Erwartungswerte $\hat{y}_i$ ermitteln. Ist die Testgröße kleiner als die Prüfgröße, wird die
Hypothese normalverteilter Stichprobenwerte angenommen,
anderenfalls abgelehnt.

Wobei $n_i \geq 5$ für alle
Klassen erfüllt sein muß

Befehl: `Madow[dataSet]`
package: `"statistics`descriptiveStatistics`"`
Optionen: `alpha, output`
Funktion: Test auf Normalität anhand von Kurtosis und Exzeß bei großen Datensätzen
Literatur: MADOW, 1940; ZAR, 1984

Hinweis: Unter Mathematica ist daher der Befehl `KurtosisExcess` und nicht `Kurtosis` zu verwenden. Siehe Abschn. 3.1.5

Die **Schiefheit** (*Skewness*) und **Steilheit (Kurtosis, Exzeß)** der Normalverteilung sind so definiert, daß ihre ←Werte für die Normalverteilung identisch 0 sind. Die im Befehl `Madow` (MADOW, 1940) implementierte Methode überprüft, ob sich die Testgröße

$$X^2 \doteq \left(\frac{g_1}{s_1}\right)^2 + \left(\frac{g_2}{s_2}\right)^2 \quad (\text{zu } g_1,\ g_2,\ s_1 \text{ und } s_2 \text{ siehe Abschn. 3.1.5})$$

innerhalb der α-Quantile der Chi^2-Verteilung $(X^2_{\alpha,\nu})$ $(\nu = n_0 - 2,\ n_0$: Datenumfang) befindet. Wird diese Frage bejaht $(X^2 \leq X^2_{\alpha,\nu})$, wird die Hypothese auf Normalverteilung angenommen, anderenfalls $(X^2 > X^2_{\alpha,\nu})$ abgelehnt.

Zum Beispiel auf den `chi2TestOnNormality`

    Der Nachteil des Testverfahrens nach Madow ist, daß er große Datensätze voraussetzt. Im Zweifelsfall sollte daher auf einen ←anderen Test zurückgegriffen werden.

Mit der Option `distribution->dist` *kann der Kolmogoroff-Smirnow-Test auch auf eine andere Verteilung* `dist` *angewandt werden; siehe Abschn. 3.7.5*

Befehl: `KolmogoroffSmirnowTest[dataSet]`
package: `"statistics`descriptiveStatistics`"`
Optionen: `alpha, output, distribution` (←)
Funktion: Test auf Normalverteilung
Literatur: −

Für den **Kolmogoroff-Smirnow-Test** wird zu jedem Datum x_i des Datensatzes der theoretisch zu erwartende Wert $\hat{x}_i$ ermittelt. Im nächsten Schritt werden die Absolutbeträge $d_i = |x_i - \hat{x}_i|$ und $d_{i-1} = |x_{i-1} - \hat{x}_i|$ bestimmt und daraus schließlich das Maximum aller d_i und d_{i-1} als Prüfgröße festgestellt. Ist diese Prüfgröße kleiner als eine Testgröße $\tau_{\alpha,n}$, wird die Hypothese normalverteilter Werte **angenommen**, anderenfalls abgelehnt. Zur Berechnung der Prüfgröße siehe Abschn. 3.7.5.

Befehl: `testOnNormality[dataSet]`
package: `"statistics`descriptiveStatistics`"`
Optionen: `alpha, method, output`
Funktion: Dach-Routine zum Aufruf der oben genannten
          Verfahren zum Test auf Normalität
Literatur: −

Die Prozedur `testOnNormality[dataSet]` führt selbst keinen
Test auf Normalverteilung durch, sondern ruft ihrerseits eine
der oben genannten Befehle auf. Der →Zweck der Routine
ist lediglich, die diversen Befehle – deren Namen nicht unbedingt auf einen Normalitäts-Test schließen lassen – durch
einen einheitlichen Befehl mit einem aussagefähigen Namen
zu ersetzen. Die verschiedenen Mathematica-Funktionen lassen sich durch die Option `method` einstellen, d.h. daß beispielsweise anstelle des Befehls `Madow[dataSet]` der Befehl
`testOnNormality[dataSet,method->Madow]` aufgerufen werden kann; in der Standardeinstellung arbeitet dieser Befehl
mit der chi2-Methode (`method->chi2TestOnNormality`). Wie
bei den einzelnen Befehlen auch läßt sich in dieser Routine die
Irrtumswahrscheinlichkeit α (*default*-Einstellung: `alpha->`
`0.1`) einstellen und die protokollierte Ausgabe unterdrücken
(durch `output-> False`). Soll innerhalb eines Notebooks
eine andere Methode eingestellt werden, können Sie die in
Frage kommenden Verfahren durch den Befehl `?testOnNor-`
`mality` erfragen.

*Solche **Dach-Routinen**
dienen einer
bedienerfreundlicheren
Gestaltung der
Programme (Notebooks)
und werden immer dann
innerhalb dieses Buches
eingesetzt, wenn für eine
Problemstellung mehrere
Methoden vorliegen.
Selbstverständlich können
die einzelnen Befehle auch
direkt aufgerufen werden*

3.1.4 Ausreißer-Behandlung

←BARNETT, 1994, berichtet von der Geburt eines britischen Kindes im Jahre 1945, 349 Tage nach der letzten Begegnung zwischen der Mutter und ihrem Ehemann. Obwohl dem darüber zu befindenden Ehe-Gericht eine derart lange Schwangerschaft sehr unwahrscheinlich erschien, sprach es der Mutter die Möglichkeit einer so langen Schwangerschaft nicht ab: *in dubio pro reo* als rechtsstaatlich formulierte Handhabung statistischer Ausreißer.

In den Wissenschaften enden Diskussionen über **Ausreißer** eher selten vor Gericht – und das, obwohl dieses Thema durchaus heftig debattiert wird. So läßt sich fragen, ob es sich bei einer Schwangerschaftsdauer von 349 Tagen wirklich um einen Ausreißer handelt oder ob hier nicht einfach ein Beispiel dafür vorliegt, daß mit zunehmendem Stichproben-Umfang auch relativ unwahrscheinliche Ereignisse mit zunehmender Wahrscheinlichkeit realisiert werden. **Keinesfalls** dürfen Werte nur deswegen als Ausreißer eliminiert werden, weil sie nicht in ein Konzept passen.

Die im folgenden erläuterten Befehle zur Ausreißer-Detektion geben in allen Fällen die übernommene Datenliste `dataSet` zurück, wobei eventuell erkannte Ausreißer eliminiert werden. **Jede** Routine überprüft den Datensatz **ein einziges Mal** auf Ausreißer und gibt optional (`output->True`) ein Protokoll aus. Wie bereits im vorherigen Abschnitt zum Test auf Normalität wurde eine Dach-Routine programmiert (`outliers`), die die einzelnen Verfahren optional aufruft (siehe weiter unten).

Befehl: `Chauvenet[dataSet]`
package: `"statistics`descriptiveStatistics`"`
Optionen: `output`
Funktion: Detektion eines einzelnen Ausreißers bei normalverteilten Daten
Literatur: BARNETT, 1994; GRUBBS, 1969

Der US-amerikanische Astronom CHAUVENET, 1876, entwarf diesen Test, um eine im Jahre 1846 vom US-Leutnant

Herndon beobachtete Meßreihe zum Halbdurchmesser des Planeten Venus auf Ausreißer hin zu überprüfen. Die Test-Hypothese lautet, daß sich derjenige Wert x_a, der vom arithmetischen Mittelwert maximal abweicht, innerhalb des durch die Wahrscheinlichkeit $1/2n$ definierten Konfidenzintervalls der standardisierten Normalverteilung befindet. Wird diese Hypothese **abgelehnt** (d.h. befindet sich x_a außerhalb des $1/2n$-Konfidenzintervalles), wird x_a als Ausreißer erkannt. Der Term $1/2n$, der für zunehmende n gegen 0 konvergiert, berücksichtigt, daß mit zunehmendem Stichproben-Umfang auch unwahrscheinlichere Werte (aus den beiden „**Schwänzen**" der Normalverteilung) realisiert werden können.

Daß dieser Test in das package aufgenommen wurde, sei eher als Referenz an Chauvenet zu verstehen

Befehl: oneSidedSingleOutlierTest[dataSet]
package: "statistics`descriptiveStatistics`"
Optionen: alpha,output
Funktion: Test auf **einen** Ausreißer am oberen **oder** unteren Ende des geordneten Datensatzes
Literatur: BARNETT, 1994; GRUBBS, 1969

Getestet wird, ob sich der oberste oder der unterste Wert x_a einer geordneten Stichprobe (aus einer normalverteilten Grundgesamtheit) im Intervall $\tau \cdot |x_a - \mu|/\sigma$ befindet. Ist dies **nicht** der Fall, wird x_a als Ausreißer detektiert. Werte für τ finden sich beispielsweise in GRUBBS, 1969, tabelliert, die hier implementierte Version führt allerdings eine leicht **konservative** Abschätzung durch, d.h. daß an der Hypothese, x_a sei **kein** Ausreißer, geringfügig länger festgehalten wird. Mit der Option output->True läßt sich ein Protokoll der Ausreißer-Erkennung ausdrucken, der Befehl gibt die – eventuell Ausreißer-bereinigte – Liste zurück.

Befehl: twoSidedDoubleOutliersTest[dataSet]
package: "statistics`descriptiveStatistics`"
Optionen: alpha,output
Funktion: Test auf **zwei** Ausreißer, einer am oberen und einer am unteren Ende des geordneten Datensatzes
Literatur: BARNETT, 1994; GRUBBS, 1969

*Mit den Schätzern
μ und σ für die
Normalverteilung*

Getestet wird, ob sich der oberste **und** der unterste
Wert (x_{min} und x_{max}) einer geordneten Stichprobe (aus
einer ←**normalverteilten** Grundgesamtheit) im Intervall

$$\tau \cdot \left(\frac{(\mu - x_{min})}{\sigma} + \frac{(x_{max} - \mu)}{\sigma} \right) = \tau \cdot \frac{(x_{max} - x_{min})}{\sigma}$$

befinden. Ist dies **nicht** der Fall, werden x_{min} und x_{max} als
Ausreißer detektiert. Werte für τ sind wiederum in GRUBBS,
1969, tabelliert, die hier implementierte Version führt (wie
bereits beim vorhergehenden Befehl) eine leicht **konservative**
Abschätzung durch, d.h. daß an der Hypothese, x_{min} und
x_{max} seien **keine** Ausreißer, etwas länger festgehalten wird.

Befehl: `oneSidedDoubleOutliersTest[dataSet]`
package: `"statistics`descriptiveStatistics`"`
Optionen: `alpha,output`
Funktion: Test auf zwei Ausreißer, entweder am oberen oder
          am unteren Ende des geordneten Datensatzes
Literatur: BARNETT, 1994; GRUBBS, 1969

Die Routine stellt selbständig fest, ob sich das in Frage kom-
mende Ausreißer-Paar am oberen oder am unteren Ende der
geordneten Daten befindet. Zur Berechnung der Testgröße
Σ^2 werden zuerst die arithmetischen Mittelwerte

$$\mu = \frac{1}{n} \sum_{i=1}^{n} x_i \quad \text{und} \quad \mu_a = \frac{1}{n-2} \sum_{i=1}^{n-2} x_{ai}$$

und anschließend die Abstandsquadrat-Summen

$$S^2 = \sum_{i=1}^{n} (x_i - \mu)^2 \quad \text{und} \quad S_a^2 = \sum_{i=1}^{n-2} (x_{ai} - \mu_a)^2$$

ermittelt, wobei x_{ai} die Werte aus der Datenliste ohne die
beiden vermeintlichen Ausreißer sind. Daraus ergibt sich
$\Sigma^2 = S_a^2 / S^2$. Unterschreitet diese Testgröße einen bestimmten kritischen Wert ϕ, werden die beiden betreffenden Werte
als Ausreißer angenommen. Werte für ϕ findet man in
GRUBBS, 1969, tabelliert, die hier implementierte Version
führt allerdings – wie bereits bei den vorhergehenden Befehlen auch – eine leicht **konservative** Abschätzung durch,
d.h. daß an der Hypothese, die beiden überprüften Werte
seien **keine** Ausreißer, geringfügig länger festgehalten wird.

Befehl: `severalOutliersTest[dataSet]`
package: `"statistics`descriptiveStatistics`"`
Optionen: `alpha,output,twoSided`
Funktion: Detektion **mehrerer** Ausreißer eines Datensatzes
Literatur: GRUBBS, 1969; FERGUSION, 1961

Dieser Test von FERGUSION, 1961, geht von der Annahme aus, daß Ausreißer in Stichproben normalverteilter Grundgesamtheiten entweder die **Schiefheit** der empirischen Verteilung (Ausreißer befinden sich alle an einem Ende des geordneten Datensatzes) oder deren **Steilheit** (Ausreißer befinden sich an beiden Enden des geordneten Datensatzes) beeinflussen ($\rightarrow$). Der Einsatz dieses Verfahrens empfiehlt sich nur dann, wenn man **mehrere** Ausreißer in einem Datensatz vermutet, wobei bei jedem Befehls-Durchgang nur der am stärksten vom Mittelwert abweichende Wert überprüft wird (d.h. daß der Vorteil dieses Verfahrens erst bei $\rightarrow$rekursiver Anwendung zur Geltung kommt). Mit Hilfe der Optionen `twoSided->True` bzw. `->False` kann man zwischen beiden Methoden wählen, wobei man bei rekursiver Anwendung **nicht** von einem auf den anderen Modus umstellen sollte. Überschreitet – je nach eingestellter Option – die empirische Steil- oder Schiefheit einen kritischen Wert β, wird der betreffende Wert als Ausreißer angenommen und aus der Datenliste eliminiert. Werte für β findet man wiederum in GRUBBS, 1969, die hier implementierte Version führt allerdings – wie bereits bei den vorhergehenden Befehlen – eine leicht **konservative** Abschätzung durch, d.h. daß an der Hypothese, ein überprüfter Wert sei **kein** Ausreißer, geringfügig länger festgehalten wird.

Bekanntlich werden empirische Steil- und Schiefheit auch als Test zur Normalverteilung verwendet; siehe Befehl `Madow`

Zur rekursiven Anwendung von Ausreißer-Tests siehe den folgenden Befehl `outliers`

Befehl: `outliers[dataSet]`
package: `"statistics`descriptiveStatistics`"`
Optionen: `alpha,rekursiv,output,method,sided`
Funktion: Dach-Routine zum Aufruf der oben aufgeführten Befehle zur Ausreißer-Detektion
Literatur: –

Wie bereits beim Befehl `testOnNormality` ruft diese **Dach-Routine** lediglich die zuvor genannten Verfahren zur Ausreißer-Detektion auf. Mit der Option `method->Methode` (wie bereits erwähnt, haben die Methoden die gleichen Namen wie die Befehle, werden aber **ohne** Argumente aufgerufen, also z.B. `method->oneSidedSingleOutlierTest` anstelle von `oneSidedSingleOutlierTest[dataSet]`) lassen sich die Testverfahren einstellen (in der Standard-Einstellung wird der eben erwähnte `oneSidedSingleOutlierTest` eingesetzt). Mit der Einstellung `rekursiv->True` (*default*-Einstellung: `rekursiv-> False`) lassen sich die Verfahren rekursiv einsetzen, wobei dies in aller Regel nur für den Befehl `severalOutliersTest` zulässig ist. Mit `alpha->value` (*default*-Einstellung: `alpha->0.1`) läßt sich die Irrtumswahrscheinlichkeit festlegen. Mit der Option `output->True` (*default*-Einstellung) gibt der gewählte Befehl (`method`) ein Protokoll zur Ausreißer-Detektion aus, ferner gibt `outliers` eine Graphik wieder, die den Ausreißer-bereinigten Datensatz (offene Punkte) und die eliminierten Ausreißer (geschlossene Punkte) darstellt (Abbildung links).

Wiedergabe eines Ausreißer-bereinigten Datensatzes. Die beiden schwarz markierten Punkte (rechts) wurden eliminiert, die anderen, offen dargestellten Punkte geben den restlichen Datensatz wieder

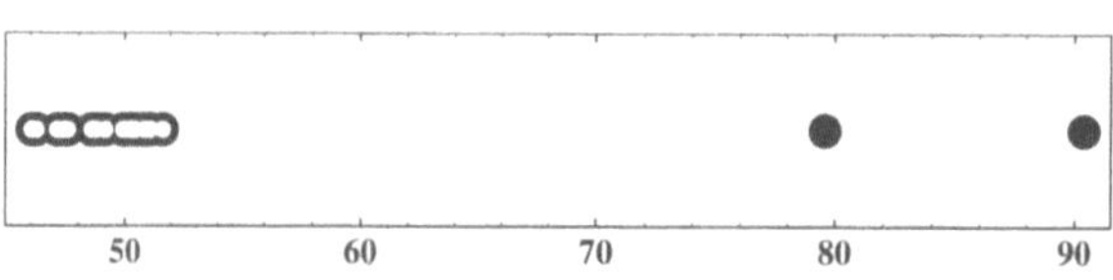

3.1.5 Daten-Reduktion

Das Original-Mathematica-*package* "Statistics`Descrip-
tiveStatistics`" enthält (so gut wie) alle notwendigen Be-
fehle zur Reduktion von Datensätzen auf **Punkt-** und
Intervall-Schätzer. Da diese Befehle an und für sich bekannt sein sollten, werden sie im folgenden nur knapp wiedergegeben und lediglich dort kommentiert, wo es dem Autor notwendig erscheint. Nähere Informationen zum statistischen Hintergrund dieser Befehle kann man (fast) allen
→statistischen Lehrbüchern entnehmen.

*Eine Liste von
Statistik-Lehrbüchern
befindet sich
in Abschn. 4.4*

Befehl: `Mean[dataSet]`
Funktion: **Arithmetischer Mittelwert** eines Datensatzes

Befehl: `Median[dataSet]`
Funktion: **Median** eines Datensatzes
Hinweis: Im Gegensatz zum arithmetischen Mittelwert ist
           der Median äußerst robust gegen Ausreißer. Für
           Stichproben aus normalverteilten Grundgesamt-
           heiten liegen Median und arithmetischer Mittel-
           wert idealerweise an der gleichen Stelle

Befehl: `Mode[dataSet]`
Funktion: **Modalwert**; Wert aus einem diskreten Datensatz
           mit der größten Auftrittswahrscheinlichkeit
Hinweis: Einsatz insbesondere bei nominalskalierten Merk-
           malen

Befehl: `GeometricMean[dataSet]`
Funktion: **Geometrischer Mittelwert** $\sqrt[n]{\prod x_i}$
Hinweis: **Speziell** bei lognormal-verteilten und **allgemein**
           bei linksschiefen Datensätzen sollte anstelle des
           arithmetischen der geometrische Mittelwert ange-
           geben werden

Befehl: `HarmonicMean[dataSet]`
Funktion: **Harmonischer Mittelwert**

Hinweis: $\quad \mu_H := \dfrac{n}{\sum\limits_{i=1}^{n} \dfrac{1}{x_i}}$ $\qquad$ (n: Stichproben-Umfang).

Bei der in der physikalischen Mechanik oft auftretenden **reduzierten Masse** handelt es sich– bei n Massen – um das n-fache des harmonischen Massen-Mittelwertes

Befehl: $\quad$ `RootMeanSquare[dataSet]`

Funktion: $\quad \mu_{RMS} := \sqrt{\dfrac{1}{n} \sum\limits_{i=1}^{n} x_i^2}$ $\qquad$ (n: Stichproben-Umfang)

Befehl: $\quad$ `TrimmedMean[dataSet,f]` bzw.
$\qquad\qquad$ `TrimmedMean[dataSet,f1,f2]`

Funktion: Arithmetischer Mittelwert von geordneten Datensätzen, die an mindestens einem Ende gestutzt sind

Hinweis: In Zusammenhang mit statistischen Ausreißern wurde der Fall einer 349 Tage dauernden Schwangerschaft erwähnt. Um das Leben der Mutter – und auch des Kindes – nicht zu gefährden, würde man heute nach etwa dem 290. Tag eine künstliche Geburt einleiten. Statistisch gesehen bedeutet dies, daß die Verteilung der Schwangerschaftsdauer ab diesem 290. Tag gestutzt wird. Gerade im medizinisch-klinischen und im pharmakologischen Bereich findet man aus ethisch-moralischen Gründen häufig **gestutzte Stichproben**. Darüber hinaus bieten gestutzte Datensätze die Möglichkeit, durch Abschneiden z.B. des kleinsten **und** des größten Wertes robustere, d.h. gegenüber eventuellen Ausreißern unempfindlichere Mittelwerte zu bilden (eine Methode, die SACHS, 1992, zufolge im 18. Jahrhundert in Frankreich zur Abschätzung mittlerer Erntebeträge angewandt wurde)

Befehl: $\quad$ `Quantile[dataSet,alpha]`

Funktion: $\alpha\cdot 100\,\%$-**Quantile** $\quad (0 \leq \alpha \leq 1)$

Hinweis: Ermittelt von der geordneten Datenliste das an Position n_α befindliche Datum, wenn n_α der auf $\alpha \cdot n$ folgende ganzzahlige Wert ist

Befehl: `InterpolatedQuantile[dataSet,alpha]`
Funktion: Ermittelt von der geordneten Datenliste die an den Positionen $n_\alpha - 1$ und n_α befindlichen Werte (n_α siehe Befehl `Quantile`) und führt zwischen beiden Werten eine Interpolation durch

Befehl: `Quartiles[dataSet]`
Funktion: Interpolierte **Quartilen** für $\alpha = 1/4$, $1/2$ und $3/4$

Befehl: `SampleRange[dataSet]`
Funktion: Differenz zwischen kleinstem und größtem Wert des Datensatzes (**Wertebereich**)

Befehl: `Variance[dataSet]`
Funktion: **Empirische Varianz** $\sigma^2 := \left[\sum (x_i - \mu)^2\right]/(n-1)$
Hinweis: Die Division durch $n-1$ berücksichtigt, daß durch die notwendige Berechnung des arithmetischen Mittelwertes μ bereits **ein** Freiheitsgrad in Anspruch genommen wurde. Dieser Wert muß dann verwendet werden, wenn es sich beim Mittelwert μ lediglich um einen Schätzer des tatsächlichen und unbekannten Mittelwertes handelt

MLE: Maximum Likelihood Estimator (größter wahrscheinlicher Schätzer)

Befehl: `VarianceMLE[dataSet]` ($\rightarrow$)
Funktion: $\sigma^2 := \left[\sum (x_i - \mu)^2\right]/n$

Zur Berechnung der entsprechenden Standardabweichungen kann man wahlweise die Quadratwurzeln der jeweiligen Varianzen berechnen oder die analogen Befehle `StandardDeviation` und `StandardDeviationMLE` verwenden.

Befehl: `MeanDeviation[dataSet]`
Funktion: **Mittlere absolute Abweichung** $|x_i - \mu|/n$ vom arithmetischen Mittelwert (MA)

Hinweis: Bei kleinen oder Ausreißer-behafteten Datensätzen kann anstelle der Standardabweichung der robustere MA angegeben werden

Befehl: `MedianDeviation[dataSet]`
Funktion: Mediane absolute Abweichung (**MAD**) vom Median: $MAD =$ `Median[`$|x_i$`-Median[`x`]|]`
Hinweis: Bei kleinen oder Ausreißer-behafteten Datensätzen kann anstelle der Standardabweichung der robustere MAD angegeben werden

Befehl: `InterquartileRange[dataSet]`
Funktion: **Interquartilsabstand**; Differenz zwischen der interpolierten 3/4- und 1/4-Quartile

Befehl: `QuartileDeviation[dataSet]`
Funktion: Halbe Differenz zwischen der interpolierten 3/4- und 1/4-Quartile

Als Momente werden bestimmte Maßzahlen zur Klassifizierung von Verteilungen bezeichnet. Die zentralen Momente werden durch die gegebene Gleichung definiert

Befehl: `CentralMoments[dataSet,←moment]`
Funktion: **Zentrales Moment** $[\sum(x_i - \mu)^{moment}]/n$ eines Datensatzes
Hinweis: Bei der Varianz `VarianceMLE` handelt es sich um das 2. zentrale Moment eines Datensatzes. Auf die ebenfalls wichtigen 3. und 4. zentralen Momente (Schiefheit und Steilheit) wird in den folgenden drei Befehlen näher eingegangen

Für den Test auf Normalität nach MADOW, *1940 (siehe Abschn. 3.1.3), wird die Schiefheit g_1 (siehe Befehlsbox rechts) und ihre geschätzte Varianz*
$$s_1^2 = 6n(n\text{-}1)/((n\text{-}2)(n\text{+}1)(n\text{+}3))$$
ermittelt

Befehl: `Skewness[dataSet]`
Funktion: **Schiefheit** $[\sum(x_i - \mu)^3]/n$ eines Datensatzes
Hinweis: Ist der Datensatz symmetrisch um den arithmetischen Mittelwert verteilt, verschwindet die Schiefheit. Bei negativen Werten liegt eine rechtssteile (linksschiefe) und bei positiven Werten eine linkssteile (rechtsschiefe) Verteilung vor

Befehl: `Kurtosis[dataSet]`

Funktion: **Steilheit** bzw. Wölbung $\left[\sum(x_i - \mu)^4\right]/n$ eines Datensatzes

Hinweis: Bei normalverteilten Datensätzen ist die Steilheit identisch 3. Aus eher ästhetischen Gründen hat sich eingebürgert, anstelle dieser Definition der Steilheit die folgende zu verwenden

Befehl: `KurtosisExcess[dataSet]`

Funktion: Steilheit bzw. Wölbung $\left[\sum(x_i - \mu)^4\right]/n - 3$ eines Datensatzes

Hinweis: Dieser Wert unterscheidet sich vom vorhergehenden lediglich durch die Subtraktion des Faktors 3. Damit ist die Schiefheit einer normalverteilten Stichprobe 0 (und nicht mehr 3). Da sich diese Konvention allgemein durchgesetzt hat (die meisten Statistik-Lehrbücher erwähnen die zuvor genannte Definition überhaupt nicht), sei empfohlen, anstelle des Befehls `Kurtosis` diesen Befehl `KurtosisExcess` zu verwenden

3.1.6 Fehlerfortpflanzung

Oft müssen experimentell ermittelte Datensätze erst umgerechnet werden, oder ein auszuwertender Datensatz ist das Resultat mehrerer Meßreihen. Ein Beispiel für den ersten Fall wäre, wenn auf den Flüssigkeitsstrom V/t einer Kapillare indirekt durch Messung des Kapillar-Radius R geschlossen wird. Da hier das Gesetz von Hagen und Poiseuille $V/t \sim R^4$ gilt, geht nicht der Fehler des Radius R, sondern auch der Zeit t in den Fehler des errechneten Flüssigkeitsstroms V/t ein (V: Volumen). Ein Beispiel für den zweiten Fall wäre die Bestimmung der Wirkung eines Toxins auf die Vitalität von Zellen mittels eines →radioaktiven Einbauassays. Neben der Strahlenaktivität C(c) (c: Toxin-Dosis) der Toxin-behandelten Proben müssen auch Kontrollen K und die Hintergrundstrahlung B ermittelt werden . Alle drei Größen sind fehlerbehaftet, d.h. daß sich bei Ermittlung der

Wirkung $P(c) = (C(c) - B)/(K - B)$ der Fehler der Wirkung „irgendwie" aus den drei Fehlern von C(c), B und K zusammensetzt. Für Stichproben aus normalverteilten Grundgesamtheiten bietet die ←**Fehlerfortpflanzung** das Instrument, um Fehler berechneter Größen zu ermitteln. Sei $z = z(a, b, \ldots)$ eine Funktion des Parametersatzes $\hat{p} = \{a, b, \ldots\}$ und seien $\hat{\sigma} = \{\sigma_a, \sigma_b, \ldots\}$ die Standardabweichungen der entsprechenden Parameter, gilt das **Fehlerfortpflanzungsgesetz**

$$z = z(a, b, \ldots) \mapsto \sigma_x^2 = \left(\frac{\partial z}{\partial a}\sigma_a\right)^2 + \left(\frac{\partial z}{\partial b}\sigma_b\right)^2 + \ldots = \sum_{i=1}^{n}\left(\left(\frac{\partial z}{\partial p_i}\right)\sigma_i\right)^2$$

wobei σ_z die Standardabweichung der errechneten Größe z und n die Anzahl der zur Berechnung von z verwendeten Parameter $\hat{p} = \{a, b, \ldots\}$ ist. Bei – notwendigerweise – bekanntem Zusammenhang zwischen z und $\hat{p}$ kann die Standardabweichung von z durch folgenden Befehl ermittelt werden:

Befehl: `errorPropagation[function,par,means,stdD]`
package: `"statistics`descriptiveStatistics`"`
Optionen: −
Funktion: Ermittelt Standardabweichung einer berechneten Größe
Literatur: TAYLOR, 1988
Hinweis: `function` ist die Funktion, `par` die Liste der Parameter und `means` bzw. `stdD` die Liste der Schätzer (Mittelwerte) der Parameter bzw. der Standardabweichungen

Die Anwendung des ←Fehlerfortpflanzungs-Befehls auf die beiden o.g. Gleichungen für den Strömungsfluß einer Kapillare und der Toxizitätsmessung führt zu folgenden Resultaten:

$$\sigma_{V/t} = 4 \cdot R^3 \cdot \sigma_R$$

und

$$\sigma_P = \sqrt{\left(\frac{(C-K)\cdot\sigma_B}{(B-K)^2}\right)^2 + \left(\frac{\sigma_C}{K-B}\right)^2 + \left(\frac{(C-B)\cdot\sigma_K}{(K-B)^2}\right)^2}.$$

3.2 Bivariate deskriptive Statistik

In Abschn. 3.1 wurde die Beschreibung **univariater Daten-sätze** mit Methoden der deskriptiven Statistik behandelt. Sehr oft liegen jedoch Datensätze vor, die aus zwei oder mehr Variablen bestehen; die Beschreibung solcher Daten wird als **multivariate deskriptive Statistik** bezeichnet.

Siehe auch Notebook 32.ma im Unterverzeichnis tutorials auf der beiliegenden CD-ROM

In der multivariaten Statistik unterscheidet man zwischen **unabhängigen** und **abhängigen Variablen**. Im bivariaten Fall spricht man von einer unabhängigen (exogenen, erklärenden) Variablen X (in der →Regressionsanalyse gelegentlich auch als **Regressor** bezeichnet) und einer abhängigen (endogenen, erklärten) Variablen Y (in der Regressionsanalyse auch **Regressfunktion** genannt) dann, wenn zwischen X und Y ein funktionaler Zusammenhang besteht, d.h. wenn Y eine Funktion von X ist. Im Rahmen eines Experimentes wird die Variable X (mehr oder weniger) frei variiert und anschließend die von X abhängige Variable Y ermittelt. Die entsprechenden Realisierungen x_i und y_i werden dabei von zufälligen Fehlern ϵ_i „überlagert", die beispielsweise additiv ($y_i = f(x_i) + \epsilon_i$) oder – seltener – multiplikativ ($y_i = f(x_i) \cdot \epsilon_i$) in die Messung einfließen können. Typische Beispiele solcher bivariater Problemstellungen sind die Dosis-Wirkungs-Analyse (Messung einer Wirkung in Abhängigkeit der Dosis), die Signal-Analyse (Abhängigkeit eines Signals von der Frequenz) oder die →Zeitreihen-Analyse (Abhängigkeit einer Variablen von der Zeit). Die deskriptive Statistik solcher bivariater Datensätze wird in Abschn. 3.2.1 behandelt.Im anderen bivariaten Fall sind beide Variablen voneinander unabhängig. Als Beispiel sollte man idealerweise die Einkommen von Ehepartnern nennen dürfen, da sich ja – wie erwähnt: idealerweise – das Einkommen eines Ehepartners nicht auf das Gehalt des anderen auswirken sollte. Sollten dennoch Abhängigkeiten zwischen solchen bivariaten Datensätzen vermutet werden, läßt sich dies mit Hilfe der →**Korrelations-Analyse** bestätigen (bzw. ablehnen). Methoden der deskriptiven Statistik zu solchen Datensätzen werden in Abschn. 3.2.2 vorgestellt.

Siehe Abschn. 3.4 und 3.5

Siehe Abschn. 3.6

Siehe Abschn. 3.3

3.2.1 Darstellung bivariater Datensätze bei einer unabhängigen und einer abhängigen Variablen

Bivariate Datensätze mit einer unabhängigen und einer abhängigen Variablen treten in nahezu allen wissenschaftlichen Disziplinen auf. Der experimentelle Ablauf eines Versuches sieht meistens so aus, daß die unabhängige Variable auf einen beliebigen (im Rahmen einer Versuchsplanung allerdings sinnvollen) Wert eingestellt wird und der Wert der abhängigen Variablen direkt oder indirekt beobachtet wird. Beispiele dafür sind:

- Änderung des elektrischen Widerstandes von Halbleiter-Anordnungen in Abhängigkeit von starken magnetischen Feldern beim Shubnikov-de-Haas-Effekt (Festkörper-Quantenmechanik)
- Abhängigkeit der Wirkung eines Medikaments von seiner Dosierung (Dosis-Wirkungs-Analyse)
- Zeitliche Abhängigkeit des Blutzucker-Spiegels eines Diabetikers (Zeitreihen-Analyse)

Der zuletzt genannte Bereich – die Zeitreihen-Analyse – hat sich zu einem eigenständigen großen statistischen Zweig entwickelt, der z.B. in den Wirtschaftswissenschaften eine große Rolle spielt. Aus diesem Grund wird die Zeitreihen-Analyse und auch die deskriptive Darstellung zeitabhängiger Daten in einem ←eigenen Abschnitt besprochen.

Siehe Abschn. 3.6

Die im folgenden aufgeführten Befehle dienen der graphischen Darstellung bivariater Datensätze mit einer unabhängigen und einer abhängigen Variablen. Da Mathematica selbst bereits einige entsprechende Befehle enthält, wird auf diese ebenfalls eingegangen. Die im *package* `descriptiveStatistics` implementierten Befehle sollen diese Original-Mathematica-Befehle **nicht** ersetzen, sondern ergänzen oder – insbesondere Anwendern – leichter zugänglich machen.

Befehl: rawCurve

package: `"statistics`descriptiveStatistics`"`

Optionen: `color, points, pointColor,pointSize,`
          `plotJoined, curveColor, thickness,`
          `transformation`

Funktion: Rohdarstellung bivariater Datensätze mit einer unabhängigen und einer abhängigen Variablen

Literatur: −

`rawCurve` stellt den Datensatz in „konventioneller" Weise dar, d.h. daß die unabhängige Variable entlang der Abszisse („x-Achse") und die abhängige Variable entlang der Ordinate („y-Achse") aufgetragen wird. Mit den folgenden Optionen lassen sich die Graphiken verändern:

• `color`: Einstellung der Farbe der Fläche unterhalb der Kurve (*default*-Einstellung: `color->GrayLevel[1]`, d.h. weiß).

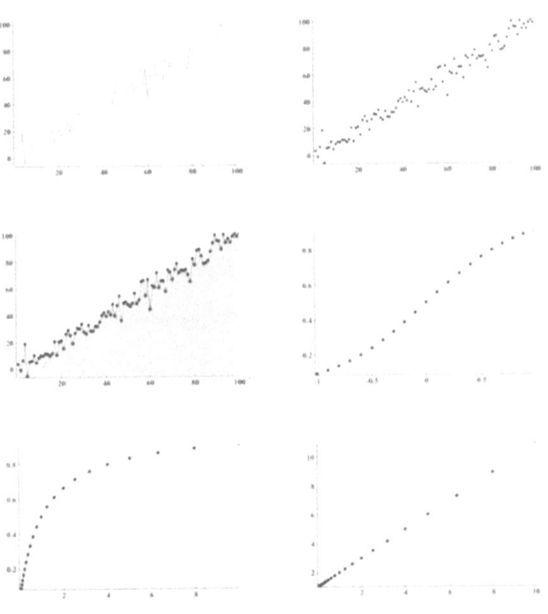

Ausgaben von `rawCurve` unter Verwendung verschiedener Optionen. Weitere Erläuterungen im Text

• `points`: Darstellung der einzelnen Datenpunkte in der Graphik (*default*-Einstellung: `points->False`)

• `pointColor`: Einstellung der Farbe der Daten-Punkte. Voraussetzung ist, daß die Option `points->True` gewählt wurde. (*default*-Einstellung: `pointColor->GrayLevel[0]`, d.h. schwarz)

• `pointSize`: Einstellung der Größe der Daten-Punkte. Voraussetzung ist, daß die Option `points->True` gewählt wurde. (*default*-Einstellung: `pointSize->0.015`)

• `plotJoined`: Mit dieser Option kann festgelegt werden, ob die einzelnen Datenpunkte durch eine Linie miteinander verbunden werden (*default*-Einstellung: `plotJoined->True`)

- curveColor: Mit dieser Option läßt sich die Farbe der durchgezogenen Kurve einstellen (*default*-Einstellung: curveColor->GrayLevel[0])
- thickness: Mit dieser Option läßt sich die Dicke der durchgezogenen Kurve einstellen (*default*-Einstellung: thickness ->0.001)
- transformations: Mit dieser Option lassen sich die Werte der unabhängigen bzw. der abhängigen Variablen transformieren. Dieses geschieht durch Angabe einer Transformations-Funktion f[x] und der entsprechenden Variablen (hier: x) in folgender Weise: transformations->{{f[x],x},{f[y],y}}. Die Transformations-Funktionen werden in üblicher Mathematica-Notation geschrieben, müssen sich aber auf Listen anwenden lassen. Die *default*-Einstellung lautet hier transformations->{{x,x},{y,y}}, d.h. daß die Werte in sich selbst transformiert werden. Beispiele: Die Abbildung auf der vorhergehenden Seite, linke Spalte, unten, gibt den Datensatz eines logistischen Dosis-Wirkungs-Zusammenhanges bei linearer Abszissen-Skalierung wieder. Durch die Transformation transformations->{{Log[x],x},{y,y}} ergibt sich der typische sigmoide Kurvenverlauf (Abbildung vorhergehende Seite, rechte Spalte, Mitte), wie er bei (nahezu) allen Dosis-Wirkungs-Modellen erst dann auftritt, wenn die Dosen logarithmisch aufgetragen werden. Im selben Graphik-Satz, rechte Spalte, unten, wird die gleiche Datenreihe wiedergegeben, diesmal jedoch mit der Transformation transformations->{{1/x,x},{1/y,y}}. In diesem Fall ergibt sich eine ←Gerade.

Viele Auswertungsmethoden in der Pharmakologie wie etwa der Lineweaver-Burk- oder der Hill-Plot beruhen auf solchen linearisierenden Transformationen

Befehl:	verticalStripesPlot[dataSet]
package:	"statistics`descriptiveStatistics`"
Optionen:	points, pointSize, pointColor, plotJoined, thickness, stripes, boxPlots, mean, median
Funktion:	Unterteilt die n Datenpaare in $\approx \sqrt{n}/2$ gleich große Klassen und trägt für jede dieser Klassen optional Punkt- und Intervall-Schätzer ein
Literatur:	CHAMBERS, 1983; GESSLER, 1993

Diese graphische Darstellung erlaubt zum einen eine erste visuelle Abschätzung des Gesamt-Trends der Daten und zum anderen eine erste Beurteilung, wie diese Werte um diesen Trend verteilt sind. Die Routine arbeitet so, daß der gesamte Datensatz (bestehend aus n Wertepaaren) in n_0 Klassen aufgeteilt wird, wobei n_0 die nächstkleinere ganze Zahl zu $\sqrt{n}/2$ ist. Jede dieser Klassen

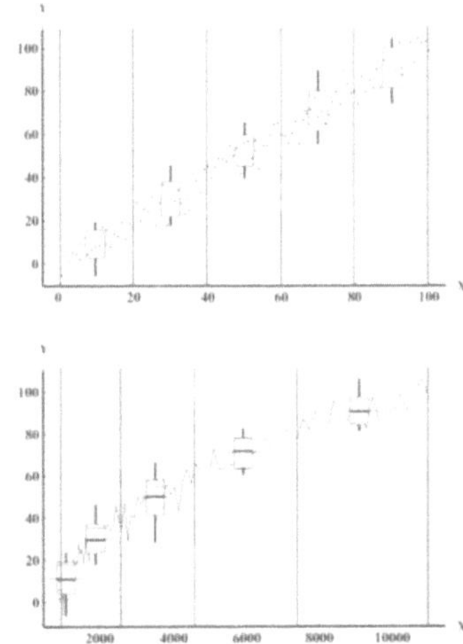

ist näherungsweise gleich stark besetzt, d.h. daß bei einer gleichmäßigen Verteilung der Werte über den Wertebereich die Klassen-Breiten (etwa) gleich groß (Abbildung oben), bei stark unterschiedlicher Verteilung dagegen unterschiedlich groß sind (Abbildung unten). Mit den Optionen lassen sich die graphischen Ausgaben folgendermaßen verändern:

- points: Darstellung der einzelnen Datenpunkte in der Graphik (*default*-Einstellung: points->True)
- pointColor: Einstellung der Farbe der Daten-Punkte. Voraussetzung ist, daß die Option points->True gewählt wurde (*default*-Einstellung: pointColor->GrayLevel[0], d.h. schwarz)
- pointSize: Einstellung der Größe der Daten-Punkte. Voraussetzung ist, daß die Option points->True gewählt wurde. (*default*-Einstellung: pointSize->0.005)
- plotJoined: Mit dieser Option kann festgelegt werden, ob die einzelnen Datenpunkte durch eine Linie miteinander verbunden werden (*default*-Einstellung: plotJoined->False)
- thickness: Mit dieser Option läßt sich die Dicke der durchgezogenen Kurve einstellen (*default*-Einstellung: thickness ->0.001)
- stripes: Mit dieser Option läßt sich festlegen, ob die Klassen-Grenzen durch vertikale Linien markiert werden (*default*-Einstellung: stripes->True)

Siehe Befehl `boxPlot` *in Abschn. 3.1*

• `boxPlots`: Mit dieser Option kann festgelegt werden, ob in der Mitte der jeweiligen Klassen ←Boxen aufgetragen werden, die optional (siehe folgende Optionen) Punkt- und Intervall-Schätzer für die Daten der jeweiligen Klasse angeben (*default*-Einstellung: `boxPlots->True`)

• `median`: Bei Wahl der Option `boxPlots->True` kann festgelegt werden, daß die parameterfreien Schätzer (Median und Quartilen) in die Box eingetragen werden (*default*-Einstellung: `median->False`)

• `mean`: Bei Wahl der Option `boxPlots->True` kann festgelegt werden, daß die parametrischen Schätzer (arithmetischer Mittelwert und Standardabweichung) in die Box eingetragen werden (*default*-Einstellung: `mean->True`)

Befehl:	`barPlot`
package:	`"statistics`descriptiveStatistics`"`
Optionen:	`dimensions, steps, ranges, colors,`
	`pointEstimator, intervallEstimator`
Funktion:	Darstellung eines bivariaten Datensatzes mit einer unabhängigen und einer abhängigen Variablen durch 3D-Balken
Literatur:	—

Ausgabe von `barPlot` *mit einigen überlagerten Kurven; weitere Informationen zu dieser Graphik im Text. Hinweis: Diese Abbildung ist auf dem Buchtitel farbig wiedergegeben*

Dieser Befehl zur Wiedergabe bivariater Daten unterteilt – wie der vorhergehende Befehl (`verticalStripesPlot`) auch – den Wertebereich des Datensatzes in Klassen und legt für jede dieser Klassen optional 2- oder 3-dimensionale Balken an (`dimensions->2` oder `->3`), deren Höhen optional dem arithmetischen Mittelwert (Option `pointEstimator->Mean`) bzw. dem Median (`pointEstimator-> Median`) der abhängigen Variablen der betreffenden Klassen entsprechen. Soweit nicht durch die Option `steps->value` anders eingestellt, legt der Be-

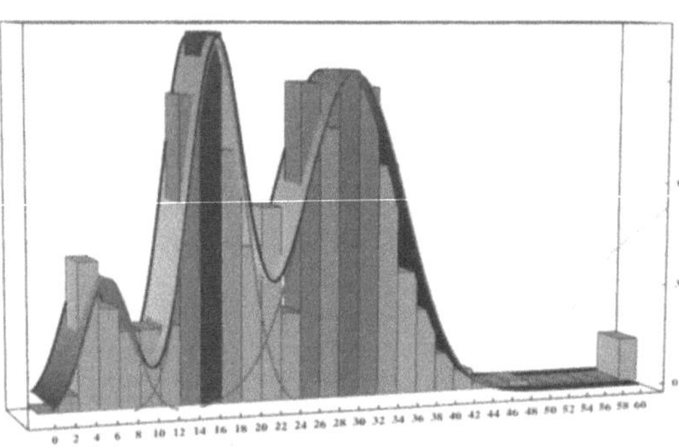

fehl n_0 Klassen an, wobei n_0 die zu $\sqrt{n}/2$ nächstkleinere ganze Zahl ist (n: Stichproben-Umfang); mit der Option `ranges->`$\{x_1, x_2, x_3, \ldots\}$ können auch Benutzer-definierte Klassengrenzen eingegeben werden. Mit der Option `intervallEstimator->True` werden an jedem Balken entweder die Bereiche „arithmetischer Mittelwert $\pm$ Standardabweichung" (bei `pointEstimator->Mean`) bzw. die Quartilen (`pointEstimator->Median`) mit eingezeichnet. Mit $\rightarrow$`color->{colorFunction[1],colorFunction[2]}` schließlich lassen sich die Balken so colorieren, daß die Balken niedrigster Werte die Farbe `colorFunction[1]` und die höchster Werte die Farbe `colorFunction[2]` annehmen.

Siehe folgenden Absatz

Wie bei (nahezu) allen Befehlen aus diesem Statistik-*package*, die Graphiken ausgeben, können auch hier zusätzlich zu den oben genannten Optionen Original-Mathematica-Graphik-Optionen eingesetzt werden bzw. können diese Graphiken mit anderen Graphik-Objekten verbunden werden. Um die $\rightarrow$Graphik auf der vorhergehenden Seite zu erstellen, wurde der Befehl `barPlot` mit den Optionen `dimensions->3`, `ranges->2*Range[0,30]` (legt eine Liste mit den Werten $\{0, 2, 4, \ldots, 58, 60\}$ an), `pointEstimator->Median`, `colors->{Hue[x],Hue[y]}`, $\rightarrow$`BoxRatios->{x,y,z}`, und `ViewPoint->{x.xxx,y.yyy,z.zzz}` (wird mit Hilfe des Mathematica-Tools **3D View Point Selector** eingestellt) aufgerufen. Um die Graphik-Ausgabe zum einen zu unterdrücken (spart Zeit und eventuell Arbeitsspeicher) und zum anderen dennoch als Objekt zur Verfügung zu haben, lautete die Befehlseingabe `pl1=barPlot[dataSet,options,`$\rightarrow$`DisplayFunction->Identity]`. Anschließend wurde an den Datensatz $\rightarrow$nichtlinear eine Funktion approximiert, die sich aus der Überlagerung dreier Normalverteilungen $N[\mu,\sigma]$ (mit dem Parametersatz $\{\mu_i, \sigma_i\}$, $(i = 1, 2, 3)$) ergab. Mit dem Mathematica-Befehl `pl2=Table[Graphics3D[{GrayLevel[ ],Polygon[ ]}],{i, min, max}]` wurde die entsprechende drei-gipfelige Kurve als Polygon-Schar angelegt (graue, dreidimensionale „Kurve"). In einem dritten Schritt wurden die drei Normalverteilungen $N[\mu_i, \sigma_i]$ $(i = 1, 2, 3)$ aus dem oben genannten, approximativ gewonnenen Parametersatz ermittelt und mit dem Befehl `pl3 = Table[Table[Graphics3D[ {Hue[1],Line[ ]}], {i,`

Hinweis zur Titel-Graphik

Farbige Wiedergabe auf dem Titel dieses Buches

Option `BoxRatios` *siehe* WOLFRAM, *1991*

Option `DisplayFunction` *siehe* WOLFRAM, *1991*

Zur Nichtlinearen Regression siehe Abschn. 3.5

$\min_k,\max_k\}]$, $\{k,1,3\}$] als Schar dreier roter Kurven angelegt. Dabei wurden die Geometrien der Polygone bzw. der Linien so ausgewählt, daß die Linien (rote Kurven) vor den dreidimensionalen Balken zu sehen sind bzw. die Polygone (graue „Kurve") und die Balken sich gegenseitig „durchdringen". Aus rein ästhetischen Gründen wurde die einhüllende graue „Kurve" etwas breiter gestaltet als die Balken und an beiden „Breitseiten" durch schwarze Linien optisch eingegrenzt. Mit dem Befehl `Show[pl1,pl2,pl3,` ←`Dis-playFunction->$DisplayFunction]` wurden die drei Graphik-Objekte letztendlich gemeinsam ausgegeben, wobei mit Hilfe diverser Optionen, wie z.B. `LightSources->{}`, noch der „letzte Schliff" angelegt wurde.

DisplayFunction:
Anweisung, um die
aus Graphikelement `pl1`
noch aktive Einstellung
`DisplayFunction`
`->Identity` *aufzuheben*

Befehl:	`smoothedPlot[dataSet]`
package:	`"statistics`descriptiveStatistics`"`
Optionen:	`pointEstimator, steps`
Funktion:	Median- oder Mittelwert-geglättete Darstellung von Daten
Literatur:	—

Die Glättung von Datenreihen zur Trend-Beurteilung wird in Abschn. 3.6 (Zeitreihen-Analyse) nochmals aufgegriffen

Für eine erste ←**Trend**-Beurteilung ist oft die geglättete Darstellung eines bivariaten Datensatzes sinnvoll. Der Befehl `smoothedPlot` arbeitet nach dem Prinzip des **gleitenden Mittelwertes** (siehe auch den Befehl `MovingAverage` im gleichnamigen Mathematica-*package*), d.h. daß ein Intervall „kontinuierlich" den gesamten Wertebereich abfährt und jedesmal den arithmetischen Mittelwert (`pointEsti-mator->Mean`) bzw. den Median (`pointEstimator-> Me-dian`) ermittelt und an der Mitte des Intervalls aufträgt. Mit der Option `steps->Va-lue` (Standard-Einstellung: `steps->3`) kann die **Breite** des gleitenden Intervalls eingestellt werden. In der Abbildung links wird der gleiche Datensatz Mittelwert- und

Ausgaben des Befehls
`smoothedPlot`
mit verschiede-
nen Optionen

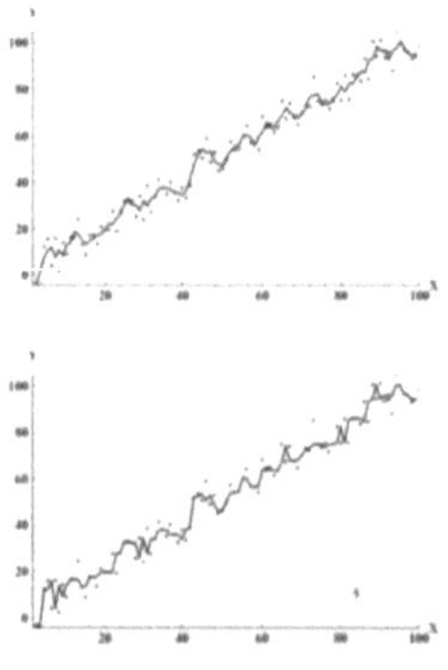

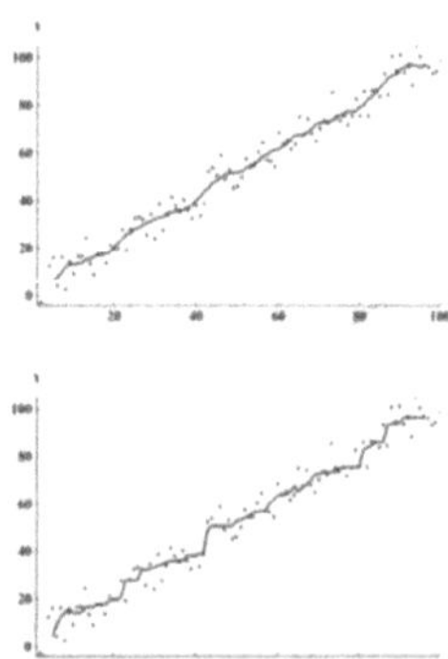

unten Median-geglättet dargestellt (die Punkte geben die originalen Daten wieder). In beiden Abbildungen links wurde mit einer Schrittweite von 3, rechts mit einer Schrittweite von 21 geglättet. Deutlich erkennbar ist, daß mit zunehmender Intervallbreite die Glättung besser wird. In dem hier gezeigten Beispiel handelt es sich um – Computer-simulierte – Stichproben aus einer normalverteilten Grundgesamtheit, d.h. daß die Median- und die arithmetische Mittelwert-Glättung approximativ zu dem gleichen Resultat führen. Handelt es sich dagegen um Datenreihen mit **Ausreißern** oder um nicht-normalverteilte Stichproben, wird sich die mediane Glättung als deutlich robuster erweisen→.

Der Befehl smoothed-Plot *arbeitet auch mit anderen Punktschätzern (zu Punktschätzern siehe Abschn. 3.1.5)*

Befehl: `ListPlot[dataSet]`
package: Original-Mathematica-Routine
Optionen: `Epilog, PlotJoined, Prolog, PlotStyle`
Funktion: Trägt den Inhalt einer Daten-Liste in eine Graphik
           ein
Literatur: WOLFRAM, 1991

Der Mathematica-Befehl `ListPlot[dataSet]` trägt für jeden Wert einer Liste $\{\{x1,y1\},\{x2,y2\},\ldots\}$Punkte an den Stellen $\{x1,y1\}$, $\{x2,y2\},\ldots$ ein. Mit der Option `PlotJoined ->True` werden die Listen-Werte durch Linien verbunden. Mit der Option `PlotStyle->PointSize[value]` läßt sich die Größe der Punkte Benutzer-definiert einstellen. Mit Hilfe der Optionen `Epilog` und `Prolog` (siehe WOLFRAM, 1991) lassen sich in diese Abbildung weitere Graphikelemente einbauen.

Befehl: `Spline[dataSet,type]`
package: Mathematica-*package* `"Graphics`Spline`"`
Optionen: `SplinePoints, SplineDots`
Funktion: Konstruiert einen →Spline, der durch die angegebenen Punkte verläuft oder sich an diesen orientiert
Literatur: WOLFRAM RESEARCH, 1991, 1992, 1993;
           Literatur zu Splines: BÖHM, 1984.

spline: engl. für Kurven-Lineal, das von Schiffsbauern zur Konstruktion des Schiffkiels verwendet wurde

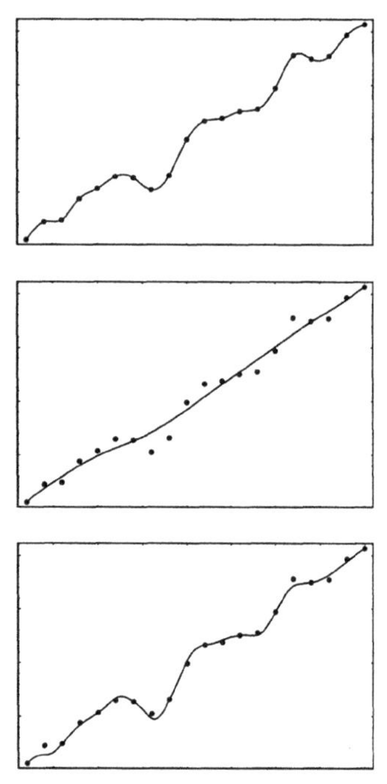

Kubische (oben),
Beziers (Mitte) und
kombinierte Bezier-
Splines (unten).
Weitere Informa-
tionen im Text

Bei *splines* handelt es sich um echte modellfreie Interpolationen, d.h. daß dem Kurvenverlauf **keine** Modellannahme zugrunde liegt. Vieles über *splines* wird schon aus ihrer Historik deutlich. Das englische Wort *spline* stand ursprünglich für ein langes, biegsames Stahllineal, mit dem Schiffsbauer die Form des Kieles an die Spanten angepaßt haben. Eine Form der *splines*-Technik wurde in den 60er Jahren von einem Citroën-Konstrukteur namens Bézier entwickelt, um aus Windkanal-Daten die Form einer Autokarosserie zu entwerfen – die klassische Flossenform eines früheren Citroën-Modells ist mittlerweile ebenso bekannt wie der Begriff des Bézier- oder kurz B-*splines*.

Die Mathematica-Routine `Splines[dataSet, method]` konstruiert zum einen kubische und zum anderen Bézier-Splines. Für alle *splines*-Kurven ist charakteristisch, daß sie durch den Start- und den Endpunkt der Punkte-Schar verlaufen. Während kubische *splines* (`method=Cubic`) durch alle Punkte verlaufen, verbindet der Bézier-*spline* (`method= Bezier`) lediglich den ersten und den letzten Punkt, wobei die restlichen – mittleren – Punkte den Verlauf der Kurve durch lineare Interpolation bestimmen. Mit (`method=CompositeBezier`) steht schließlich eine „Mischform" aus den beiden zuvor genannten *splines*-Techniken zur Verfügung.

Splines spielen in der Technik eine wichtige Rolle, dagegen weniger in den Naturwissenschaften bzw. Wissenschaften allgemein. In der Dosis-Wirkungs-Analyse gab es beispielsweise Ansätze zur Verwendung von *splines* durch PRUNTY, 1983, oder WHITTEMORE, 1986, allerdings haben sich diese Verfahren niemals etabliert.

3.2.2 Darstellung bivariater Datensätze bei zwei unabhängigen Variablen

In Abschn. 3.1 wurde die deskriptive Statistik univariater Daten besprochen; ein Beispiel für einen solchen Datensatz wäre die Gehaltsverteilung etwa innerhalb eines Landes. Interessiert – um bei diesem Beispiel zu bleiben – aber auch die Abhängigkeit des Gehaltes vom Geschlecht, liegt ein Datensatz zweier voneinander unabhängiger Merkmale vor. Die Behandlung solcher – bivariater – Datensätze ist Gegenstand dieses Abschnittes.

Viele Verfahren der deskriptiven Statistik bivariater unabhängiger Daten ähneln – zumindest formal – den Pendants für univariate Datensätze. Andere Methoden beziehen sich dagegen auf Fragestellungen, die bei einem univariaten Datensatz von vorne herein gar nicht aufkommen – etwa ein Vergleich der Verteilungen. Im folgenden werden einige etablierte und auch einige alternative Methoden zur Darstellung solcher Datensätze vorgestellt.

Befehl: `scatterPlot2D[dataSet]`
package: `"statistics`descriptiveStatistics`"`
Optionen: `median`, `histogram`, `histogramColor`
Funktion: Darstellung von unabhängigen, paarweise angelegten Datensätzen
Literatur: CHAMBERS, 1983; GESSLER, 1993

Liegen die beiden Variablen paarweise vor (d.h. in Form einer Liste {{x1,y1},{x2,y2},...}), kann man jedes Variablen-Paar durch einen Punkt in einem zweidimensionalen Koordinatensystem darstellen (**bivariater Scatter-Plot**). Die oberen drei Abbildungen auf der folgenden Seite geben Scatter-Plots für Stichproben aus je zwei Grundgesamtheiten wieder. In allen drei Beispielen ist die auf der Abszisse aufgetragene Variable normalverteilt. Im links abgebildeten Fall ist die zweite Variable lognormal-, in der Mitte normal- und rechts gleichverteilt. Die Routine `scatterPlot2D` gibt neben dem Streudiagramm optional noch die Mediane und Quartilen-Abstände in Form von horizontalen bzw. vertikalen Linien (median->True) an und die Histogramme der beiden Variablen (histogram->True), wobei mit der Option histogramColor->colorFunction (z.B. ->GrayLevel[0.6] oder ->Hue[1,1,1]) die Farbe der Histogramme (*default*-Farbe: schwarz) verändert werden kann. An einem Scatter-Plot kann man u.U. eventuelle Abhängigkeiten der beiden Variablen bereits erkennen. Vermutet man eine Abhängigkeit, ist es Aufgabe der ←**Korrelations-Analyse**, diesen Zusammenhang quantitativ zu erfassen und als Hypothese zu testen.

Siehe Abschn. 3.3

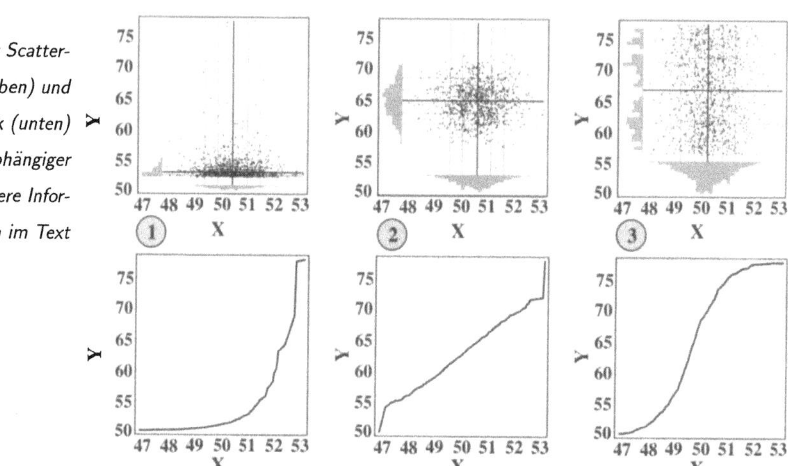

Bivariater Scatter-Plot (oben) und QQ-Graphik (unten) zweier unabhängiger Variablen; weitere Informationen im Text

Befehl: qqPlot[dataSet1,dataSet2]
package: "statistics`descriptiveStatistics`"
Optionen: −
Funktion: Ähnlichkeit der Verteilung zweier, nicht unbedingt gleichgroßer Stichproben
Literatur: CHAMBERS, 1983; GESSLER, 1993

Siehe Befehl Inter-polatedQuantile, *der in Abschn. 3.1.5 näher beschrieben wird*

In der **Quantils-Quantils-Graphik** (kurz **QQ-Plot**) werden von zwei Stichproben die ←**interpolierten Quantilen** für gleiche Konfidenz-Niveaus ermittelt und gegeneinander aufgetragen. Je näher die Punkte an der Hauptdiagonalen liegen, desto mehr gleichen sich beide Verteilungen. Im abgebildeten Beispiel (**2**) entstammen beide Stichproben normalverteilten Grundgesamtheiten. Im QQ-Plot zeigt sich, daß im „mittleren" Bereich (in der Umgebung der beiden Stichproben-Mittelwerte) die Verteilungen praktisch gleich sind, zu stärkeren Abweichungen kommt es lediglich an den Rändern („Verteilungsschwänzen"), da hier die Dichte realisierter Beobachtungen sehr gering ist.

Befehl: `histogram3D[dataSet]`
package: `"statistics`descriptiveStatistics`"`
Optionen: `steps`
Funktion: Darstellung der Verteilung gleich großer bivariater Datensätze
Literatur: CHAMBERS, 1983; GESSLER, 1993

Das **dreidimensionale Histogramm** ist das bivariate Pendant zum univariaten Histogramm, wie es in Abschn. 3.1.2 vorgestellt wurde. Viele Probleme, die sich beim Anlegen eines univariaten Histogramms ergeben, treten auch im bivariaten Fall auf, so daß an dieser Stelle nur auf weitere, für die dreidimensionale Darstellung typische Probleme näher eingegangen wird.

Um ein Aussage-fähiges Histogramm zu erhalten, sind im univariaten Fall gewisse Mindest-Stichprobenumfänge n_0 notwendig (wobei n_0 von der Wahl der Klassenbreite und der Aspekt der „Aussagefähigkeit" vom Anwender des Verfahrens abhängt). Will man für einen bivariaten Datensatz ein 3D-Histogramm „vergleichbarer Qualität" erzeugen, wird man etwa n_0^2 Datenpaare benötigen, d.h. der Aufwand ist überproportional höher. Ein weiteres Problem bei der Erstellung von 3D-Histogrammen ist, daß

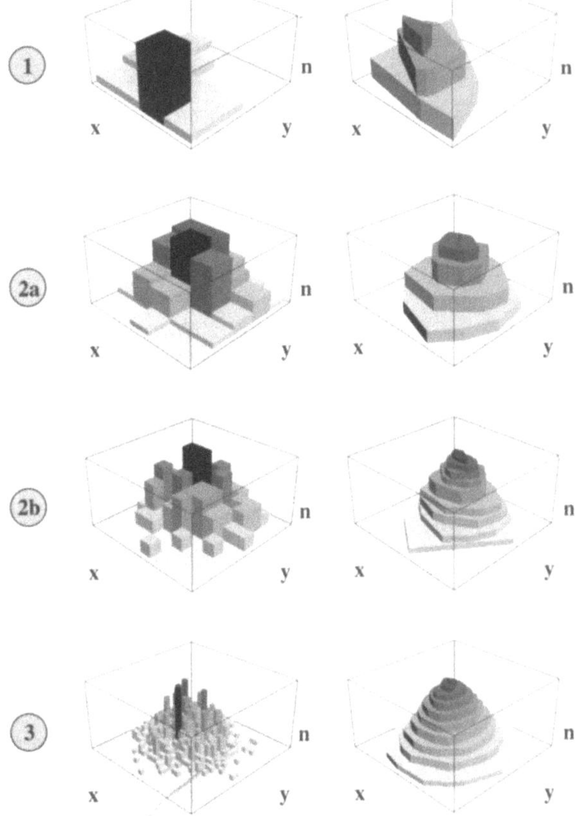

115

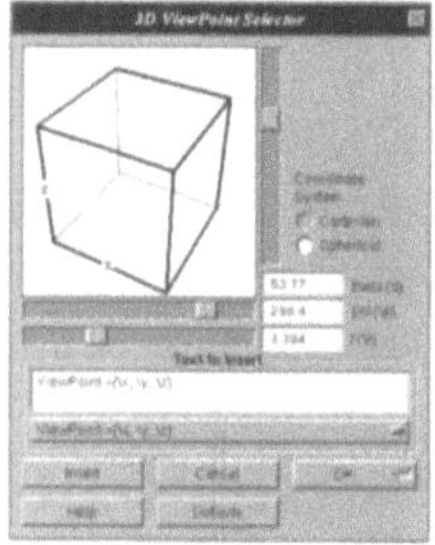

3D View Point Selector

unter NeXT/NeXTStep)

zur beliebigen Drehung

von 3D-Graphiken

u.U. höhere, vorne stehende Balken dahinterliegende Bereiche des Histogramms verdecken. Der von GESSLER, 1993, gemachten Forderung, diesem Problem durch eine beliebige Drehbarkeit des Histogramms abzuhelfen, trägt Mathematica mit dem *tool* **3D View Point Selector** (Abbildung links) Rechnung. Es ermöglicht, das abgebildete Koordinatensystem mit Hilfe der Maus frei zu drehen und anschließend die neuen Koordinatenwerte als Option in den Graphik-Befehl zu kopieren. Der Befehl zur Darstellung eines 3D-Histogramms mit der entsprechenden Option sähe beispielsweise folgendermaßen aus: `histogram3D[dataSet1,` `dataSet2,ViewPoint->{1.300, -2.400, 2.000}]`. Weitere Informationen zum 3D View Point Selector befinden sich im Benutzerhandbuch zur jeweiligen Mathematica-Oberfläche.

```
Befehl:    peelingPlot[dataSet]
package:   "statistics`descriptiveStatistics`"
Optionen:  steps, dimensions
Funktion:  Alternative zum 3D-Histogramm
Literatur: BARNETT, 1981
```

Eine Alternative zum klassischen 3D-Histogramm bietet die graphische Umsetzung eines Verfahrens, das als *peeling* bezeichnet wird. Anhand der folgenden Abbildung sei die Methode und ihre dreidimensionale Darstellung erläutert:

Zur Erläuterung des

peeling-Verfahrens;

Näheres siehe Text

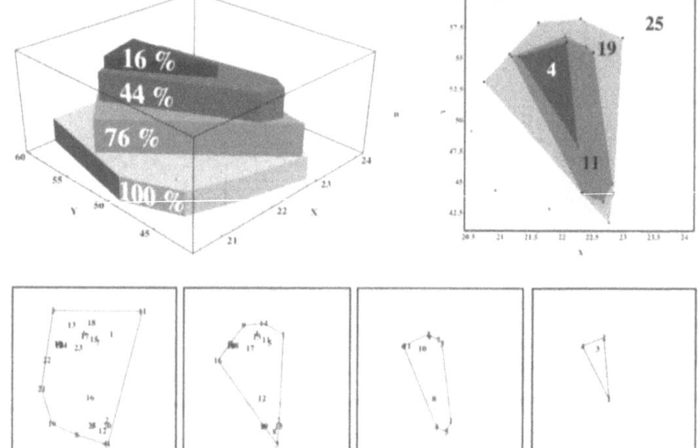

Zuerst wird der gesamte Datensatz (zwei gepaarte Stichproben gleichen Umfanges n_0) wie bei einem Scatter-Plot aufgetragen (Abbildung auf der vorhergehenden Seite, unten links). Anschließend wird die →Einhüllende aller Punkte ermittelt und als Bereich definiert, in dem sich 100 % der Werte befinden. Alle Punkte, die auf dieser Einhüllenden liegen (d.h. die die Form der Einhüllenden bestimmen), werden anschließend eliminiert. Vom restlichen Datensatz (Datenumfang n_1; Abbildung unten, zweite von links) wird wiederum die Einhüllende bestimmt und als Bereich definiert, in dem sich $100 \cdot (n_1/n_0)\%$ der Werte befinden. Dieses Verfahren wird so lange fortgesetzt (Abbildung, zweite von rechts und rechts), bis sich keine Einhüllende mehr ermitteln läßt, d.h. daß 0, 1 oder 2 Werte übriggeblieben sind. Bleiben **keine** Datenpunkte zurück (wie im abgebildeten Beispiel), ist der Median gleich dem arithmetischen Mittelwert $(w_1 + w_2 + w_3)/3$ der Werte w_i, die die zuletzt ermittelte Einhüllende bestimmen. Bleibt **ein Wert** übrig, ist dieser Wert dem Median gleichzusetzen, bei **zwei** übrigen Werten w_1 und w_2 ist der Median gleich $(w_1+w_2)/2$. Der Befehl `peeling[dataSet]` gibt die ermittelten Einhüllenden optional zwei- oder dreidimensional wieder (Abbildung, oben), wobei die – hier in der Graphik eingezeichneten – Quantilen $100 \cdot (n_i/n_0)\%$ separat auf dem Bildschirm ausgedruckt werden. Vom Befehl numerisch zurückgegeben wird der Median, der nach dem oben erwähnten Schema ermittelt wird.

In der Abbildung auf Seite 115, rechte Spalte, sind *peelings* von Stichproben wiedergegeben, deren 3D-Histogramme jeweils links davon gezeigt werden. Alle Stichproben entstammen normalverteilten Grundgesamtheiten. In der ersten Zeile (**1**) wird die Verteilung relativ kleiner Stichproben dargestellt. Hier wird der Vorteil des *peelings* deutlich, da das Verteilungs-Maximum im 3D-Histogramm an einem unteren Rand des Wertebereichs liegt und beim *peeling* „irgendwo" innerhalb des Wertebereichs. In den Zeilen (**2a**) und (**2b**) wird die gleiche Stichprobe mittleren Umfangs (n = 100) in einer niedrigen und einer hohen „Auflösung" dargestellt. Das Maximum der Verteilung liegt beim 3D-Histogramm einmal im Bereich der Mitte des Wertebereichs (**2a**) und einmal etwas zu höheren Werten hin versetzt (**2b**). Beim *peeling* dagegen bleiben die Verteilungs-Maxima von der „Auflösung" relativ unbeeinflußt. Selbst bei sehr großen Stichproben-Umfängen (Zeile (**3**): n = 1000) ist das *peeling* noch überlegen, da es den Verteilungs-Verlauf prägnanter darstellt als das vergleichbare 3D-Histogramm.

Achtung ! Die *peeling*-Methode darf nur auf ←eingipfelige Verteilungen angewandt werden, da das Verfahren bei mehrgipfeligen Verteilungen (mit mehr als einem Maximum) die Darstellung mehrerer Maxima unterdrückt. Bei mehrgipfeligen Verteilungen ist daher nur das dreidimensionale Histogramm einzusetzen.

In der Standard-Einstellung (`steps->5`) gibt der Befehl `peeling` 5 Einhüllende graphisch wieder, die approximativ (!) die Quantilen für 100 %, 80 %, 60 %, 40 % und 20 % angeben. Mit der Option `steps->value` kann für die Anzahl der dargestellten Quantilen jeder andere beliebige (und mögliche) Wert angegeben werden.

118

3.3   Korrelations-Analyse

Die Korrelations-Analyse befaßt sich mit dem (i.d.R. linearen) Zusammenhang zwischen zwei oder mehr Merkmalen.
Bei diesen Merkmalen handelt es sich um Größen, die –
soweit ein Zusammenhang überhaupt vorhanden ist – auf
stochastische und **nicht** auf funktionale (deterministische)
Weise zusammenhängen.

Hängen zwei (oder mehr) Merkmale optimal voneinander ab, nimmt der Korrelationskoeffizient r den Wert $+1$
(für Zu- bzw. Abnahme **beider** Merkmale) bzw. -1 (für
Zunahme des einen und Abnahme des anderen Merkmales
und *vice versa*) an; sind beide Merkmale absolut unabhängig
voneinander, besitzt r den Wert 0. In der experimentellen
Realität sind Korrelationskoeffizienten von exakt 0 oder ± 1
nicht möglich bzw. sehr unwahrscheinlich.

Ein weiteres Problem bereitet die Interpretation von
Korrelationskoeffizienten. Geradezu berühmt ist das Beispiel von der Korrelation zwischen der Abnahme brütender
Klapperstorch-Paare und der – ebenfalls abnehmenden – Geburtenrate in den 60er Jahren. Während der →Regressions-
Analyse eine Modell-Annahme zugrunde liegt, welches einen
kausalen Zusammenhang zwischen den Variablen annimmt,
untersucht die Korrelations-Analyse lediglich den stochastischen (d.h. nicht-kausalen) Zusammenhang. Die Interpretation, aufgrund einer signifikanten linearen Korrelation zwischen zwei Größen A und B sei B von A linear abhängig,
ist nicht grundsätzlich haltbar. Um beim obigen Beispiel
zu bleiben: Die moderne Humanmedizin bzw. Biologie ist
vom Modell des Klapperstorches als „Erzeuger" von Kindern
abgekehrt. Die beobachtete Korrelation zwischen der Anzahl an Störchen und geborenen Kindern läßt sich eventuell
(!) eher dadurch erklären, daß **1.)** mit zunehmendem Wohl-
stand die Geburtenrate sinkt und **2.)** mit steigendem Wohl-
stand die Umweltzerstörung und Zersiedelung zunimmt, die
Klapperstörche aus ihren Brutrevieren verdrängt (allerdings
ist auch das nur eine Hypothese).

Siehe auch Notebook
33.ma *im Unterver-*
zeichnis tutorials
auf der beiliegen-
den CD-ROM

Zur Regressionsanalyse
siehe Abschn. 3.4

3.3.1 Einfache lineare Korrelation

Befehl: `correlationCoefficient[dataSet,method]`
package: `"statistics`correlation`"`
Optionen: `output`, `result`
Funktion: Ermittelt mit Hilfe der angegebenen Methode `method` den Korrelationskoeffizienten eines bivariaten Datensatzes `{{x1,y2},{x2,y2},... }`
Literatur: ZAR, 1984

Der Befehl `correlationCoefficient` ermittelt als Maß der Abhängigkeit zweier unabhängig gewonnener Merkmale voneinander den **Korrelationskoeffizienten** r. Das Argument des Befehles setzt sich aus einer bivariaten Datenliste der Form `{{x1,y1},{x2,y2}, ...}` und der Methode (`method`) zusammen. Als Ergebnis gibt die Routine den Korrelationskoeffizienten aus. Mit der Option `output->True` wird zusätzlich ein Protokoll ausgedruckt.

Methode: `Pearson`

Die auch als **einfacher Korrelationskoeffizient** oder **Produkt-Moment Korrelationskoeffizient** bezeichnete Grösse r und ihre Standardabweichung σ_r errechnen sich nach den Gleichungen

$$ r = \frac{\sum x_i y_i}{\sqrt{\sum x_i^2 \sum y_i^2}} \qquad und \qquad \sigma_r = \sqrt{\frac{1-r^2}{n-2}} \; . $$

Zu Tests auf Normalverteilung siehe Abschn. 3.1.3; Hinweise zur Stetigkeit der Grundgesamtheit ergeben sich i.d.R. aus dem Versuchsgegenstand

r ist ein Maß für den linearen Zusammenhang zwischen den Variablen X und Y, wobei X und Y voneinander unabhängig beobachtete Stichproben sein müssen. Voraussetzung für die Anwendbarkeit des Pearsonschen Korrelationskoeffizienten ist, daß beide Variablen ←normalverteilt sind und einer ←stetigen Grundgesamtheit entstammen. Der Befehl gibt in der Standard-Einstellung `result->1` den Korrelationkoeffizienten r zurück; wird diese Option auf `result->2` umgestellt, wird das Ergebnis in Form einer Liste $\{r,\sigma_r\}$ ausgegeben.

Methode: `Spearman`

Zur Beurteilung des Zusammenhanges nicht-parametrischer bzw. nicht-normalverteilter Variablen wird häufig der **Spearmansche Rang-Korrelationskoeffizient** herangezogen. Zunächst wird für jedes x_i und y_i der Rang innerhalb der Variablen-Listen X = $\{x_1, x_2,\ldots\}$ und Y = $\{y_1, y_2,\ldots\}$ bestimmt. Anschließend werden für jedes Wertepaar $\{x_i,y_i\}$ die Differenzen Δ_i der Rangzahlen von x_i und y_i bestimmt und aufsummiert. Der **Rang-Korrelationskoeffizient** eines bivariaten Datensatzes des Umfanges n ergibt sich damit zu

$$r = 1 - \frac{6\sum \Delta_i^2}{n^3-n} \qquad \text{für \textbf{bindungsfreie} Datensätze und}$$

$$r = 1 - \frac{6\sum \Delta_i^2}{(n^3-n)-(\delta_X+\delta_Y)} \qquad \text{für Datensätze mit} \rightarrow \textbf{Bindungen}$$

$$\text{wobei} \quad \delta_X = \frac{\sum(t_{Xi}^3-t_{Xi})}{2} \quad \text{und} \quad \delta_Y = \frac{\sum(t_{Yi}^3-t_{Yi})}{2}.$$

*Tritt mindestens ein Wert in einem Datensatz mehrmals auf, spricht man von einem Datensatz mit **Bindungen***

t_{Xi} (t_{Yi}) stehen in hier für die Anzahlen der in einer Bindung befindlichen X-Werte (Y-Werte). Ob in einem Datensatz Bindungen vorliegen oder nicht, wird vom Befehl **automatisch** ermittelt.

Methode: `Blomqvist`

Ein weiteres Verfahren zur parameterfreien Ermittlung von Korrelationen wurde von BLOMQVIST, 1950, entwickelt und beruht auf folgender Vorgehensweise: Im ersten Schritt werden von den Variablen X und Y die Mediane ermittelt. Trägt man die Punktepaare $\{x_i, y_i\}$ in ein Scatter-Diagramm ein und fügt die Mediane in Form vertikaler (Median für X) bzw. horizontaler Linien (Median für Y) hinzu, wird der Wertebereich in vier Quadranten unterteilt, wobei die Anzahlen n_{13} der Datenpunkte im I. und III. resp. n_{24} im II. und IV. Quadranten gleich sind. Bei ungerader Stichproben-Größe wird ein Punkt genau am Schnittpunkt beider Median-Linien liegen; dieser Punkt bleibt bei der weiteren Vorgehensweise unberücksichtigt. Ist $n_{13} > n_{24}$, liegt ein positiver Trend vor, im Fall von $n_{13} < n_{24}$ ein negativer Trend.

Die Routine `correlationCoefficient` gibt in Zuammenhang mit der Methode `Blomqvist` und der Option `output->True` eine Graphik aus, die – wie oben beschrieben –

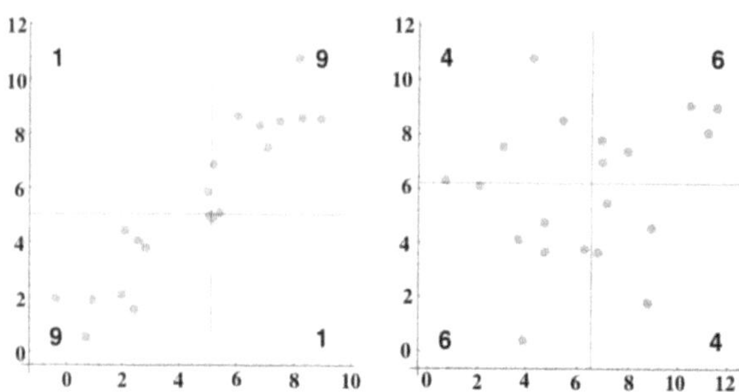

die Wertepaare und die Median-Linien enthält und ferner die Anzahl der Wertepaare in jedem Quadranten angibt (Abbildung links). Zurückgegeben wird vom Befehl die Liste $\{n_{13}, n_{24}, n\}$, wobei n die Anzahl der Wertepaare ist.

Befehl: `hypothesisAboutCorrelationCoefficients`
            `[list, method]`
package: `"statistics`correlation`"`
Optionen: `alpha, method, output, side, hypothesis`
Funktion: Signifikanz von Korrelationen
Literatur: –

Der Befehl `hypothesisAboutCorrelationCoefficients` testet den Korrelationskoeffizienten bezüglich der Hypothese $H_0 : r = 0$, d.h. auf Unabhängigkeit beider Merkmale. Die Routine benötigt hierzu optional den Korrelationskoeffizienten und die Stichprobengröße respektive den Original-Datensatz. Beide Informationen können in das Argument des Befehls eingebracht werden, wobei die Prozedur selbständig ermittelt, ob eine Liste `{r,sigma}` oder ein Datensatz `{{x1,y1}, {x2,y2},...}` vorliegt. Mit `method` wird dem Befehl mitgeteilt, welcher Korrelationskoeffizient vorliegt bzw. ermittelt werden soll. Die Option `alpha` (Irrtumswahrscheinlichkeit) ist in der Standard-Einstellung auf `alpha->0.1` festgelegt, der Test wird zweiseitig durchgeführt (wobei – wo sinnvoll – mit `twoSided->False` der Test auch einseitig durchgeführt werden kann). Mit der Option `output->True` läßt sich schließlich ein Protokoll des Hypothesen-Tests ausgeben.

Methode: `Pearson`

Für den Test des Pearsonschen Korrelationskoeffizienten r sind drei Verfahren etabliert. Die erste Methode beruht auf einem t-Test, die zweite Methode auf einem F- und die dritte schließlich auf einem Z-Test. In der Standard-Einstellung wird der t-Test verwendet, mit der Option `testMethod ->zTest` bzw. `->fTest` lassen sich jedoch auch die beiden anderen Tests einsetzen.

Die Testgrößen für die drei Tests lauten:

$$t_{Test} = \frac{r}{\sqrt{\frac{1\text{-}r^2}{n\text{-}2}}} \quad , \quad F_{Test} = \frac{1+|r|}{1-|r|} \quad , \quad z_{Test} = \frac{\frac{1}{2} Log\,[\frac{1+r}{1\text{-}r}]}{\sqrt{\frac{1}{n\text{-}3}}}^{*} \quad .$$

Sind die Absolutwerte dieser Prüfgrößen kleiner als die α-Quantilen der entsprechenden Verteilungen

$$t_{\alpha,n-2} \qquad , \qquad F_{\alpha,n-2,n-2} \qquad , \qquad \rightarrow z_\alpha \qquad ,$$

Zur α-Quantile der Z-Verteilung z_α siehe weiter unten

wird die Hypothese verschwindender Korrelation angenommen, anderenfalls abgelehnt.

Soll anstelle der Hypothese $H_0 : r = 0$ die Hypothese $H_0 : r = r_0$ getestet werden, kann dies mit dem Z-Test durchgeführt werden, wenn anstelle der $\rightarrow$oben angegebenen Prüfgröße

Siehe die mit einem Stern markierte Gleichung auf dieser Seite, oben rechts

$$z_{Test} = \frac{\frac{1}{2} Log[\frac{1+r}{1-r}] - \frac{1}{2} Log[\frac{1+r_0}{1-r_0}]}{\sqrt{\frac{1}{n-3}}}$$

eingesetzt wird. Im Befehl `hypothesisAboutCorrelationCoefficients` unter der Option `method->zTest` wird dieser Test durchgeführt, wenn die Option `hypothesis->r===r0` angegeben wird.

Methode: `Spearman`

Sei r der Spearmansche Rang-Korrelationskoeffizient und n der Umfang der bivariaten Stichprobe. Die Prüfgröße für r lautet dann:

$$\rho_{Test} = \frac{r}{2}\Big(\sqrt{n-1} + \sqrt{\frac{n-2}{1-r^2}}\Big),$$

wobei für $n < 30$ ein Korrekturfaktor hinzumultipliziert werden muß. Getestet wird diese Prüfgröße gegen

$$\rho_0 = \frac{N_\alpha + t_{n-2,\alpha}}{2};$$

d.h. ist $\rho_{Test} < \rho_0$, kann die Hypothese H_0:r=0 nicht abgelehnt werden.

Methode: `Blomqvist`

Anstelle eines Korrelationskoeffizienten gibt die Routine `correlationCoefficient` ein Zahlen-Tripel $\{n_{13}, n_{24}, n\}$ zurück. Liegen n_{13} und n_{24} hinreichend dicht beieinander, sind die beiden Merkmale voneinander unabhängig. Zur Beurteilung der Signifikanz liegen Tabellen vor (etwa bei SACHS, 1992, oder bei QUENOUILLE, 1959), die die untere und obere Intervallgrenze angeben, innerhalb der sich n_{13} und n_{24} befinden müssen, wenn sich die Merkmale unabhängig voneinander verhalten. Die vorliegende Routine nimmt eine Abschätzung dieser Werte vor.

Befehl: `zDistribution[alpha]`
package: `"statistics`correlation`"`
Optionen: `TwoSided`
Funktion: α-Quantile der z-Verteilung
Literatur: ZAR, 1984

Die **z-Verteilung** wird für den z-Test zur Beurteilung der Signifikanz eines Pearsonschen Korrelationskoeffizienten benötigt. Obwohl die z-Verteilung mit der Standard-Normalverteilung identisch ist, wurde aus Gründen der „Kompatibilität" zur Literatur mit dem Befehl `zDistribution[alpha]` (`Quantile[NormalDistribution[0,1],1-alpha/2]` für zweiseitige Tests) eine Routine zur Ermittlung der α-Quantilen der z-Verteilung zur Verfügung gestellt, wobei mit der Option `TwoSided->False` auch einseitige Tests durchgeführt werden können.

3.3.2 Partielle lineare Korrelation

Bei Stichproben mit mehr als zwei Zufallsvariablen (z.B. X, Y und Z) besteht die Möglichkeit, daß die Korrelation zwischen zweien dieser Merkmale (z.B. X und Y) durch den Variablen-Rest (z.B. Z) beeinflußt wird. Zur Ermittlung der Korrelation zwischen X und Y darf daher nicht nur der Korrelationskoeffizient r_{XY} bestimmt werden, sondern es muß auch der Einfluß der Restvariablen (hier: Z) durch Konstanthalten ausgeschlossen werden. Für Stichproben mit N Zufallsvariablen (mit N = 3, 4) führt der folgende Befehl die entsprechenden Routinen durch und liefert als Ergebnis eine N×N-Matrix mit den **partiellen Korrelationskoeffizienten** $r_{ij.rest}$ (die Indizes **vor** dem Punkt geben die Merkmale an, auf die sich der partielle Korrelationskoeffizient bezieht; die Indizes **nach** dem Punkt – hier mit *rest* bezeichnet – geben die Merkmale an, die konstant gehalten werden).

Befehl: `partialCorrelation[dataSet]`
package: `"statistics`correlation`"`
Optionen: `hypothesisTest`, `alpha`, `output`
Funktion: Gibt partielle Korrelationskoeffizienten für 3 bzw. 4 Merkmale an aus einer mehrdimensional-normalverteilten Grundgesamtheit
Literatur: ZAR, 1984; SACHS, 1992; SNEDECOR, 1982

Zur Anwendung des Befehls kann optional der Datensatz als Liste {{x1,y1},{x2,y2},...} oder eine Liste {{rij,rik,...},n} mit den Pearsonschen Korrelationskoeffizienten r_{ij} **und** dem Stichproben-Umfang n (Anzahl der Stichproben pro Zufallsvariable) eingegeben werden. Für drei (bzw. vier) Merkmale i, j, k (i, j, k, l) berechnet sich der partielle Korrelationskoeffizient $r_{ij.k}$ ($r_{ij.kl}$) zu

$$r_{ij.k} = \frac{r_{ij} - r_{ik} \cdot r_{jk}}{\sqrt{(1 - r_{ik}^2)(1 - r_{jk}^2)}} \quad , \quad r_{ij.kl} = \frac{r_{ij.l} - r_{ik.l} \cdot r_{jk.l}}{\sqrt{(1 - r_{ik.l}^2)(1 - r_{jk.l}^2)}}.$$

Wird die Option `hypothesisTest` auf den Wert `True` gestellt, überprüft der Befehl jeden der partiellen Korrelationskoeffizienten bezüglich der Hypothese $H_0 : r_{ij.rest} = 0$ (die Irrtums-wahrscheinlichkeit α ist in der Standard-Einstellung auf `alpha->0.1` festgelegt) mit Hilfe des t-Tests

$$t_{test} = \frac{r_{ij.rest}}{\sigma_{ij.rest}} \quad \text{mit} \quad \sigma_{ij.rest} = \sqrt{\frac{1 - r_{ij.rest}^2}{n - N}} \quad (\text{ZAR, 1984}),$$

wenn n die Anzahl der Stichproben pro Zufallsvariable und N die Anzahl der Zufallsvariablen ist. Mit der Option `output->True` läßt sich ein Protokoll der Auswertung auf dem Bildschirm ausdrucken. Vom Befehl wird – wie bereits weiter oben erwähnt – eine N×N-Matrix zurückgegeben. Die Matrix-Elemente {i, j} werden durch die partiellen Korrelationskoeffizienten $r_{ij.rest}$ gebildet, d.h. daß die Diagonal-Elemente der N×N-Matrix identisch 1 sind und sich die Matrix zur Hauptdiagonalen symmetrisch verhält.

3.3.3 Multiple lineare Korrelation

Während in der partiellen Korrelations-Analyse die Frage geklärt wird, inwieweit die Korrelation zwischen zwei Merkmalen durch dritte oder weitere Merkmale beeinflußt wird, behandelt die multiple Korrelations-Analyse die Frage, inwieweit **ein** Merkmal (z.B. X) durch die restlichen Zufallsvariablen (z.B. Y, Z bzw. allgemein: rest) beeinflußt wird. Analog zur obigen Schreibweise bezeichnet $r_{i.rest}$ die Abhängigkeit der i-ten Zufallsvariablen vom Variablen-Rest. Der entsprechende Befehl für N Zufallsvariablen (N = 3, 4) lautet:

Befehl: `multipleCorrelation[dataSet]`
package: `"statistics`correlation`"`
Optionen: `hypothesisTest, alpha, output`
Funktion: Ermittelt die Abhängigkeit eines Merkmales von weiteren Merkmalen und führt optional einen Signifikanz-Test durch
Literatur: ZAR, 1984; SACHS, 1992; SNEDECOR, 1982

Für N = 3 (bzw. N = 4) berechnet sich der multiple Korrelationskoeffizient $r_{1.23}$ (bzw. $r_{1.234}$) zu

$$r_{i.jk} = \sqrt{\frac{r_{ij} + r_{ik} - 2r_{ij}r_{ik}r_{jk}}{1 - r_{jk}^2}} \qquad \text{bzw.}$$

$$r_{i.jkl} = \sqrt{r_{il.jk}^2(1 - r_{i.jk}^2) - r_{i.jk}^2} \quad ,$$

wobei der partielle Korrelationskoeffizient $r_{il.jk}$ durch den zuvor besprochenen Befehl `partialCorrelation` berechnet wird.

Wird die Option `hypothesisTest->True` eingestellt (mit der Standard-mäßig auf den Wert 0.1 festgelegten Irrtumswahrscheinlichkeit α), kann mit Hilfe eines F-Tests ermittelt werden, ob die i-te Variable von den Restvariablen abhängt, d.h. ob sich $r_{i.rest}$ signifikant von 0 unterscheidet. Die entsprechende Prüfgröße ergibt sich nach SACHS, 1992, aus

$$F_{Test} = \frac{r_{i.rest}^2}{1 - r_{i.rest}^2} \cdot \frac{n - N - 1}{N},$$

wobei n die Anzahl der Stichproben je Merkmal und N die Anzahl der Merkmale ist.

Mit der Option `output->True` druckt der Befehl auf dem Bildschirm ein Protoll aus; vom Programm zurückgegeben wird dann eine Liste der Länge N, die für jede Zufallsvariable X_i (i = 1, 2, ..., N) den multiplen Korrelationskoeffizienten $r_{i.rest}$ angibt.

Siehe auch Notebook
34.ma *im Unterver-*
zeichnis tutorials
auf der beiliegen-
den CD-ROM

Siehe Abschn. 3.5

3.4 Lineare Regression

In einer 1805 erschienenen Arbeit über *nouvelles méthodes pour la détermination des orbites des comètes* befaßte sich A. M. LEGENDRE in einem Anhang erstmals mit der *méthode des moindres quarrés*, der **Methode der kleinsten Quadrate**. Mit dieser Arbeit gilt Legendre als Begründer dieses Interpolationverfahrens, welches heute zu den Standard-Methoden in der linearen – und auch ←nicht-linearen – Regression gehört.

Genau wie die im vorhergehenden Kapitel besprochene Korrelations- untersucht auch die Regressions-Analyse den Zusammenhang zwischen zwei (oder mehr) Variablen, im Gegensatz zu ersterem unterscheidet sie allerdings zwischen einer (oder mehreren) **unabhängigen**, d.h. prinzipiell frei wählbaren, und einer **abhängigen** Variablen. Der Grund dafür, daß die Regressionsanalyse so breiten Einsatz in praktisch allen wissenschaftlichen Disziplinen findet, liegt sicherlich daran, daß sich viele Zusammenhänge zwischen unabhängigen und abhängigen Variablen durch Gleichungen formulieren lassen bzw. daß – oftmals einfache – Gleichungen als ausreichend zur Klärung von Fragestellungen betrachtet werden können.

Der Begriff der **linearen Regression** führt gelegentlich zu etwas Verwirrung. Selbst in einigen Lehrbüchern wird unter diesem Stichwort nur die Anpassung der Geraden-Gleichung $y(x) = a + b \cdot x$ behandelt. Tatsächlich bezieht sich der Begriff **linear** auf die approximativ zu schätzenden Parameter und **nicht** auf die unabhängigen Variablen – linear in diesem Sinn ist daher auch die Gleichung $y(x) = a + b \cdot x + c \cdot 2^x + d \cdot Sin(x)$ (nicht dagegen $y(x) = Sin(a \cdot x)$, weil sich hier der – einzige – Parameter a **nicht** linear zur abhängigen Variablen y verhält).

Mit dem Programmier-Paket "Statistics`LinearRegression`" stellt Wolfram-Research jedem Mathematica-Anwender bereits eine Reihe wichtiger *tools* zur linearen Regression zur Verfügung; wo möglich, wurde darauf zurückgegriffen, d.h. auch, daß die folgenden Erläuterungen die in diesem *package* enthaltenen Befehle mit berücksichtigen.

3.4.1 Befehle zur linearen Regression

Befehl: $\rightarrow$`Fit[dataSet,function,variables]`
package: Bestandteil von Mathematica
Optionen: –
Funktion: Lineare Regression
Literatur: WOLFRAM, 1991

Bei `Fit` handelt es sich um eine *build-in function*, d.h.
daß sie Bestandteil des Mathematica-*kernels* ist und nicht
durch ein separates *package* geladen werden muß. Der Befehl wendet die *least squares*-Methode (Methode der kleinsten Quadrate) an, auf die in Abschn. 3.4.2 näher eingegangen wird. Für eine quadratische Funktion $y(x) = a + b \cdot x$
$+ c \cdot x^2$ mit einer unabhängigen Variablen lautet die Eingabe
`Fit[dataSet,{1,x,x^2},x]`, wobei der Datensatz die Form
`dataSet={{x1,y1},{x2,y2},...}` besitzt. Zurückgegeben wird
das Resultat in Form einer Gleichung (z.B. `-26.2 + 13.3 x`
`+ 0.145 x`^{2}), die eine Weiterverarbeitung – beispielsweise in
Form einer graphischen Darstellung – erlaubt. Mit `Fit[data-`
`Set, {1,x,y,...}, {x,y,...}]` (`dataSet={{x1,y1,z1,...},`
`{x2,y2,z2,...},...}`) lassen sich auch Gleichungen mit mehreren unabhängigen Variablen an entsprechende Datensätze
anpassen ($\rightarrow$).

Befehl: `Regress[dataSet,function,variables]`
package: `"Statistics`LinearRegression`"`
Optionen: `IncludeConstants`, `OutputList`,
            `OutputControl`, `Weights`
Funktion: Lineare Regression
Literatur: WOLFRAM RESEARCH, 1991, 1992, 1993

Die Eingabe für den Befehl `Regress` ist mit der für den
Befehl `Fit` identisch, allerdings gibt es eine Reihe zusätz-
licher Optionen und Ausgabe-Möglichkeiten, auf die näher
eingegangen werden soll. Auch dieser Befehl erlaubt die Anpassung von Gleichungen mehrerer unabhängiger Variablen
an entsprechende Datensätze.

In der Standard-Einstellung gibt der Befehl eine Reihe von formatierten Listen zurück, die u.a. folgende Angaben beinhalten:

Option: RSquared

Funktion: Korrelationskoeffizient

Das Quadrat des Korrelationskoeffizienten r wird oft als Bestimmtheitsmaß bezeichnet und gibt an, welcher Anteil der Gesamtvariation durch die Regressions-Gleichung erklärt werden kann (der restliche Anteil der Varianz setzt sich aus weiteren – im Regressionsmodell nicht erfaßten – Faktoren, Fehlern usw. zusammen). r ergibt sich aus der Gleichung

$$r = \sqrt{\frac{\sum(\hat{y}_i - \overline{y})}{\sum(y_i - \overline{y})}}$$

Option: ParameterTable

Funktion: Gibt für alle Parameter p den Schätzer μ_p (Estimate), die Standardabweichung σ_p (SE), die Testgrößen für einen t-Test (TStat) und die erreichten Signifikanz-Niveaus (p-Wert, PValue) an

Mit Hilfe des angegebenen „t-Wertes" t_{test} läßt sich testen, ob sich der entsprechende Schätzer signifikant von 0 unterscheidet ($t_{test} > t_{\alpha,\nu}$) oder nicht ($t_{test} \leq t_{\alpha,\nu}$), wobei α die Irrtumswahrscheinlichkeit und ν die Anzahl der Freiheitsgrade ist; die Quantilen der Student-t-Verteilung erhält man bei zweiseitiger Fragestellung durch den ←Befehl Quantile[StudentTDistribution[nu],1-alpha/2]. Ersetzt man den Wert $t_{test} = \mu_p/\sigma_p$ durch $t_{test} = (\mu_p - m_0)/\sigma_p$, läßt sich auch prüfen, ob sich der Schätzer μ_p eines Parameters p signifikant von einem anderen Wert m_0 unterscheidet.

Option: EstimateVariance

Funktion: Varianzen σ_p^2 der Schätzer p

Option: ANOVATable

Funktion: Tafel zur ←Varianzanalyse des approximierten Modelles

Siehe Abschn. 3.1.5.

In diesem Mathematica-Befehl gibt nu *die Anzahl der Freiheitsgrade und* alpha *die Irrtumswahrscheinlichkeit an*

Zur Varianzanalyse siehe Abschn. 3.9

Option: BestFitCoefficients
Funktion: Gibt die Schätzer für die Parameter in einer Liste
           zurück

Option: BestFit
Funktion: Gibt eine Gleichung mit den geschätzten Para-
           metern zurück

Befehl: `linearFit[dataSet,function,variables,`
           `parameters]`
package: `"statistics`linearFit`"`
Optionen: `method, fittedFunction, values, confi-`
           `denceIntervall, mesh, plotpoints,`
           `meshDistance, alpha, output, graphics`
Funktion: Lineare Regression, Hypothesentest, Test auf Nor-
           malität der Residuen und graphische Ausgaben
           (bei einer und zwei unabhängigen Variablen)
Literatur: WILLIAMS, 1959; RICE, 1964; SNEDECOR, 1982

Der Befehl `linearFit` greift auf die Mathematica-Routine
`Regress` (s.o.) zurück, wenn die – in der Standardeinstellung
festgelegte – Methode `method->leastSquares` (siehe Abschn.
3.4.2) gewählt wird. Alternativ dazu kann mit der Einstellung `method->Tschebyschew` das Tschebyschew-Verfahren
eingesetzt werden (siehe Abschn. 3.4.2). Neben der eigentli-
chen Approximation – und über den Befehl `Regress` hinaus
– führt der Befehl folgende Aufgaben aus:

- Graphische Darstellung der Resultate
- Test auf Normalverteilung der Residuen
- Chi^2-Anpassungstest

Zu den einzelnen Optionen:

Option: method
Funktion: Auswahl der Approximationsmethode

In der *default*-Einstellung `method->leastSquares` wird die
Methode der kleinsten Quadrate angewandt; wird die Option
`method->{`w_1`,`w_2`,... }` zur gewichteten *least squares*-Metho-

aufgerufen, wird anstelle der Residuen-Summe $\sum(y_i-\hat{y}_i)^2$ die Summe $\sum(y_i-\hat{y}_i)^2/w_i$ minimiert. Mit der Option `method ->chiSquare` schließlich wird die Summe der Residuen mit $1/\hat{y}_i$ gewichtet (Minimum-Chi-Quadrat-Verfahren; $\hat{y}_i$ ist der geschätzte, y_i der beobachtete Wert für y an der Stelle x_i; w_i sind die geschätzten Varianzen von y_i).

Wie bereits weiter oben erwähnt, greift der Befehl linearFit *auf den Befehl* Regress *zurück. Einige der mit dieser Option ausgegebenen Größen werden von diesem Befehl direkt übernommen*

Option: ←output
Funktion: Bildschirm-Ausdruck folgender Größen:
- Dateilänge length
- Anzahl der Variablen n
- Korrelationskoeffizient r
- Korrigierter Korrelationskoeffizient adjustedR
- Angaben zu den Schätzern:
    Schätzer est (für engl.: estimator)
    Standardabweichung des Schätzers stdDev
    t-Wert tValue für Hypothesen-Test
    p-Wert pValue für Signifikanz-Niveau
- Tabelle zur Varianzanalyse ANOVA-Table
- Chi^2-Test-Größe chiTest
- Chi^2-Quantile chiQuantile
- Ergebnis des Chi^2-Anpassungstests chiResult
- Test auf ←Normalverteilung der Residuen (testOnNormality; mit Graphiken zur Residuen-Analyse, siehe Abbildung folgende Seite, links und rechts unten)

Zu Tests auf Normalverteilung siehe Abschn. 3.1.3

Option: result[dataSet]
Funktion: Resultat-Ausgabe
Mit `result->{result1, result2,...}` wird festgelegt, welche Ergebnisse der Befehl zurückgibt. Als Parameter `result1,...` können alle unter dem Befehl output angegebenen Größen aufgerufen werden. In der Standard-Einstellung wird eine leere Liste {} zurückgegeben.

Option: alpha
Funktion: Irrtumswahrscheinlichkeit für die oben genannten Signifikanz-Tests

Option: graphics
Funktion: Graphische Ausgabe der angepaßten Gleichung,
          der Stützpunkte (Meßwerte) und der Konfidenz-
          Bereiche der geschätzten Gleichung

Eine graphische Ausgabe der genannten Größen erfolgt nur
bei Datensätzen mit einer oder mit zwei unabhängigen Variablen. Während bei **einer**
unabhängigen Variablen die
geschätzte Gleichung, die
Stützpunkte und die alpha-
Konfidenz-Bereiche gemeinsam dargestellt werden (Abbildung rechts oben), wird für
Gleichungen mit **zwei** unab-

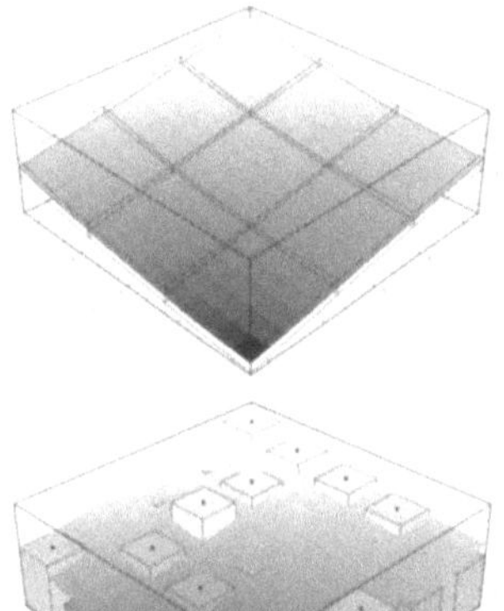

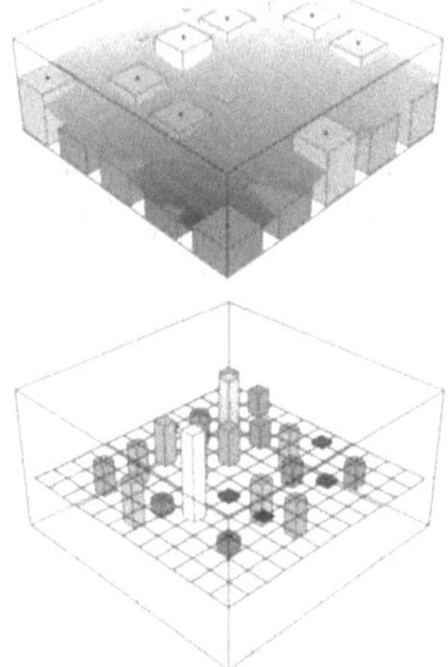

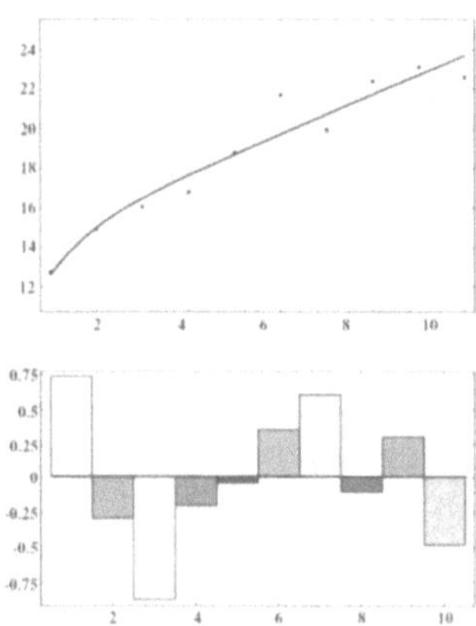

hängigen Variablen in der Standard-Einstellung (Abbildung
links oben) nur die geschätzte Gleichung und das alpha-
Konfidenz-Intervall dargestellt. Eine Reihe von Optionen,
die im folgenden erläutert werden, erlaubt (im Fall zweier unabhängiger Variablen) eine Änderung der graphischen Ausgabe. Werden die entsprechenden Optionen auf True gestellt,
beinhaltet die Graphik die jeweiligen Informationen, anderenfalls (False) wird diese unterdrückt.

Option: fittedFunction
Funktion: Darstellung der approximierten Gleichung

133

Option: `plotpoints`

Funktion: Auflösung der Darstellung der approximierten Kurve bzw. Fläche; entspricht der Mathematica-Option `PlotPoints`

Option: `mesh`

Funktion: Überlagert die approximierte Fläche mit einem Gitter (siehe Abbildung auf der vorhergehenden Seite, links oben); entspricht der Mathematica-Option `Mesh`, wobei hier allerdings – im Gegensatz zum Original-Mathematica-Befehl `Plot3D[...,` `Mesh->True,PlotPoints->value]` – die Gitterweite (Option `meshDistance`; s.u.) unabhängig von der Auflösung (Option `plotpoints`; s.o.) ist

Option: `confidenceIntervall`

Funktion: Gibt für die approximierte Gleichung (mit zwei unabhängigen Variablen) graphisch den durch `alpha` (s.o.) definierten **Konfidenz-Bereich** in Form eines Gitters an (siehe Abbildung auf der vorhergehenden Seite, links oben). Die Dichte dieses Gitters wird durch die Option `meshDistance` (s.u.) bestimmt

Option: `meshDistance`

Funktion: Bestimmt die Dichte der Gitter, die durch die Optionen `mesh` und `confidenceIntervall` (beide Optionen s.o.) definiert werden

Option: `values`

Funktion: Graphische Darstellung der Stützpunkte (Meßwerte)

3.4.2 Approximations-Methoden

Zur Anwendung der Methode der kleinsten Quadrate müssen
zwei Voraussetzungen zwingend erfüllt sein:

- Der statistische Fehler darf sich nur auf die abhängige Variable auswirken, d.h. die unabhängige Variable muß sein.
- Die statistischen Fehler der abhängigen Variablen – die Residuen – müssen →normalverteilt mit dem Erwartungswert $\mu = 0$ (→Erwartungstreue) und der Varianz $\sigma^2 = const.$ (→Varianzhomogenität) sein.

*Zu Tests auf Normalität
siehe Abschn. 3.1.3;
zu Tests auf Varianz-
Homogenität siehe
Abschn. 3.9*

Das Problem der linearen Approximation liegt in der Minimierung der Quadratsummen der Abstände Δy_i (Abbildung rechts). Verhält sich die anzupassende Funktion linear in ihren Parametern, kann der gesuchte Parametersatz prinzipiell analytisch gefunden werden.

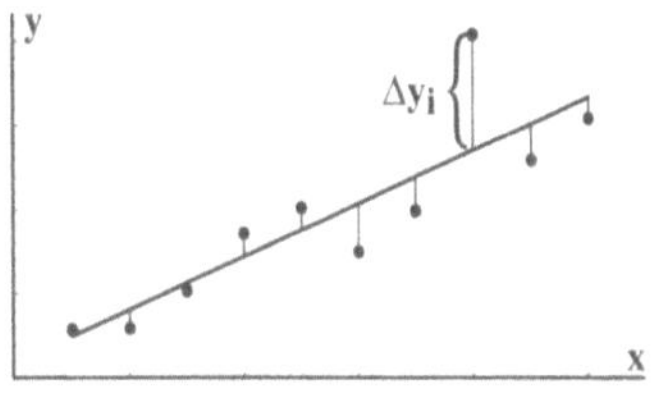

Ist die erste der beiden oben genannten Bedingungen
nicht erfüllt, d.h. unterliegt auch die unabhängige Variable
einer →statistischen Unsicherheit, ist die Methode der kleinsten Quadrate **nicht** mehr anwendbar. Sind die genannten Forderungen (Normalität, Erwartungstreue, Varianzhomogenität) auch für die Fehler der unabhängigen Variablen
erfüllt, kann die **Tschebyschew-Methode** (WEBER, 1989)
angewandt werden. In dieser
Methode werden die Quadrate der Normalen ($\Delta x_i^2 + \Delta y_i^2$ in der Abbildung rechts)
zwischen den Stützpunkten
und der zu approximierenden
Gleichung minimiert.

*Bei Dosis-Wirkungs-
Versuchen etwa kann die
Einstellung der Dosen
durch Ungenauigkeiten
beim Pipettieren mit
Fehlern behaftet sein*

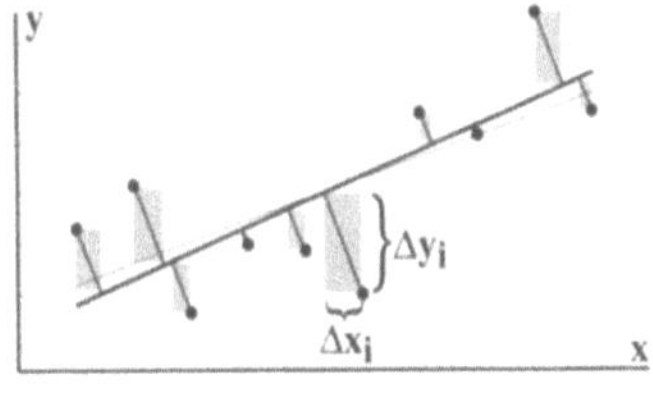

Während die Gauss-Methode – wie bereits erwähnt –
prinzipiell dann einsetzbar ist, wenn die anzupassende Gleichung in den Parametern linear ist, muß bei Anwendung
der Tschebyschew-Methode die Gleichung zusätzlich bezüg-

lich der unabhängigen Variablen analytisch lösbar sein, d.h.
daß der Befehl `linearFit` unter Anwendung der Option `method->Tschebyschew` u.U. ein Resultat „verweigert", während die Gauss-Methode noch zu einem Ergebnis führt.

Das Problem der Varianzhomogenität sollte durchaus nicht gänzlich unbeachtet bleiben, wie man anhand eines Beispiels aus der Dosis-Wirkungs-Analyse erläutern kann. Häufig werden Dosis-Wirkungs-Versuche so durchgeführt, daß man bei der Einstellung der Dosen auf die jeweils bereits vorliegende geringste Konzentration zurückgreift, diese nochmals verdünnt und so schrittweise zu der gewünschten Verdünnungsreihe gelangt. Da jedesmal ein statistischer Fehler beim Pipettieren auftreten kann, müßte an und für sich für jede Konzentration (neben dem Mittelwert) die Varianz ermittelt und anschließend durch einen Test auf Varianzhomogenität hin überprüft werden. Ist diese nicht gegeben, muß die Approximation unter Berücksichtigung von Gewichten (`weight->listOfVariances`) durchgeführt werden, wobei die Liste `listOfVariances` für jeden Meßwert die Varianzen enthält.

3.4.3   Das Problem überangepaßter Funktionen

Oft liegen die Gründe für die Verweigerung größerer Stichproben-Umfänge aber auch im finanziellen Bereich und in der Uneinsichtigkeit vorgesetzter Instanzen und Personen, denen es weniger um wissenschaftliche Redlichkeit, sondern mehr um die Anzahl an Publikationen geht

Während in vielen wissenschaftlichen Disziplinen die Möglichkeit besteht, (für Hypothesen-Tests) hinreichend große Stichproben zu gewinnen, gibt es auch Bereiche, in denen geringe Stichproben-Umfänge praktisch unvermeidbar sind (←). Als „Parade-Beispiel" sei hier die Human-Medizin genannt: Bei Patienten handelt es sich um Menschen und nicht um irgendwelches „Forschungs-Material"; die sogenannte „Unabhängigkeit" der unabhängigen Variablen hat ihre Grenzen im ethisch-moralischen Bereich, wodurch zwangsläufig die Aussagefähigkeit wissenschaftlicher Untersuchungen eingeschränkt wird.

Geringe Stichproben-Umfänge sind für die Statistik prinzipiell ein Problem, aber selbst bei größeren Stichproben-Umfängen kann das Problem aufkommen, daß die Anzahl

der Meßpunkte, die zur Approximation einer Modell-Glei-
chung herangezogen werden, nicht mehr ausreichend ist. Im
extremsten (von Mathematikern als **vollständig bestimmt**
bezeichneten) Fall liegen ebenso viele Datenpunkte wie un-
bekannte Parameter vor. In diesen Fällen führt die approximierte Kurve zwangsläufig durch **alle** Stützpunkte und der
oben definierte Korrelationskoeffizient ist identisch 1. Ist die
Anzahl der Stützpunkte nicht deutlich gößer als die Anzahl
der gesuchten Parameter, tritt das *„problem of overfitted
data"* (LARIMORE, 1985) auf. Anhand eines Beispiels aus
dem Produkt-Katalog eines Herstellers für (biologisch aktive) Proteine sei dies verdeutlicht:

Die Meßreihe besteht aus vier Stützpunkten. Bei der approximierten Kurve soll es sich offenbar um die in der Dosis-Wirkungs-Analyse oft verwendete logistische Glei-chung handeln:

$$P(c) = \frac{max}{1 + (\frac{\mu}{c})^{\sigma}}$$

(P: Wirkung; c: Protein-Dosis; μ: $\rightarrow$ID$_{50}$; σ: Kooperativität
des Protein-Rezeptor-Komplexes; max: maximale Neutrali-
sation durch das Protein). Diese Gleichung besitzt drei un-
bekannte Parameter (nämlich μ, σ und max). Durch die Approximation einer Gleichung mit drei Unbekannten an einen
Datensatz mit vier Werten ist das Problem nahezu vollständig bestimmt (s.o.), d.h. daß die Kurve zwar nahezu optimal
durch alle Meßwerte verläuft, die ermittelten Parameter aber
mehr oder weniger wertlos sind ($\rightarrow$).

Zu den Begriffen ID$_{50}$, σ und max siehe folgenden Absatz

Auch aus einem weiteren Grund ist die aus dem Produk-
te-Katalog zitierte Abbildung ein Lehrstück dafür, wie man
es **nicht** machen sollte. Jeder Parameter einer mathematischen Gleichung bestimmt das „Aussehen" ihrer graphischen
Darstellung. In vielen wissenschaftlichen Disziplinen kommt
hinzu, daß den Parametern auch eine tatsächliche Bedeutung
zukommt. Um bei dem abgebildeten Beispiel zu bleiben: die
ID$_{50}$ (in der Gleichung durch μ symbolisiert) gibt an, bei

Siehe auch die Abbildung auf der folgenden Seite

137

welcher Dosis die halbe Wirkung erzielt wird. Pharmakodynamisch gesehen ist μ die Dosis, bei der die Hälfte der Rezeptoren mit dem Protein (Liganden) eine Bindung eingegangen ist. In der Pharmakologie und Molekularbiologie gibt es viele Beispiele dafür, daß die Besetzung (Okkupation) **aller** Rezeptoren durch Proteine **nicht** zu einer totalen Wirkung (hier: Neutralisation) führt. Der entsprechende Faktor wird nach ÄRIENS als **intrinsische Aktivität** bezeichnet und ist in der obigen Gleichung durch max symbolisiert. Schließlich beobachtet man in der Pharmakologie häufig, daß die Bindung eines Liganden an einen Rezeptor die Möglichkeit, weitere Ligand-Rezeptor-Komplexe zu bilden, beeinflußt. Im „klassischen" Fall – keine Beeinflussung – besitzt die Ligand-Rezeptor-Kooperativität den Wert 1; werden weitere Bindungen erleichtert, ist die Kooperativität größer 1 (und im umgekehrten Fall kleiner 1). In der obigen Gleichung wird die Kooperativität durch σ symbolisiert. Drei der vier Dosis-Wirkungs-Werte liegen bei ca. 100 % Neutralisation, d.h. daß der Wert max in der logistischen Gleichung relativ gut abgesichert ist. Lediglich ein einziger Dosis-Wirkungs-Wert – bei ca. 25 % Neutralisation – ist vorhanden, um die ID_{50} $(=\mu)$ **und** die Steigung durch die ID_{50} $(=\sigma/4\mu)$ zu bestimmen; daß auf solchen Approximationen beru-

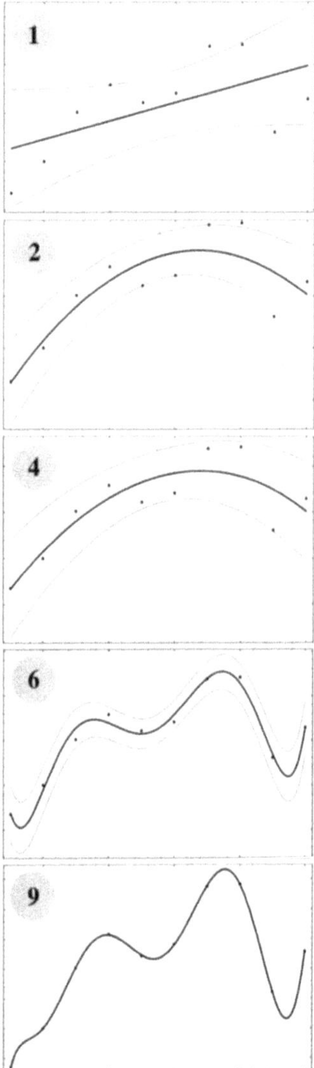

*Anpassung von Polynomen 1., 2., 4. 6. und 9. Grades an einen Datensatz mit 10 Stützpunkten: Die dicken Linien geben den geschätzten Kurvenverlauf, die dünnen Linien den jeweiligen 90%-Vertrauensbereich wieder. Die Korrelationskoeffizienten betragen (von oben nach unten) 0.901; 0,962; 0,962; 0,997 und 1,000. Deutlich wird allerdings, daß der Kurvenverlauf immer „unruhiger" wird und zunehmend „oszilliert", d.h. daß der **Prädiktions-Fehler** der geschätzten Kurve mit zunehmender Anzahl an zu schätzenden Parametern ebenfalls **zunimmt**. Damit verliert die Regression ihren Zweck, von Stichproben auf die Grundgesamtheit zu schließen*

hende Angaben zur Wirksamkeit eines Proteins nicht unbedingt sehr zuverlässig sind, liegt auf der Hand.

Wichtig: Bei der Planung von Versuchen, die mit linearen (oder auch nicht-linearen) Approximations-Methoden ausgewertet werden sollen, müssen gegenüber der Anzahl der unbekannten Parameter hinreichend viele Meßpunkte vorhanden sein (für weitere Details sei auf LARIMORE, 1985, verwiesen). Darüber hinaus müssen die Parameter, die approximativ ermittelt werden sollen, im Datenmaterial auch „enthalten" sein (d.h., um beim obigen Beispiel der Dosis-Wirkungs-Kurve zu bleiben: Ist die ID_{50} einer der gesuchten Parameter, müssen im Bereich um 50 % Neutralisation auch hinreichend viele Stützpunkte vorhanden sein).

3.4.4 Zur Extrapolation approximierter Gleichungen

Bei der linearen (und auch nichtlinearen) Approximation handelt es sich um ein Verfahren zur Interpolation mit dem Ziel, Voraussagen für weitere Stichproben aus der gleichen Grundgesamtheit treffen zu können. Prinzipiell lassen sich solche Aussagen aber nur für den experimentell untersuchten Wertebereich machen, d.h. daß **Extrapolationen** un-

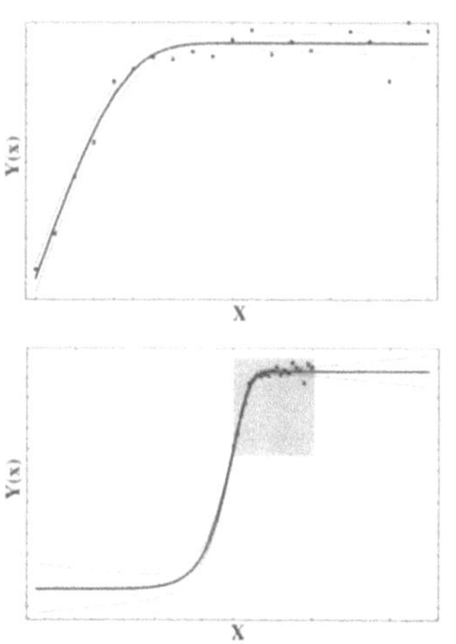

zulässig sind. Dies sei an den Abbildungen oben verdeutlicht. Oben ist die (in den Parametern lineare) exponentielle Gleichung $P(x) = min + (max - min) \cdot e^{-x}$ an einen Satz (computersimulierter) Daten angepaßt. Der →Hypothesen-Test bestätigt die Gleichung als geeignetes Modell zur Beschreibung der Stichprobe. Zusätzlich zu der geschätzten Kurve und den Datenpunkten zeigt die Graphik auch den 90%-Vertrauensbereich der geschätzten Kurve. Die untere Abbildung gibt den gleichen Datensatz und die gleiche appro-

Es wurde der Befehl `linearFit` *verwendet*

139

ximierte Kurve wieder, wobei der grau unterlegte Teil den Bereich der oberen Abbildung markiert. Deutlich zu erkennen ist, wie mit zunehmender Entfernung vom experimentell erfaßten Wertebereich das 90%-Konfidenzintervall „auseinanderdriftet" (divergiert), d.h. die geschätzte Funktion statistisch unsicherer wird.

Es gibt einige wissenschaftliche Bereiche, in denen Extrapolationen unumgehbar sind, etwa in der Toxikologie (z.B. Cancerogenität von Toxinen im Niedrigst-Dosisbereich) oder in den Wirtschaftswissenschaften (eine Kostprobe der Problematik von Extrapolationen erfahren wir immer wieder, wenn sich die berühmten „fünf Weisen" zur zukünftigen wirtschaftlichen Entwicklung äußern). Sind solche Extrapolationen unumgehbar, müssen ←Gegenstands-spezifische und i.d.R. auf Modellen basierende Methoden angewandt werden.

Zur Extrapolation in der Cancerogenitätsforschung siehe VOLLMAR, *1986*

3.4.5   Hinweis zu nichtlinearen Gleichungen

Im folgenden Kapitel wird die Approximation (in den Parametern) nichtlinearer Gleichungen an experimentell erhobenen Stichproben besprochen. Dort wird auch begründet, warum die sogenannte **Linearisierung** von Datensätzen mit Hilfe von Transformationsgleichungen und anschließender linearer Approximation unzulässig ist. Etwas anderes ist es dagegen, wenn es mit Hilfe der **Taylor-Reihenentwicklung** in den unabhängigen Variablen gelingt, aus einer nichtlinearen eine lineare Gleichung zu gewinnen, die dann natürlich nur auf Meßwerte in hinreichender Nähe zum Entwicklungspunkt angewandt werden darf. Im Bereich um den Wert 0 beispielsweise läßt sich die nichtlineare Beziehung $y(x) = a + exp(b \cdot x)$ durch die Gleichung $a + b \cdot x$ beschreiben, d.h. daß sich die Parameter a und b aus der nichtlinearen Gleichung bereits durch Daten im Bereich $x \approx 0$ aus einer Geraden ermitteln lassen.

3.5 Nichtlineare Regression

Im vorhergehenden Abschnitt wurde das Problem der **linearen Regression** besprochen, wobei unter linear zu verstehen ist, daß sich die durch Approximation zu schätzenden Parameter linear zur abhängigen Variablen verhalten. In diesem Kapitel geht es um Gleichungen, in denen die Parameter in nichtlinearer Form vorliegen, d.h. daß sich analytische Methoden zur Bestimmung des Optimierungs-Problemes in aller Regel **nicht** einsetzen lassen. Die **nichtlineare Regressionsanalyse** ist ein relativ junges Gebiet und findet wegen des z.T. enormen Rechenaufwandes erst seit dem „Siegeszug" von PC und *workstations* breitere Anwendung. Seit der Mathematica-Version 2.1 steht mit dem →*package* "Statistics`NonlinearFit`" auch dem Mathematica-Anwender die Möglichkeit der nichtlinearen Regression zur Verfügung.

Siehe auch Notebook 35.ma *im Unterverzeichnis* tutorials *auf der beiliegenden CD-ROM*

Inhaber älterer Mathematica-Versionen können dieses package via Internet direkt bei Wolfram Research beziehen

3.5.1 Der Befehl

```
Befehl:    NonlinearFit[dataSet, function, variables,
           parameters]
package:   "Statistics`NonlinearFit`"
Optionen: MaxIterations, Method, ShowProgress,
           Weights, WorkingPrecision, PrecisionGoal,
           AccuracyGoal
```
Funktion: Approximation nichtlinearer Gleichungen
Literatur: LEVENBERG, 1944; MARQUARDT, 1963; PRESS, 1989; WOLFRAM RESEARCH, 1992, 1993

Mit diesem Befehl lassen sich nichtlineare Gleichungen an Datensätze (`dataSet`) mit einer oder mit mehreren unabhängigen Variablen anpassen. Die Datensätze sind von der Form $\{\{x1,y1\},\{x2,y2\},\dots\}$ im Fall **einer** unabhängigen, $\{\{x1,y1,z1\},\{x2,y2,z2\},\dots\}$ im Fall **zweier** unabhängiger Variablen usw. Die Funktion (`function`) wird als Mathematica-Ausdruck (`Expression`) angegeben, die unabhängigen Variablen (`variables`) ebenfalls als Ausdruck bzw. – bei mehre-

Die Eingabe für den
Befehl NonlinearFit
entspricht damit der
des Befehls linearFit,
nicht jedoch der
von Regress

ren unabhängigen Variablen - als Liste von Ausdrücken. Mit parameters schließlich wird eine Liste der approximativ zu ermittelnden Parameter an den Befehl übergeben ($\leftarrow$).

Bei der nichtlinearen Approximation (zum Levenberg-Marquardt-Verfahren siehe Abschn. 3.5.2) handelt es sich um eine iterative Methode, d.h. daß der Befehl in mehreren Schritten einen Parametersatz bearbeitet und solange optimiert, bis eine definierte Abbruch-Bedingung erfüllt ist. Dieser Parametersatz muß dem Befehl bei Aufruf mitgeteilt werden, was durch Angabe einer entsprechenden Liste {{a,aStart}, {b,bStart},...} geschieht. In der Standard-Einstellung ({a,b,c}) setzt NonlinearFit alle Parameter gleich 1, wobei der Anwender optional auch nur für einige der Parameter Startwerte spezifizieren kann.

Die Iteration wird auf jeden Fall abgebrochen, wenn eine bestimmte Anzahl an Iterationsschritten durchgeführt wurde, die mit der Option MaxIterations festgelegt werden kann (in der Standard-Einstellung werden maximal 30 Iterationsschritte durchgeführt). Mit Hilfe der Optionen AccuracyGoal und PrecisionGoal läßt sich die Approximations-Genauigkeit einstellen (in der Standard-Einstellung besitzen diese Optionen den Wert Automatic).

Im Gegensatz zum Befehl linearFit (bzw. Regress) druckt der Befehl NonlinearFit bei Schaltung der Option ShowProgress->True lediglich eine Tabelle auf dem Bildschirm aus, die für jeden Iterationsschritt die jeweilige Chi^2-Größe und die Schätzer des Parametersatzes angibt; Angaben zu Standardabweichungen der Parameter und Hypothesen-Tests erfolgen **nicht**. Um die Befehle linearFit und Non-linearFit bezüglich der Resultat-Ausgabe „kompatibel" zu machen, kann der Befehl nonlinearFit aufgerufen werden:

Intern greift
nonlinearfit *auf*
Nonlinearfit *zurück;*
die statistischen
Routinen wurden zu-
sätzlich programmiert

Befehl: `nonlinearFit[dataSet, function, variables, parameters]`

package: `"statistics`nonlinearFit`"`

Optionen: Wie $\leftarrow$NonlinearFit und $\leftarrow$linearFit

Funktion: Approximation nichtlinearer Gleichungen und Statistik

Literatur: RATKOWSKY, 1983; ZAR, 1984

Siehe vorhergehende
*Seite (*NonlinearFit*)*
bzw. Abschn. 3.4
*(*linearFit*)*

Da der Befehl `nonlinearFit` die gleiche Statistik anwendet
und in der gleichen Weise ausgibt wie der Befehl `linearFit`,
sei auf Abschn. 3.4 hingewiesen. Der eigentliche Approxima-
tionsalgorithmus und einige zusätzliche Statistiken werden
in den beiden folgenden Abschnitten erläutert.

3.5.2 Levenberg-Marquardt-**Verfahren**

Das von Levenberg, 1944, und Marquardt, 1963, ent-
wickelte Verfahren approximiert iterativ einen Parametersatz Φ an eine Lösung Φ_0, für die die Abstands-Quadrat-
Summe – zumindest lokal – minimal wird (Gauss-Methode).
Um das Minimum zu finden, schlägt der Algorithmus zwei
Wege ein. Zum einen wird die anzupassende Gleichung in Φ
reihenentwickelt, so daß das Verfahren in der Nähe des Mi-
nimums wegen $\frac{\partial f(\Phi)}{\partial \Phi_i}|_{Phi \approx \Phi_0} \approx 0$ ein gutes Approximations-
Verhalten zeigt. In Bereichen, die vom Minimum weiter ent-
fernt sind, stellt diese Reihenentwicklung wegen $\frac{\partial f(\Phi)}{\partial \Phi_i} \gg 0$
indessen keine gute Näherung für $f(\Phi)$ dar. In diesen Be-
reichen ist aber andererseits der Gradient der Funktion sehr
ausgeprägt, dem der Algorithmus nur zu „folgen" braucht,
um mit dem nächsten Iterationsschritt den Parametersatz Φ
zu optimieren. Wichtig ist dabei, daß die gefundene Lösung
für den Parametersatz Φ nicht nur stabil ist (d.h. mit zunehmendem Iterationsgrad der Parameter-Schätzer ein kon-
vergentes Verhalten aufweist), sondern auch $\rightarrow$global gilt,
d.h. daß das gefundene Minimum der Quadratsummen der
Residuen (Abstands-Quadrate) nicht nur lokal gilt.

Siehe Abbildung nächste Seite

Bei hinreichend $\rightarrow$„gutartigen" Datensätzen findet das
Levenberg-Marquardt-Verfahren auch dann mit den voreingestellten Startwerten für die Parameter die korrekte Lösung,
wenn diese (in `NonlinearFit` auf 1 voreingestellten Werte)
um Größenordnungen von den tatsächlichen Parametern
resp. den letztendlich ermittelten Schätzern abweichen. Problematisch wird das Auffinden der richtigen und stabilen
Lösung allerdings, wenn der Datensatzumfang sehr klein ist
und die Daten mit großen statistischen Unsicherheiten be-

Wie immer man diesen Begriff definieren möchte

haftet sind. Anhand des unten abgebildeten Beispieles sei dies näher erläutert:

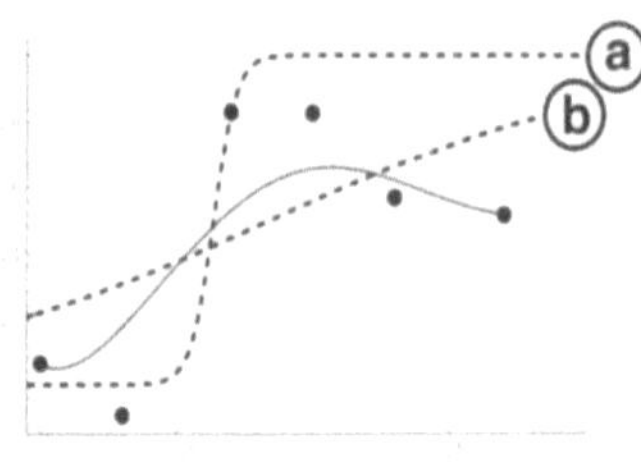

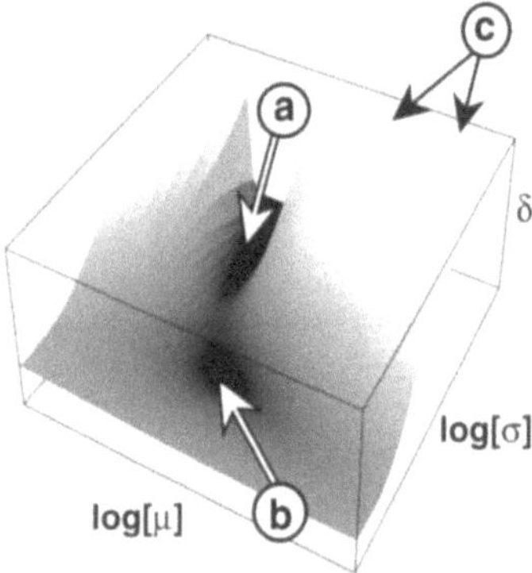

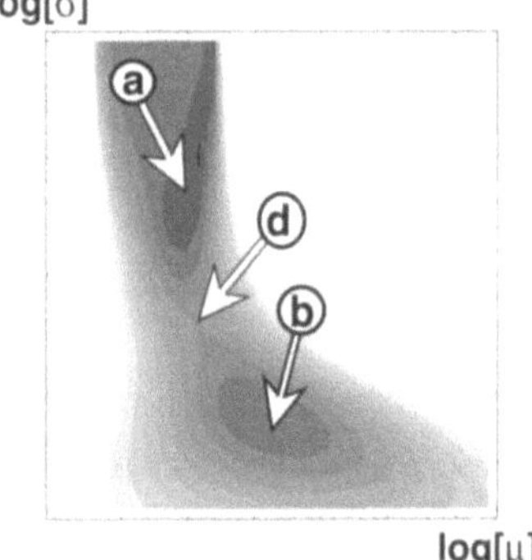

Der Datensatz gibt das Ergebnis eines Dosis-Wirkungs-Versuches wieder. Gemessen wurde die Wachstums-Inhibition von Tumorzellen durch eine bestimmte Nukleotid-Sequenz. Zur Ermittlung der Dosis‑-Wirkungs‑-Beziehung wurde die **logistische Gleichung** $P(c) = 1/\left(1+(\mu/c)\right)^{\sigma}$ angepaßt. Je nach Startparameter findet das Approximations-Verfahren **zwei** stabile Lösungen, die in der Abbildung oben mit **a** und **b** markiert sind (gebrochene Linien; bei der durchgezogenen Linie handelt es sich um einen zusätzlich aufgetragenen *spline*). Sieht man sich die Abstandsquadrat-Summen δ dieser Approximation an (Mitte und unten), erkennt man zwei deutlich voneinander getrennte Minima (**a** und **b**): Je nach Lage der Startparameter „rutscht" der Algorithmus in eines der beiden Minima, wobei diese Lösung allerdings nicht unbedingt die geometrisch gesehen naheliegenste sein muß: In dem abgebildeten Beispiel erkennt man an den mit **c** markierten Stellen eine leichte, zu niedrigeren σ-Werten hin verlaufende „Mulde". Liegen die Startparameter in einer dieser „Mulden", konvergiert das Verfahren gegen das geometrisch gesehen weiter entfernte Minimum **b**. Befindet sich der Startpunkt dagegen an einem Sattelpunkt (**d**), werden u.U. deutlich mehr Iterationsschritte notwendig sein, um eines der Minima zu finden. Um solche Probleme zu vermeiden, sollte versucht werden, die Größenordnung des Parametersatzes oder eines Teiles davon abzuschätzen und beim Aufruf der Befehle `NonlinearFit` bzw. `nonlinearFit` als Startwerte anzugeben; hierzu wird anstelle des Parametersatzes (z.B. `{a,b,...}`) ein Satz von Parametern und Startwerten angegeben (z.B. `{{a,aStart},{b,bStart},...}`). Ist man sich eines Approximations-Ergebnisses nicht sicher, sollte man u.U. die Startparameter variieren und überprüfen, ob der Algorithmus – im Rahmen einer gewissen Genauigkeit – jedesmal das gleiche Resultat findet.

3.5.3 Konfidenz-Bereiche der geschätzten Parameter und Reparametrisierung

Der entscheidende Unterschied zwischen der linearen und der nichtlinearen Regression ist, daß bei letzterer **mindestens ein** Parameter (bezüglich der abhängigen Variablen) nicht-linear auftritt. Sind die Residuen der abhängigen Variablen normalverteilt, bedeutet dies, daß sich die Konfidenzintervalle der nichtlinearen Parameter **nicht** symmetrisch um den Schätzer verteilen. Der Befehl `nonlinearFit` druckt eine auf alpha basierende Liste der Parameter und Konfidenzbereiche aus, die numerisch ermittelt werden. Durch geeignete Transformationen der anzupassenden Gleichungen lassen sich u.U. die Konfidenzbereiche etwas „entzerren", was anhand der nebenstehenden Graphik verdeutlicht wird:

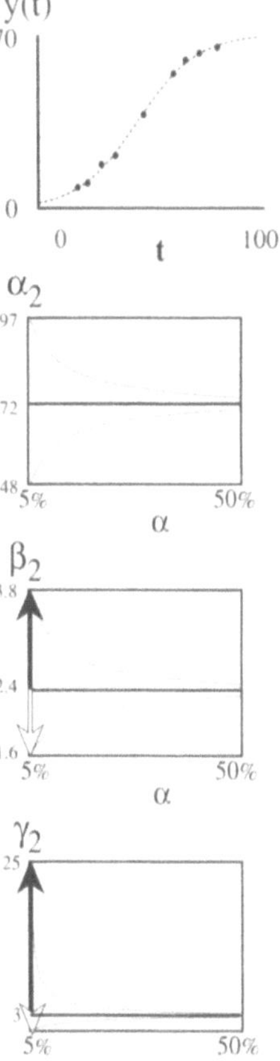

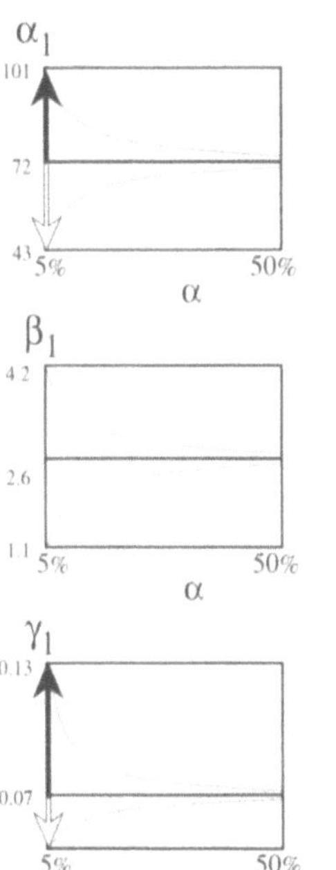

An den gleichen Datensatz (es handelt sich hierbei um eine Zeitreihe) werden die Gleichungen

$$y(t) = \frac{\alpha_1}{1 + e^{-\beta_1 - \gamma_1 \cdot t}} \text{ (\textit{links}) \ und \ } y(t) = \frac{\alpha_2}{1 + \left(\frac{\beta_2}{10^t}\right)^{\gamma_2}} \text{ (\textit{rechts})}$$

approximiert. Durch entsprechende Transformation der Parameter α_i, β_i und γ_i ($i = 1, 2$) lassen sich beide Gleichungen ineinander überführen, d.h. daß beide Gleichungen – bei entsprechender ←Umrechnung der Parameter (**Reparametrisierung**) – den gleichen Kurvenverlauf beschreiben; folglich ist der Kurvenverlauf der beiden geschätzten Funktionen (im Rahmen der numerischen Genauigkeit) gleich (Abbildung vorhergehende Seite, rechts oben). Die jeweils drei Abbildungen (auf der vorhergehenden Seite) links und rechts geben die Konfidenzintervalle der Parameter α_i, β_i und γ_i ($i = 1, 2$) in Abhängigkeit von der Irrtumswahrscheinlichkeit α wieder. Es fällt deutlich auf, daß die Verzerrung der (nichtlinearen) Parameter β_i und γ_i stark von der Reparametrisierung abhängt, während sich der Konfidenzbereich des (in beiden Gleichungen linearen) Parameters α_i symmetrisch um den geschätzten Parameter-Wert verteilt.

Da das numerische Verfahren zur Ermittlung der Konfidenz-Bereiche u.U. Probleme hat, die beiden Lösungen zu finden, gibt der Befehl `nonlinearFit` zusätzliche Graphiken aus, die die Lösungen für die Konfidenzbereiche verdeutlichen. Die Abbildung links oben stellt eine an einen Datensatz approximierte Fläche mit zwei Parametern a und b dar. Darunter werden die Residuen (durchgezogene Linien) in Abhängigkeit von den jeweils angegebenen Parameter-Werten aufgetragen. Der Wert des Minimums auf der Abszisse (x-Achse) gibt den geschätzten Parameter wieder. Die gebrochen dargestellten horizontalen Geraden geben kritische Werte an, die von der Irrtumswahrscheinlichkeit α abhängen (je kleiner α wird, desto höher „rutscht" die Gerade). Die Schnittpunkte von Geraden und Kurven geben die entsprechenden Grenzen des auf α basierenden Konfidenzintervalles an. Für nichtlineare Parameter kann der Fall auftreten, daß es nur eine oder überhaupt keine Grenzen für ein Konfidenzintervall gibt (*unbounded confidence regions*).

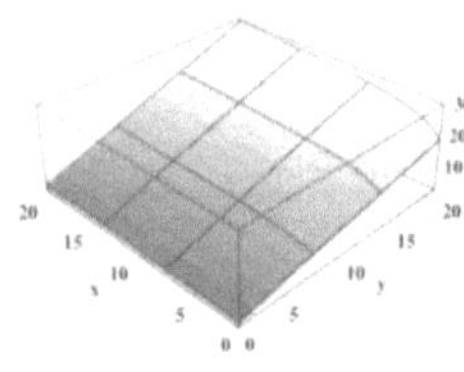

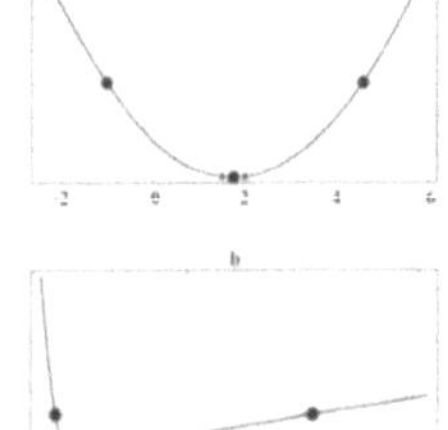

3.6   Zeitreihen-Analyse

Unter **Zeitreihen** versteht man im allgemeinen Meßreihen, in denen Stichproben Y(t) aus einer Grundgesamtheit in Abhängigkeit von der Zeit t ermittelt werden. Zeitreihen treten in sehr vielen wissenschaftlichen Disziplinen auf, etwa in der Chemie (z.B. Reaktionskinetiken), Pharmakologie (z.B. Pharmakokinetik), Biologie (z.B. Wachstumskurven von Zellkulturen), in der Medizin (Therapieerfolge in Abhängigkeit von der Behandlungsdauer) oder in den Wirtschaftswissenschaften (z.B. Aktienkurse). Allen Zeitreihen ist gemein, daß die Zeit mathematisch wie eine unabhängige Variable behandelt wird; durchaus unterschiedlich dagegen sind die Fragestellungen und die Art der Abhängigkeit von der Zeit. In den wirtschaftswissenschaftlichen Disziplinen treten sehr häufig saisonale Abhängigkeiten auf, insbesondere aufgrund der bekannten jahreszeitlichen Schwankungen (als Beispiel sei hier die Arbeitslosen-Quote genannt, die bekanntlich im Winter höher liegt als im Frühjahr bzw. Sommer). Auch in der Medizin kennt man periodische Zusammenhänge, die von der Herzfrequenz, der Atmung oder auch der Tageszeit herrühren. Viele Zeitreihen weisen keinen globalen Trend auf, beispielsweise hängt der Blutdruck eines gesunden Menschen sicherlich von der Herzfrequenz (Systole/Diastole) und eventuell auch von der Atmung ab (respiratorische Arythmie, die die Herzfrequenz beeinflußt), im langfristigen Mittel (in diesem Beispiel bereits innerhalb einiger weniger Minuten) sollte der Blutdruck aber einen mehr oder weniger stabilen Mittelwert annehmen.

In anderen Disziplinen treten periodische Abhängigkeiten eher selten auf, etwa beim Wachstum von Tierpopulationen, in der Pharmakokinetik oder in der Demoskopie – dort interessiert der globale Trend der Zeitreihe, etwa als Hinweis für den metabolischen Abbau eines Medikamentes oder zur Bestimmung der →Wachstumsgeschwindigkeit einer Zellpopulation.

Allen experimentell ermittelten Zeitreihen ist gemein, daß die Zeitabhängigkeit (als Eigenschaft der Grundgesamtheit, aus der die Stichproben ermittelt wurden) von zufälli-

Siehe auch Notebook 36.ma *im Unterverzeichnis* tutorials *auf der beiliegenden CD-ROM*

Übrigens können auch Zellpopulationen eine periodische Zeit-Abhängigkeit aufweisen, nämlich dann, wenn (z.B. durch Zytostatika) der Zellzyklus synchronisiert wurde

147

gen Fehlern überlagert wird. Die allgemeine Beziehung zwischen einer Stichprobe und der Zeit lautet damit im additiven Fall:

$$y_i(t) = y_{i,\ Trend}(t) + y_{i,\ periodisch}(t) + y_{i,\ error}.$$

Wird die Stichprobe aus einer normalverteilten Grundgesamtheit entnommen (wovon im weiteren – sofern nicht anders erwähnt – ausgegangen wird), ist $y_{i,\ error}$ ein Schätzer für die Normalverteilung $N[0,sigma]$. Aufgabe der Zeitreihen-Analyse ist, die einzelnen Komponenten zu analysieren und ggf. mit einem Modell für die Zeitreihe zu vergleichen. Das folgende Schema gibt an, wie eine solche Zeitreihen-Analyse aussehen kann.

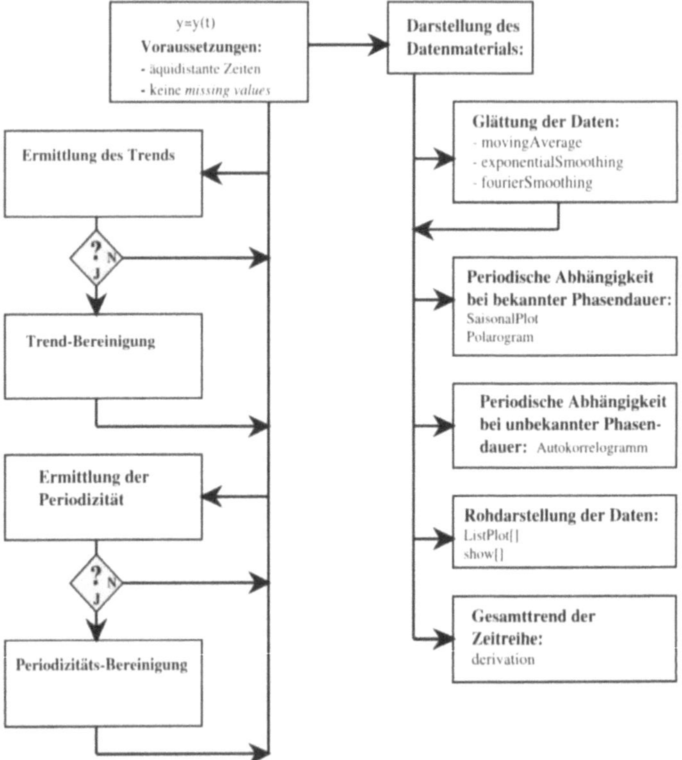

*Schema zur Zeitreihen-Analyse. Die Zeitreihen-Werte müssen **äquidistant** sein, d.h. nach gleichbleibenden Zeitabständen ermittelt werden. Es dürfen keine Werte fehlen (keine **missing values**)*

3.6.1 Darstellung des Datenmaterials

Am Beginn einer Zeitreihen-Analyse sollte immer die reine Darstellung des Datensatzes stehen. Wie bereits in einigen vorhergehenden Abschnitten kann wahlweise der Mathematica-Befehl `ListPlot` oder der Befehl `listPlot` (der auf `ListPlot` zurückgreift) verwendet werden:

Befehl:　　`listPlot[dataSet]`
package: `"statistics`descriptiveStatistics`"`
Optionen: Alle Optionen von `ListPlot`
Funktion: Roh-Darstellung eines Datensatzes
Literatur: −

Roh-Darstellungen erlauben häufig bereits erste Aussagen zum Datensatz, die sich beispielsweise in Hypothesen (bezüglich des Gesamttrends, eventueller periodischer Abhängigkeiten usw.) formulieren lassen.

Häufig ist die Phasendauer einer perodisch zeitabhängigen Größe bereits bekannt, beispielsweise aus Erfahrung oder aus logischen Erwägungen heraus (z.B. hat die oben bereits erwähnte periodische Abhängigkeit der Arbeitslosenzahlen eine Phasendauer von 12 Monaten). In anderen Fällen besteht vielleicht eine Vermutung über eine Periodenlänge, die vor einem endgültigen Hypothesen-Test erst einmal graphisch verifiziert werden sollte. Hierzu gibt es eine Reihe von Darstellungs-Möglichkeiten, die gezielt für solche Problemstellungen entwickelt wurden. Einige dieser Graphiken sind im *package* `"statistics`timeSeriesAnalysis`"` implementiert und werden im folgenden vorgestellt:

Befehl:　　`polarogram[dataSet,phase]`
package: `"statistics`timeSeriesAnalysis`"`
Optionen: `thickness`, `show`, `orientation`, `mode`,
　　　　　`rotation`
Funktion: Darstellung der Periodizität eines Datensatzes
　　　　　(bei bekannter Phasen-Dauer!)
Literatur: −

Das **Polarogramm** (Polar-Plot) teilt einen vollen Kreis in gleich große Segmente auf, deren Anzahl durch die Phasendauer phase bestimmt wird (in den links abgebildeten Beispielen liegt eine Periodizität von 12 vor). Je nach Einstellung der Option orientation (->clockwise bzw. -> anticlockwise) werden die Daten mit oder entgegen dem Uhrzeiger-Sinn in diese Segmente so aufgetragen, daß Daten gleicher Phase in die gleichen Segmente fallen. In der Standard-Einstellung mode->bars werden die Daten durch jeweils versetzte Balken dargestellt (Abbildung links unten; die radialen Linien geben die untere Grenze der o.g. Segmente an), mit der Option mode->lines wird der Datensatz in Form eines Linienzuges präsentiert (Abbildung links oben; hier geben die radialen Linien den Wert der Phase wieder). Mit der Option mean->True werden anstelle des Datensatzes die unter function angegebenen Mittelwerte der Phasen aufgetragen; in der Standard-Einstellung wird der arithmetische Mittelwert ermittelt (function->Mean; siehe Abbildung rechts, oben und unten), prinzipiell lassen sich aber alle im Mathematica-*package* "Statistics`DescriptiveStatistics`" definierten Mittelwerte als Option angeben. Die Routine polarogram trägt in der Standard-Einstellung den Datensatz entgegen dem Uhrzeiger-Sinn (d.h. in positiver Drehrichtung) auf und beginnt bei der Stellung $\phi = 0^o$ („3 Uhr"). Mit der Option rotation->phi kann ein beliebiger anderer Winkel (im Bogenmaß!) eingestellt werden,

Darstellung eines Datensatzes mit starkem periodischem Anteil, unten als radiales Balkendiagramm und oben im Linien-Plot. Die beiden Darstellungen links geben den Original-, die beiden Abbildungen rechts den gemittelten Datensatz wieder. Weitere Informationen im Text. Die radialen Pfeile wurden nachträglich eingefügt die Zeiger-Stellung „12 Uhr" würde man beispielsweise mit `rotation->Pi/2` erhalten (die runden Pfeile in der Abbildung auf der vorhergehenden Seite geben den Drehsinn der jeweiligen Graphik, die geraden Pfeile den Startwinkel an).

Eine alternative Darstellungsmöglichkeit – wiederum bei bekannter Phasendauer (`phase`) – bietet der saisonale Plot:

Befehl: `saisonalPlot[dataSet,phase]`
package: `"statistics`timeSeriesAnalysis`"`
Optionen: `thickness, show`
Funktion: Darstellung der Periodizität eines Datensatzes
         (bei bekannter Phasen-Dauer!)
Literatur: GESSLER, 1993

In der saisonalen Darstellung wird das Datenmaterial in die einzelnen Phasen aufgeteilt und aus jeder dieser Datengruppen der arithmetische Mittelwert ermittelt. Im nächsten Schritt wird für jede Phase die Differenz Δ_i (i = 1, 2, ..., `phase`) zwischen den einzelnen Daten und dem Phasen-Mittelwert in Form eines Balkens aufgetragen, der vom entsprechenden Phasen-Mittelwert ausgeht. Im abgebildeten Beispiel besitzt der Datensatz eine saisonale Abhängigkeit von 12 und einen eindeutigen, positiven Trend (**1**). Im Saison-Plot ist dieser allgemeine Trend an der Zunahme von Δ_i innerhalb der Phasengruppen erkennbar (**3**). Die Auswirkung des Trends innerhalb einer einzelnen Phase ist an der Veränderung der Phasen-Mittelwerte (**2**) erkennbar. **Phasenverschiebungen** (d.h. wenn zu Beginn der Zeitreihe die periodische Abhängigkeit nicht gerade ihr Minimum besitzt) führen zu „Bruchkanten"(**3**).

Saisonale Plots sind insofern etwas problematisch, als daß die Wahl unterschiedlicher, vergleichbar großer Phasendauern zu ähnlichen graphischen Resultaten führt. Diese Form der Darstellung

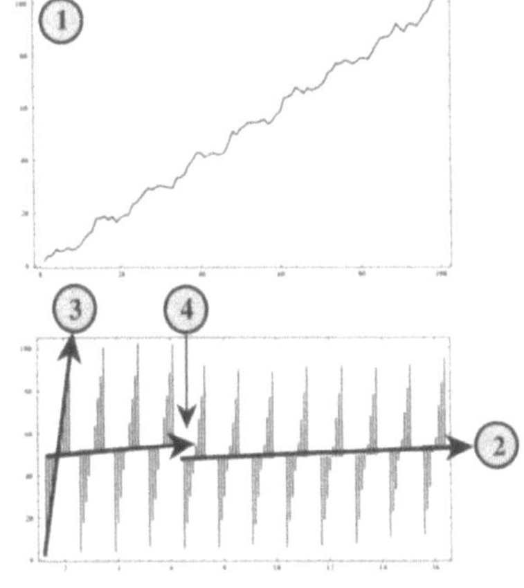

stellung ist also keinesfalls zur Verifikation einer vermuteten periodischen Zeitabhängigkeit oder zur entsprechenden Hypothesen-Bildung geeignet.

Befehl: `autoCorrelation[dataSet]`
package: `"statistics`timeSeriesAnalysis`"`
Optionen: `scatter`, `bars`, `curve`
Funktion: Ermittlung der Periodizität eines
Literatur: SCHLITTGEN, 1995

Siehe Abschn. 3.3

Unter **Autokorrelation** versteht man die ←(PEARSONsche) Korrelation eines Datensatzes mit sich selbst. Seien $y(t)$ und $y(t + \tau)$ Werte der Zeitreihe zu den Zeitpunkten t und $t + \tau$ und $\overline{y}$ der arithmetische Mittelwert der Zeitreihe, dann definiert die Gleichung

$$c(\tau) = \tfrac{1}{N} \sum_{t} \big(y(t) - \overline{y}\big) \cdot \big(y(t + \tau) - \overline{y}\big)$$

die Autokovarianz-Funktion und $r_{\text{auto}}(\tau) = c(\tau)/c(0)$ die Autokorrelations-Funktion der Zeitreihe; die graphische Darstellung von $r_{\text{auto}}(\tau)$ über τ wird als **Autokorrelogramm** bezeichnet. Unterscheidet sich ein $r_{\text{auto}}(\tau)$-Wert signifikant von 0, korreliert die Zeitreihe „mit sich selbst" (genau genommen mit der um τ verschobenen Zeitreihe), d.h. daß hier eine periodische Abhängigkeit vorliegt. Zur Anfertigung eines Autokorrelogrammes muß die Datenreihe **Trend-bereinigt** sein.

In der Abbildung links, Mitte und unten, wird das Autokorrelogramm einer (trendfreien) Zeitreihe (oben) wiedergegeben. Die mittlere Ab-

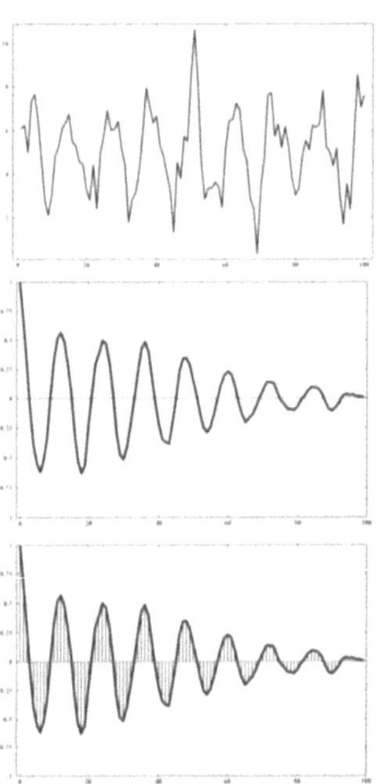

bildung wurde mit den Standard-Optionen (`scatter->False`,
`bars->False`, `curve->True`) erstellt, die untere Graphik mit
den Optionen `scatter->True`, `bars->True` und `curve->` True.

Befehl: `derivation[dataSet,n]`
           `derivation[dataSet]`
package: `"statistics`timeSeriesAnalysis`"`
Optionen: n
Funktion: Darstellung des Gesamt-Trends einer Zeitreihe
Literatur: −

Der Differenzen-Filter bildet
von der Zeitreihe die erste
(diskrete) Ableitung (`de-`
`rivation[dataSet]`), wobei
optional auch jede andere, n-
te Ableitung ermittelt werden
kann (`derivation[dataSet,`
`n]`). Die Differenzen-Plots
und ihre Interpretation seien
anhand des rechts abgebildeten Beispiels erläutert:

   Die oberste Abbildung
gibt die Zeitreihe wieder, die
sich aus einem positiven Trend,
einer periodischen Kompo-
nente und statistischen Fehlern zusammensetzt. In der
ersten Ableitung (mittlere Abbildung) liegt der Mittelwert

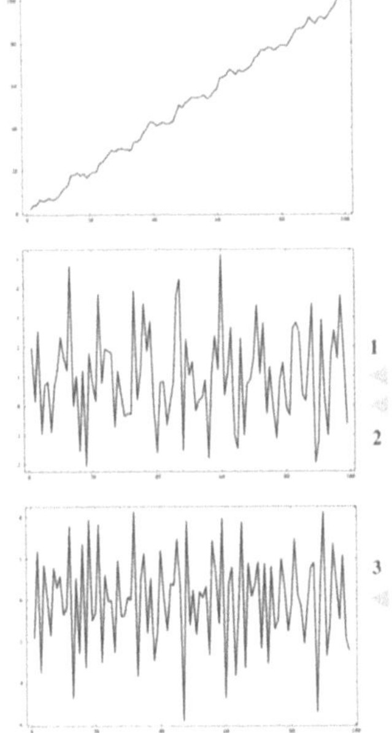

*Der **Differenzen-
Filter** bildet von einer
Zeitreihe (oben) die erste
(Mitte) oder jede andere
Ableitung (unten: 2.
Ableitung) und ermöglicht
damit die Erkennung
von Trends; weitere
Informationen im Text*

des Datensatzes (Abbildung **1**) deutlich über der Null-Linie
(Abbildung **2**) d.h. daß hier ein positiver Trend vorliegt (Hinweis: Mit Hilfe eines t-Tests ließe sich die Signifikanz dieses
Trends ermitteln). In der zweiten Ableitung (Abbildung unten) fällt der Mittelwert des Datensatzes (Abbildung **3**) mit
der Null-Linie praktisch zusammen, d.h. daß ein quadratis-
cher Trend **nicht** vorliegt.

3.6.2   Zeitreihen-Glättung

Befehl: `movingAverage[dataSet]`
package: `"statistics`timeSeriesAnalysis`"`
Optionen: `delta, function`
Funktion: Glättung eines Datensatzes durch Bildung eines
            gleitenden Mittelwertes
Literatur: −

*Gleitender
Mittelwert einer Zeit
reihe. Weitere Hin-
weise im Text*

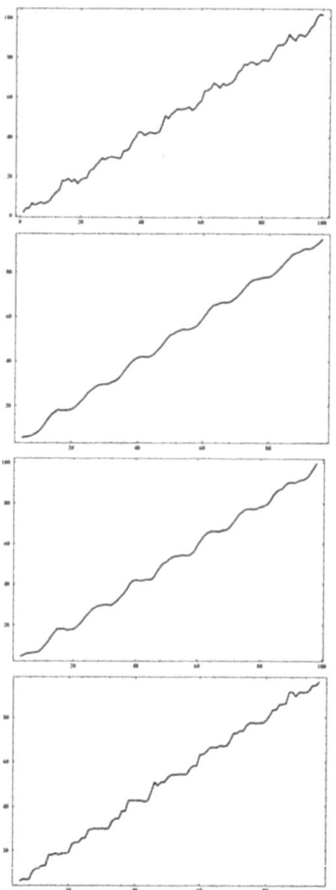

Gleitende Mittelwerte bilden den Mittelwert über ein anzugebendes begrenztes Intervall und lassen dieses Intervall über den gesamten Wertebereich gleiten. Der Befehl `movingAverage` erlaubt − im Gegensatz zur gleichnamigen Routine im Original-Mathematica-*package* `"Statistics `MovingAverage`"` auch die Ermittlung anderer als lediglich des arithmetischen Mittelwertes über das durch die Option `delta->` `value` bestimmte Intervall. In den Abbildungen links werden − von oben nach unten − ein Original-Datensatz und seine Glättungen mit folgenden Optionen wiedergegeben:

`delta->5, function->Mean`;
`delta->1, function->Mean`;
`delta->5, function->` Median.

Die Optionen `delta->5` und `function->Mean` werden in der Standard-Einstellung eingesetzt. Der Befehl gibt die geglättete Zeitreihe graphisch wieder und den entsprechenden Datensatz als Liste zurück.

Befehl: exponentialSmoothing[dataSet]
          exponentialSmoothing[dataSet,alpha]
package: "statistics`timeSeriesAnalysis`"
Optionen: −
Funktion: Exponentielles Glätten von Zeitreihen
Literatur: Schlittgen, 1995; LEINER, 1991

Der **exponentielle Filter** zur Glättung einer Zeitreihe
ist − im Gegensatz zum zuvor behandelten gleitenden Mittelwert − ein Filter mit *memory*-Funktion, d.h. daß er bei
Glättung der Zeitreihe zum Zeitpunkt t alle vorhergehenden
Zeitreihen-Werte mit berücksichtigt (rekursiver Filter). Die
rekursive Gleichung für die exponentielle Glättung lautet:

$$\hat{y}(t) = \alpha \cdot \hat{y}(t-1) + (1-\alpha) \cdot y(t)$$

$(0 \leq \alpha \leq 1)$, wobei $y(t)$ der tatsächliche Wert zum Zeitpunkt
t und $\hat{y}(t)$ der entsprechende geglättete Wert ist. Für $\alpha = 0$

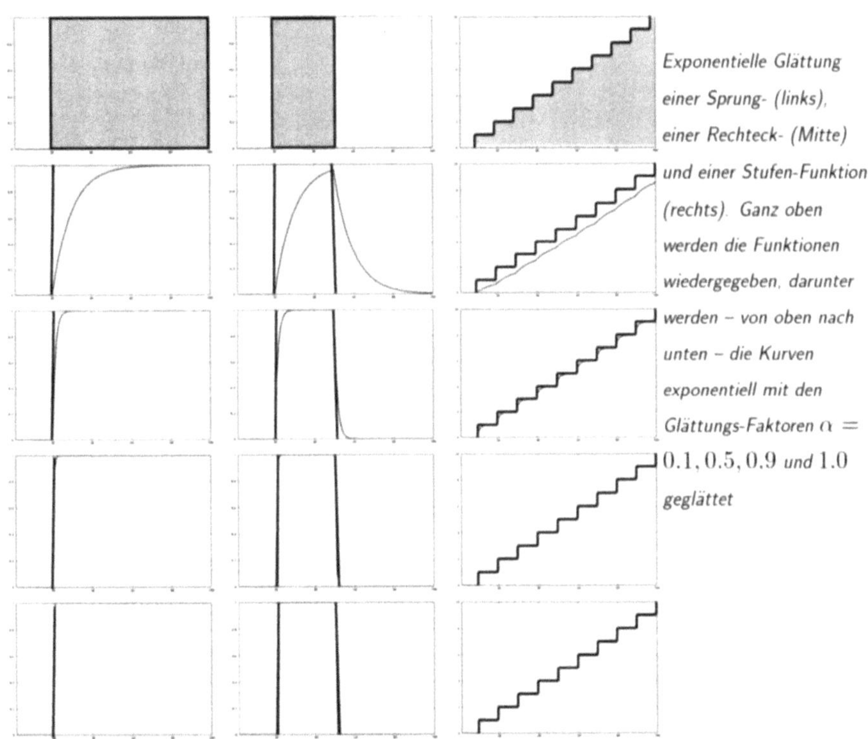

Exponentielle Glättung
einer Sprung- (links),
einer Rechteck- (Mitte)
und einer Stufen-Funktion
(rechts). Ganz oben
werden die Funktionen
wiedergegeben, darunter
werden − von oben nach
unten − die Kurven
exponentiell mit den
Glättungs-Faktoren $\alpha =$
$0.1, 0.5, 0.9$ *und* 1.0
geglättet

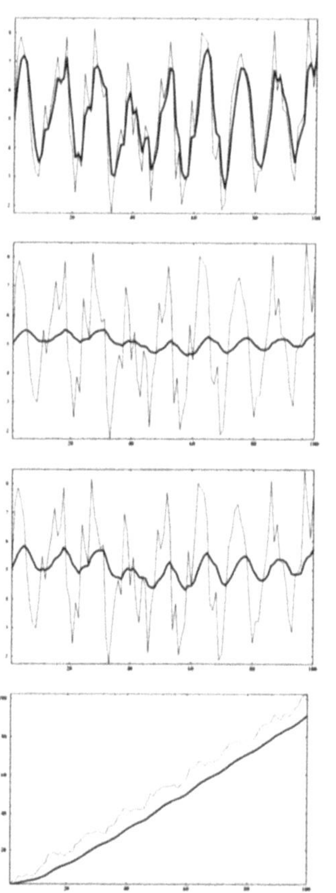

sind alle $\hat{y}(t)$ identisch $\hat{y}(1)$, für $\alpha = 1$ ist $\hat{y}(t)$ mit $y(t)$ identisch, d.h. es findet keine exponentielle Glättung statt.

In den oberen drei Abbildungen links wurde eine trendfreie Zeitreihe mit den Faktoren $\alpha = 0.5$, 0.05 und 0.1 (von oben nach unten) exponentiell geglättet. Die unterste Abbildung zeigt, daß bei Vorliegen eines Trends die exponentielle Glättung (hier: $\alpha = 0.1$) zu **keinem** befriedigenden Resultat führt, da aufgrund der o.g. *memory*-Eigenschaft des Filters die geglätteten Werte (in diesem Beispiel) ständig **unterhalb** der tatsächlichen Meßwerte liegen.

Der Befehl `exponentialSmoothing` erlaubt die automatische Ermittlung eines geeigneten Glättungsparameters nach der Gleichung

$$\sum_{t=t_0}^{n-1} (y(t+1) - \hat{y}_\alpha(t)) \overset{!}{=} \text{Minimum}$$

(SCHLITTGEN, 1995), wobei die untere Summations-Grenze t_0 so gewählt werden sollte, daß die ersten Werte der Zeitreihe keinen Einfluß auf die Ermittlung eines geeigneten α haben.

Befehl: `fourierSmoothing[dataSet, mode]`
package: `"statistics`timeSeriesAnalysis`"`
Optionen: `kern, output`
Funktion: Optional Glättung bzw. Hervorhebung periodischer Komponenten
Literatur: DAMPER, 1995

Zur Spektral-Analyse wird häufig die Fourier-Transformation eingesetzt, die eine Zeitreihe in ein Frequenz-Spektrum →transformiert (und vice versa). An dieser Stelle soll ledig-lich die Möglichkeit aufgegriffen werden, mit Hilfe der Fourier - Transformation (→ FFT) Zeitreihen zu glätten. Der Befehl `fourierSmoothing` greift hierzu auf die *built-in*-Funktionen `Fourier` und `InverseFourier` zurück. `fourierSmoothing` arbeitet unter zwei Modi. Unter `mode= kernel` wird die Fourier-transformierte Datenliste mit der Kernfunktion multipliziert, anschließend zurück-transformiert und graphisch dargestellt (siehe Abbildung rechts, linker Teil). Auf diese Weise werden nur solche Spektral-Anteile „durchgelassen", für die die Kernfunktion nicht verschwindet. Im abgebildeten Beispiel läßt die Kernfunktion nur niederfrequente Vorgänge durch, d.h. insbesondere, daß konstante Anteile der Zeitreihe erhalten bleiben, periodische Vorgänge mit zunehmender Frequenz jedoch herausgefiltert werden. Mit der Option `kernelfunction->expression` lassen sich beliebige Gleichungen als Kernfunktion einsetzen, in der Standard-Einstellung wurde diese Option auf $exp(-t\cdot\beta)$ festgelegt.

Wird als Modus die Option `mode=fourierTransformed-Kernel` aufgerufen, wird die Fourier-transformierte Datenliste mit dem Fourier-transformierten *kernel* multipliziert. In diesem Fall (Abbildung oben, rechter Teil) werden periodische Vorgänge durchgelassen, während das statistisch bedingte „Rauschen" stark verringert wird.

Zur Fourier-

Abschn. 3.6.4

*Mathematica verwendet einen als **Fast Fourier Transformation** bezeichneten Algorithmus, der kurz **FFT** genannt wird*

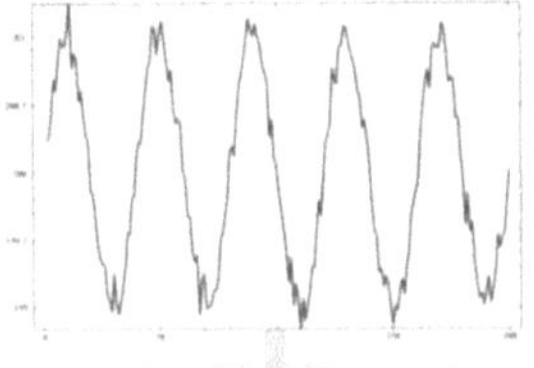

Fourier-Transformation

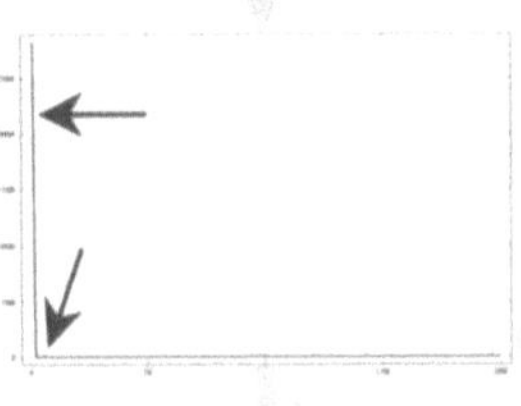

Kern-Funktion

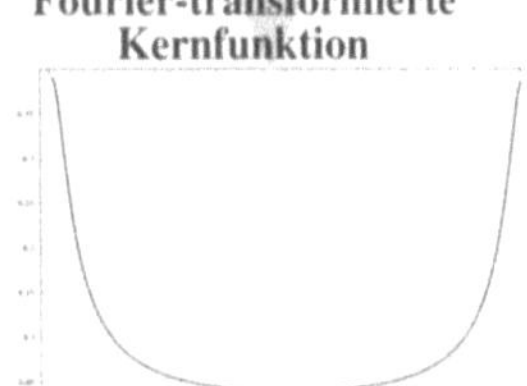

Fourier-transformierte Kernfunktion

Inverse Fourier-Transformation

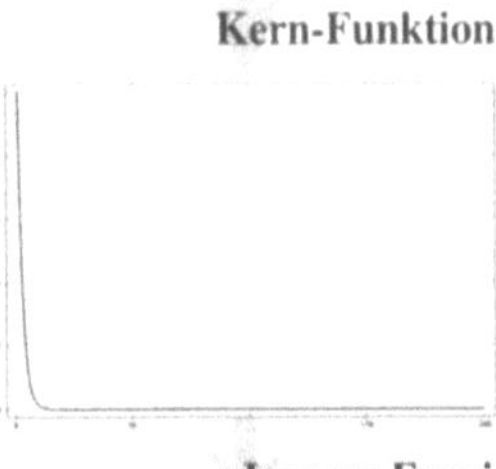

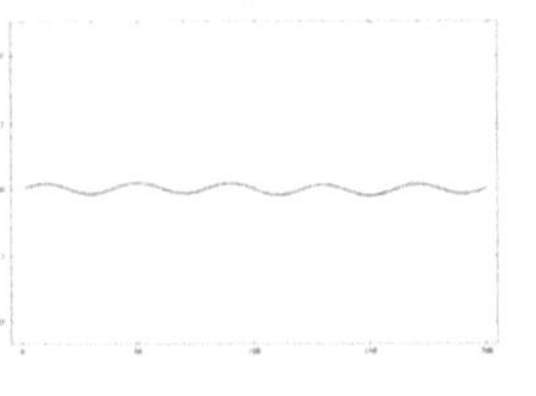

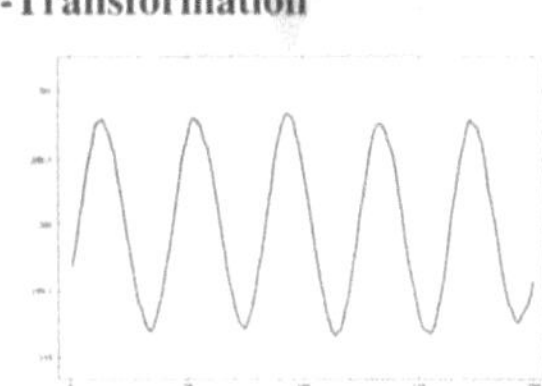

3.6.3   Ermittlung des Trends

Eine wichtige Rolle spielt in der Zeitreihen-Analyse die Ermittlung von Trends. Der folgende Befehl ermittelt den
monotonen Trend einer Zeitreihe, wobei in der Standard-
Einstellung (method->linearFit) eine Gerade mit Hilfe der
least squares-Methode approximiert wird. Optional dazu ist
auch der parameterfreie Trendtest nach COX und STUART,
1955 möglich (method->CoxStuart):

```
Befehl:     monotoneTrendTest[dataSet]
package:    "statistics`timeSeriesAnalysis`"
Optionen: method, alpha
Funktion: Ermittlung des Trends einer Zeitreihe
Literatur: —
```

```
Option:    method->linearFit
```
Funktion: *Least Squares*-Approximation einer Geraden an
die Zeitreihe

```
Option:    method->CoxStuart
```
Funktion: Trend-Test nach COX und STUART, 1955

Der Befehl gibt die Information zurück, ob ein positiver bzw.
negativer Trend vorliegt und dieser, basierend auf einer Irrtumswahrscheinlichkeit α (Standard-Einstellung: alpha->
0.1), signifikant ist.

Beispielsweise tritt in den Natur- oder Wirtschaftswissenschaften häufig die logistische Zeitreihe auf

Grundsätzlich können lineare oder←nichtlineare Trends auch
mit den folgenden beiden Befehlen ermittelt werden:

```
Befehl:     linearFit[dataSet,function,variables,
            parameters]
```
Funktion: Siehe Abschn. 3.4

```
Befehl:     nonlinearFit[dataSet,function,variables,
            parameters]
```
Funktion: Siehe Abschn. 3.5

3.6.4   Ermittlung der Periodizität

Mit Hilfe des in Abschn. 3.6.1 besprochenen Befehls `auto-Correlation` läßt sich verifizieren, ob einer Zeitreihe eine periodische Komponente „beigemischt" ist. Mit dem Befehl `periodogram` (Beschreibung auf der folgenden Seite) läßt sich der Wert für eine periodische Abhängigkeit numerisch ermitteln. Die Ausführung des Befehls hat bei entsprechend eingestellter Option (`output->True`) den Bildschirm-Ausdruck eines Protokolls und entsprechender graphischer Darstellungen zur Folge. Zurückgegeben wird eine Liste mit den ermittelten Phasendauern der periodischen Abhängigkeiten.

Zur Verifikation und weiteren Bestätigung einer mit Hilfe des Befehls `periodogram` ermittelten Frequenzabhängigkeit läßt sich der bereits weiter oben beschriebene Befehl `nonlinearFit` einsetzen. In der Abbildung rechts wird mit Hilfe dieses Befehles die Gleichung $y(t) = a + b \cdot Sin[c \cdot t + d]$ an einen Datensatz mit offensichtlich periodischer Abhängigkeit angepaßt. (**1**) gibt den Datensatz wieder, (**2**) die approximierte sinuidale Kurve.

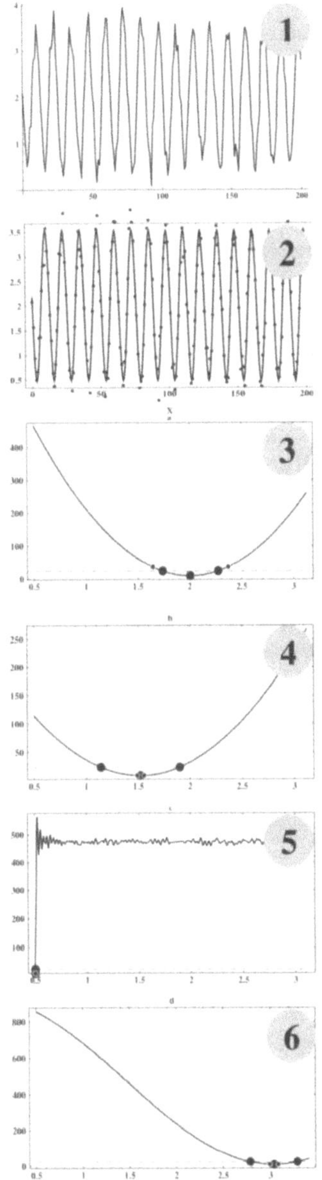

Periodisch abhängige Zeitreihe, die von einer normalverteilten statistischen Komponente überlagert wird (1). In (2) wird die entsprechende, approximativ ermittelte Kurve der Form $y(t) = a + b \cdot Sin[c \cdot t]$ dargestellt. In (3) bis (6) werden Graphiken zu den geschätzten Parametern (in diesem Beispiel: a, b, c und d) und ihren Konfidenz-Bereichen dargestellt, wie sie vom Befehl `periodogram` *ausgegeben werden. Weitere Erläuterungen im Text*

Die Abbildungen **3** bis **6** (vorhergehende Seite) geben schließlich die Lage des (hier: 10%-) Konfidenz-Intervalls der Parameter wieder. Während die Ermittlung der entsprechenden Werte für die (linearen) Parameter a (Mittelwert der
Zeitreihe) und b (Amplitude der Zeitreihe) sowie des (relativ
unverzerrten = relativ linearen) Parameters d unproblema-
tisch ist, liegt die **Schwachstelle** des Verfahrens bei der
Phasendauer der periodischen Zeitreihe; hier ist die Eingabe
eines geeigneten Startwertes für die Phasendauer c notwendig, um dem Marquardt-Algorithmus das Auffinden der
globalen Lösung zu ermöglichen (siehe Abschn. 3.5).

Befehl: `periodogram[dataSet,function,variables,`
           `parameters1,parameters2]`
package: `"Statistics`timeSeriesAnalysis`"`
Optionen: `output`
Funktion: Ermittelt die periodische Abhängigkeit einer Zeit-
          reihe
Literatur: −

Hinweis: Der Befchl `periodogram` greift zur Ermittlung der
Periodizität auf die Mathematica-Funktion `Fourier` zurück
(Befehlsbeschreibung im Anschluß an diesen Absatz):

Befehl: `Fourier[dataSet]`
package: ***built-in*-Funktion**
Optionen: −
Funktion: Fourier-Transformation eines Datensatzes
Literatur: WOLFRAM, 1991

*In der Gleichung aus
dem obigen Beispiel
$y(t) = a + b \cdot Sin[c \cdot t
+ d]$ wäre dies nur der
Parameter c*

*In der genannten Glei-
chung wären dies die
Parameter a, b und d*

Zur Abschätzung der Parameter, die sich auf das periodische Verhalten der zu schätzenden Funktion auswirken (←),
müssen diese dem Befehl `periodogram` als separater Parametersatz `parameters1` übergeben werden. Die anschließende
Ermittlung des gesamten Parametersatzes geschieht mit Hilfe
des Befehls `nonlinearFit` (siehe Abschn. 3.5), wozu dem Befehl zusätzlich der restliche Parametersatz ←`parameters2`
mitgeteilt werden muß.

3.7   Hypothesen-Tests von Verteilungen

Hypothesen-Tests von Verteilungen sind ein wichtiger Aufgabenbereich in der **induktiven Statistik**, geht es doch darum, die Verteilung einer experimentell erhobenen Stichprobe mit einer theoretischen oder einer anderen, experimentell ermittelten Verteilung zu vergleichen. Sind die Daten normalverteilt (**parametrische Statistik**→), unterscheidet man Fälle gleicher und ungleicher Varianzen (→) sind die Daten **nicht** normalverteilt, muß ein parameterfreies Verfahren angewandt werden. Die meisten Methoden lassen sich auf den Vergleich zweier Verteilungen anwenden, lediglich der H-Test nach KRUSKAL, 1952, bzw. KRUSKAL und WALLIS, 1952, 1953, erlaubt auch den Vergleich mehrerer Stichproben (→).

Parametrische Verfahren zum Test zweier Verteilungen sind in dem Original-Mathematica-*package* "Statistics`HypothesisTests`" implementiert, so daß sich in dem analogen Paket "statistics`hypothesisTests`" lediglich parameterfreie Verfahren befinden. Zum Vergleich mehrerer Mittelwerte im Rahmen der **Varianzanalyse** siehe Abschn. 3.9.

Siehe Notebook 30.ma
*auf der beiliegen-
den CD-ROM*

*Zum Test auf
Normalverteilung und
Varianzhomogenität siehe
Abschn. 3.1.3 und 3.9.4*

*Weswegen sich der
H-Test als parameterfreie
Alternative zur
Varianzanalyse einsetzen
läßt; siehe Abschn. 3.9.6*

3.7.1   Schema zu den Hypothesen-Tests

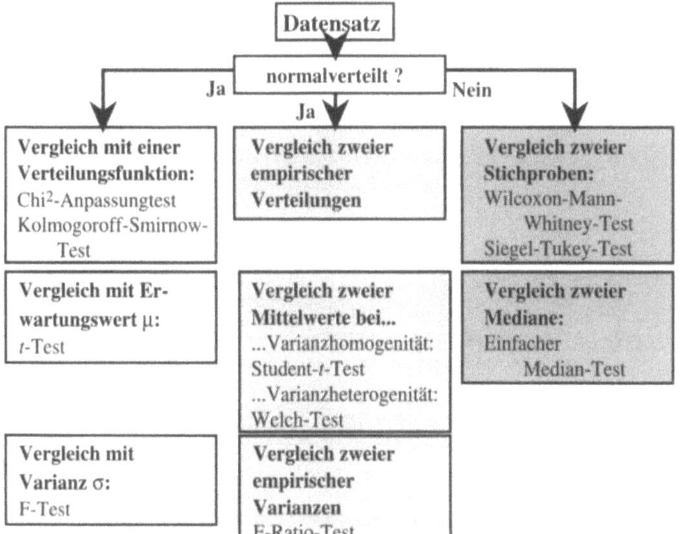

*Schema zu Hypothesen-
Tests. Vergleiche
mehrerer Stichproben
werden in Abschn. 3.8
(Kontingenzanalyse) und
Abschn. 3.9 (Varianz-
analyse) behandelt*

3.7.2 Vergleiche eines Schätzers mit einem theoretischen Erwartungswert

Befehl: MeanTest[dataSet,mu]
package: "Statistics`HypothesisTests`"
Optionen: KnownStandardDeviation, KnownVariance, SignificanceLevel, TwoSided, FullReport
Funktion: Gibt den p-Wert für den Test an, ob der arithmetische Mittelwert μ des Datensatzes mit dem Wert mu übereinstimmt
Literatur: WOLFRAM RESEARCH, 1991, 1992, 1993

Getestet wird, ob die Prüfgröße $t = (\mu - \mathtt{mu})/\sigma$ größer ist als die Quantile $t_{n-1,\,\alpha/s}$, wobei μ und σ die Schätzer für den Mittelwert und die Standardabweichung des Datensatzes sind, n die Stichprobengröße angibt und s den Wert 1 (einseitiger Test) bzw. 2 (zweiseitiger Test) annimmt (Option TwoSided). Mit den Optionen KnownStandardDeviation-> value bzw. KnownVariance->value läßt sich σ durch einen bekannten Wert ersetzen. Mit der Option FullReport->True gibt der Befehl in Form einer Liste folgende Angaben zurück: arithmetischer Mittelwert, Anzahl der Freiheitsgrade, Test- und Prüfgrößen sowie Testresultat. Wird die entsprechende Option auf den Wert False gestellt, wird lediglich der p-Wert zurückgegeben; ist dieser größer als eine Irrtumswahrscheinlichkeit $\leftarrow\alpha$, wird die Hypothese (H$_0$: $\mu =$ mu) angenommen, anderenfalls abgelehnt. Gelegentlich wird verlangt, daß der Befehl eines Hypothesentests das Testergebnis in Form der Variablen True oder False zurückgibt. Mit dem Befehl Mean-Test ist dies möglich, wenn man die Befehlszeile TwoSidedPValue===alpha/.MeanTest[dataSet,mu,Significance-Level->alpha] (für den zweiseitigen Testfall) eingibt.

Befehl: VarianceTest[dataSet,var]
package: "Statistics`HypothesisTests`"
Optionen: SignificanceLevel, TwoSided, FullReport
Funktion: Überprüft die Varianz σ^2 einer Stichprobe auf Gleichheit mit einer theoretischen Varianz var
Literatur: WOLFRAM RESEARCH, 1991, 1992, 1993

Dieser Test ermittelt die Prüfgröße $F = \sigma^2/\mathrm{var}$ und vergleicht sie mit der α-Quantilen $X^2_{n-1,\ \alpha/s}$, wobei σ^2 die empirische Varianz der Stichprobe, n der Stichprobenumfang, α die Irrtumswahrscheinlichkeit und s identisch 1 (einseitiger Test) oder 2 (zweiseitiger Test) ist. Die Hypothese, daß σ^2 mit var übereinstimmt, wird angenommen, wenn $F < X^2_{n-1,\ \alpha/s}$.

3.7.3 Parametrischer Vergleich zweier Verteilungen

Einem parametrischen Test zweier Verteilungen muß **immer** eine Überprüfung der Stichproben auf Normalverteilung vorausgehen. Ist diese gegeben, sollte das parametrische Verfahren gewählt werden, weil es wie viele parametrischen Verfahren gegenüber parameterfreien Methoden weniger konservativ ist, d.h. „früher" eine Hypothese verwirft und die Gegenhypothese annimmt. Ergibt der Test auf Normalverteilung ein negatives Ergebnis, sind dagegen anstelle der in diesem Abschnitt besprochenen parametrischen Methoden parameterfreie Verfahren (siehe nächster Abschnitt) einzusetzen.

Der britische Statistiker W. S. GOSSET war Betriebsstatistiker der Dubliner Guinness-Brauerei: Er publizierte 1908 in Biometrika über The probable error of a mean. Da die Brauerei mit diesen Publikationen nicht in Verbindung gebracht werden wollte, einigte man sich darauf, daß Gosset anonym und als Betriebsstudent −student− veröffentlichte

Befehl: `MeanDifferenceTest[dataSet1,dataSet2,`
         `delta,EqualVariances->True]`

package: `"Statistics`HypothesisTests`"`

Optionen: `KnownStandardDeviation, KnownVariance, EqualVariances, SignificanceLevel, TwoSided, FullReport`

Funktion: Vergleicht die Mittelwerte zweier **varianz-homogener** Stichproben (Student-t-Test)

Literatur: WOLFRAM RESEARCH, 1991, 1992, 1993; GOSSET ($\rightarrow$*student*), 1908

Ist bekannt, daß die beiden Datensätze gleich große Varianzen besitzen (Varianzhomogenität), kann die Gleichheit der Mittelwerte mit Hilfe der Testgröße

$$t = \frac{|\mu_1 - \mu_2|}{\sqrt{\dfrac{(n_1-1)\cdot\sigma_1^2 + (n_2-1)\cdot\sigma_2^2}{n_1+n_2-2}}}$$

und der Prüfgröße $t_{n_1+n_2-2,\ \alpha/s}$ getestet werden, wenn n_1 bzw. n_2 die Umfänge der Stichproben, μ_1 bzw. μ_2 die Schätzer ihrer Mittelwerte, σ_1 und σ_2 die Schätzer ihrer Varianzen sind und α die Irrtumswahrscheinlichkeit ist, wobei im Fall einer ein- bzw. zweiseitigen Testfrage $d \equiv 1$ bzw. $s \equiv 2$. Der Parameter `delta` erlaubt, neben der Frage nach Gleichheit zweier Mittelwerte (`delta=0`) auch die Stichproben auf andere, beliebige Mittelwert-Differenzen hin zu testen.

Befehl: `MeanDifferenceTest[dataSet1,dataSet2,`
              `delta,EqualVariances->False]`

package: `"Statistics`HypothesisTests`"`

Optionen: `KnownStandardDeviation`, `KnownVariance`,
          `EqualVariances`, `SignificanceLevel`,
          `TwoSided`, `FullReport`

Funktion: Vergleicht die Mittelwerte zweier **Varianz-inhomogener** Stichproben (Welch-Test)

Literatur: WOLFRAM RESEARCH, 1991, 1992, 1993; WELCH, 1951

Läßt sich die Hypothese gleicher Varianzen beider Stichproben **nicht** bestätigen (Option `EqualVariances->False`), ist anstelle des t-Tests der Welch-Test zu verwenden. Die Prüf- und Test-Größen lauten hier

$$t = \frac{|\mu_1 - \mu_2|}{\sqrt{\frac{(n_1-1)\cdot\sigma_1^2+(n_2-1)\cdot\sigma_2^2}{n_1+n_2-2}}} \quad \text{und } t_{\nu,\,\alpha/s} \text{ mit } \nu = \frac{\left(\frac{\sigma_1^2}{n_1} + \frac{\sigma_2^2}{n_2}\right)^2}{\frac{\left(\frac{\sigma_1^2}{n_1}\right)^2}{n_1-1} + \frac{\left(\frac{\sigma_2^2}{n_2}\right)^2}{n_2-1}}$$

Freiheitsgraden. Ist sowohl beim *student-t-* als auch beim Welch-Test die Testgröße t kleiner als die Quantile $t_{\nu,\alpha/s}$ der Studentschen Verteilung, wird die Hypothese gleicher Mittelwerte angenommen, anderenfalls abgelehnt.

Wird eine Ausgabe ←gewünscht, die die Werte `True` bzw. `False` annehmen kann, erreicht man dies durch Eingabe der Befehlszeile `OneSidedPValue===alpha  /.MeanDifferenceTest[dataSet1, dataSet2]` (hier: einseitige Fragestellung), wobei alpha die Irrtumswahrscheinlichkeit ist und der *Mathematica*-Befehl ggf. mit der Option `TwoSided->True` auf den zweiseitigen Test umgestellt werden muß.

Befehl: `VarianceRatioTest[dataSet1,dataSet2,ratio]`
package: `"Statistics`HypothesisTests`"`
Optionen: `SignificanceLevel, TwoSided, FullReport`
Funktion: Vergleich empirischer Varianzen zweier Stichpro-
          ben
Literatur: WOLFRAM RESEARCH, 1991, 1992, 1993

Dieser Test vergleicht die Varianzen zweier Stichproben, wobei die Hypothese auf Gleichheit der Varianzen (Varianzhomogenität: `ratio`≡1) oder auf eine andere beliebige Varianz-
Inhomogenität (`ratio`≢1) lauten kann. Die Test- und Prüf-
größen sind $F = \sigma_1^2/\sigma_2^2 \cdot 1/\texttt{ratio}$ und $F_{n1-1,n2-1,\alpha/s}$, wenn
σ_1 und σ_2 die empirischen Varianzen und n_1 bzw. n_2 die
Umfänge der Stichproben sind, `ratio` das zu testende Verhältnis der beiden Varianzen, α die Irrtumswahrscheinlichkeit
angibt und s entweder identisch 1 (einseitiger Test) oder
2 (zweiseitiger Test) ist. Für einen Test auf Varianzhomogenität →zweier Stichproben ist `ratio=1` zu wählen.

*Tests auf Varianz-
homogenität mehrerer
Stichproben werden in
Abschn. 3.9.4 vorgestellt*

3.7.4 Parameterfreier Vergleich zweier Verteilungen

Mit den in Abschn. 3.7.3 vorgestellten Methoden zum Vergleich von Mittelwerten bzw. Varianzen zweier normalverteilter Stichproben endet der Befehlsvorrat des Mathema-
tica-Original-*packages* `"Statistics`Hypothesis-Tests`"`.
Tatsächlich reagieren diese Tests jedoch mehr oder weniger
empfindlich auf Abweichungen von den genannten Voraussetzungen, insbesondere dann, wenn eine Normalverteilung der
Stichproben nicht gegeben ist oder wenn sich die Verteilungen der Stichproben erheblich voneinander unterscheiden. Das
package `"statistics`hypothesisTests`"` füllt diese Lücke
auf und bietet →drei nichtparametrische Methoden an.

   Die im folgenden vorgestellten Test-Verfahren sind unter
dem Befehl `parametricFreeMeanDifferenceTest` zusammengefaßt, wobei mit der Option `method` die Methode bestimmt werden kann (in der Standard-Einstellung wird die
Methode nach Siegel und Tukey eingesetzt).

*Der in Abschn. 3.9
vorgestellte H-Test nach
KRUSKAL und WALLIS,
1952 und 1953, wird
ebenfalls häufig als
parameterfreier Test
zum Vergleich zweier
Verteilungen verwendet*

Alternativ dazu kann
die Option method->
WilcoxonMannWhitney
eingegeben werden, um
dieses Verfahren
einzusetzen

Befehl: `parametricFreeMeanDifferenceTest[dataSet1,`
           `dataSet2, ←method->uTest]`
package: `"statistics`hypothesisTests`"`
Optionen: `alpha, output, TwoSided`
Funktion: Vergleich zweier Mittelwerte stetiger Verteilungen
Literatur: LIENERT, 1978, 1986; SACHS, 1992

Werden zwei Stichproben aus der gleichen Grundgesamtheit entnommen, ist die Wahrscheinlichkeit, daß ein Wert aus der Stichprobe 1 größer (oder kleiner) ist als ein unabhängig davon entnommener Wert aus der Stichprobe 2, gleich 1/2, signifikante Abweichungen von 1/2 weisen darauf hin, daß die Stichproben aus unterschiedlichen Grundgesamtheiten entnommen wurden. Auf dieser Überlegung basiert der von MANN und WHITNEY, 1947, entworfene Test, der wiederum auf einem Verfahren von WILCOXON, 1945, beruht. Dazu werden beide Stichproben vereint, der Größe nach geordnet (Rangliste) und anschließend durchnumeriert. Tritt in dieser Rangliste ein Wert mehrmals auf (←), erhält jeder dieser gleichen Werte denselben Rangplatz, der sich aus dem arithmetischen Mittelwert der ursprünglichen Rangplätze jener Werte ergibt (sehr anschaulich ist dieses Verfahren in SACHS, 1992, und LIENERT, 1986, beschrieben). Anschließend werden in dieser Rangliste, die eventuelle Bindungen berücksichtigt, die Werte aus den beiden Stichproben separiert und die entsprechenden Rangwerte zu u_1 und u_2 aufsummiert. Sei u die kleinere dieser beiden Summen, dann lautet die Testgröße

Das Auftreten mehrerer
gleicher Werte bezeich-
net man als **Bindung**

$$u_{test} = \frac{u - \frac{n_1 \cdot n_2}{2}}{\left(\left(\frac{n_1 \cdot n_2}{(\nu) \cdot (\nu-1)} \right) \cdot \left(\frac{\nu^3 - \nu}{12} - \sum_{i=1}^{R} \frac{b_i^r - b_i}{12} \right) \right)^{1/2}} \quad \text{mit } \nu = n_1 + n_2,$$

wobei R die Anzahl der Bindungen und b_i (i $= 1, 2, \ldots, R$) die Anzahl der Werte je Bindung ist. Ist diese Testgröße kleiner als die α-Quantile $z_{\alpha/s}$ der ←Normalverteilung, werden die Abweichungen der beiden Rangsummen u_1 und u_2 als zufällig betrachtet, d.h. die Hypothese gleicher Mittel-

Aus der Normalvertei-
lung von Rangsummen
darf nicht auf eine
Normalverteilung der
Stichproben geschlos-
sen werden !

werte wird angenommen (auch hier ist je nach „Seitigkeit" des Tests $s \equiv 1$ oder $s \equiv 2$). Wird dieser Befehl (mit der Option `method->uTest`) aufgerufen, wird ein Protokoll auf dem Bildschirm ausgedruckt, in dem die Stichproben-Umfänge, die Bindungen, ein Kontroll-Test und das Ergebnis des Hypothesen-Tests angegeben werden; das Ergebnis des Hypothesen-Tests (`True` oder `False`) wird zurückgegeben.

Befehl: `parametricFreeMeanDifferenceTest[dataSet1,`
         `dataSet2, ->method->rankDispersionTest]`
package: `"statistics`hypothesisTests`"`
Optionen: `alpha, output, TwoSided`
Funktion: Vergleich zweier Mittelwerte stetiger Verteilungen
Literatur: LIENERT, 1978, 1986; SACHS, 1992

Alternativ kann auch die Option `method->` *SiegelTukey eingegeben werden, um dieses Verfahren einzusetzen*

Rangsummen-Tests beruhen darauf, daß niedrige Werte niedrige und hohe Werte hohe Rangwerte erhalten ($\rightarrow$). Eine „originelle" Abänderung (LIENERT, 1986) ist, daß Werte an den „Verteilungsschwänzen" niedrige und zentrale Werte hohe Rangwerte erhalten (Rangdispersion; näheres hierzu siehe LIENERT, 1978 bzw. 1986, oder SACHS, 1992). Für den Test werden beide Stichproben zusammengelegt und anschließend die zuvor erwähnte Rangdispersions-Liste erstellt. Danach werden die Stichproben-Werte wieder den einzelnen Stichproben zugeordnet und die beiden Rangdispersions-Summen r_1 und r_2 gebildet. Für den Fall vergleichbarer Summen gilt $r_1 \approx r_2$, bei signifikantem Unterschied beider Mittelwerte unterscheiden sich auch beide Rangdispersions-Summen signifikant. Die entsprechende Testgröße lautet (wenn r_1 der kleinere Wert von r_1 und r_2 ist):

In diesem Sinne kann man die Bildung von Ranglisten als eine i.d.R. nichtlineare Transformation betrachten

$$z = z_0 + \left(\frac{1}{10n_1} + \frac{1}{10n_2}\right) \cdot (z_o^3 - 3z_0) \left(z_0 = \frac{2r_1 - n_1(n_1 + n_2 + 1) \pm 1}{\sqrt{n_1(n_1 + n_2 + 1)\left(\frac{n_2}{3}\right)}}\right),$$

wobei das positive Vorzeichen im Zähler des zweiten Ausdrucks ($\pm$) für $r > n_1 \cdot (n_1 + n_2 + 1)/2$ gilt, das negative Vorzeichen für den anderen Fall. Mit der Option `output-> True` druckt die Routine ein Protokoll auf dem Bildschirm

aus, welches Angaben zum Stichproben-Umfang und Hypothesen-Test macht. Vom Befehl zurückgegeben wird die Variable `True` oder `False`, die angibt, ob die Nullhypothese
(gleicher Mittelwerte) angenommen oder abgelehnt wurde.

Befehl: `parametricFreeMeanDifferenceTest[dataSet1,`
           `dataSet2, method->medianTest]`
package: `"statistics`hypothesisTests`"`
Optionen: `alpha`, `output`, `TwoSided`
Funktion: Vergleich zweier Mittelwerte bei stark unter-
           schiedlichen lichen Verteilungen
Literatur: LIENERT, 1978, 1986; SACHS, 1992

Beim einfachen Median-Test handelt es sich im Grunde um einen Vierfelder-Tafeltest (siehe Abschn. 3.8.1)

	$< \mu$	$> \mu$
1	**a**	**b**
2	**c**	**d**

Zur Durchführung des ←Median-Tests werden wieder beide
Stichproben *gepoolt* und anschließend der gemeinsame Median $\hat{\mu}$ ermittelt. Danach werden von beiden Stichproben die
Anzahlen der Werte bestimmt, die unterhalb (siehe Abbildung links, a bzw. c für Stichproben 1 und 2) oder oberhalb
(b und d) des Medians liegen. Ist die Testgröße

$$p = \frac{n \cdot (a \cdot d - b \cdot c)}{(a + c) \cdot (a + c) \cdot (b + d) \cdot (c + d)}$$

größer als die Prüfgröße $X^2_{1,\alpha/s}$ (n: Gesamtumfang beider
Stichproben), gilt die Hypothese gleicher Mittelwerte als
angenommen, anderenfalls als abgelehnt. Der Befehl druckt
bei Angabe der Option `output->True` ein Protokoll des Hypothesen-Tests auf dem Bildschirm aus, darüber hinaus gibt
er das Ergebnis des Tests (`True` oder `False`) zurück.

3.7.5 Chi^2- und Kolmogoroff-Smirnow-Anpassungstest

*Eine solche **theore**-tische Verteilung kann als Hypothese aufge-stellt, ihre Parameter durch Approximation (siehe Abschn. 3.4 und 3.5) ermittelt werden*

Der Chi^2-Anpassungstest vergleicht die Verteilung einer Stichprobe y_i mit einer ←theoretischen Verteilung $\hat{y}_i$. Die Nullhypothese lautet, daß beide Verteilungen gleich sind. Die
entsprechende Test- und ihre Prüfgröße lauten:

$$X^2 = \sum_{i=1}^{k} \frac{(y_i - \hat{y}_i - c)^2}{\hat{y}_i} \quad \text{und} \quad X^2_{\nu,\alpha/s}.$$

Befehl: →chi2ApproximationTest[dataSet]
package: "statistics`hypothesisTests`"
Optionen: output, alpha, TwoSided, dist
Funktion: Test auf Anpassung einer theoretischen Verteilung an eine Stichprobe
Literatur: SACHS, 1992; ZAR, 1984

Mit der Standard-Option dist-> NormalDistribution *kann der Chi^2-Test auch als Test auf Normalverteilung eingesetzt werden; siehe Abschn. 3.1.3*

k ist dabei die Anzahl der Klassen, in die die n Erhebungen der Stichprobe aufgeteilt werden. Bei der Wahl der Klassen muß darauf geachtet werden, daß der Umfang einer Klasse, n_i (mit $\sum n_i = n$), nicht zu klein wird (als Faustregel kann man von der Forderung ausgehen, daß $n_i \geq 5$ – SACHS, 1992, gibt hier anstelle von 5 den Wert 7 an – erfüllt sein muß). Ist dies nicht möglich, müssen Klassen zusammengelegt werden; ist bereits n so klein, daß sich nicht hinreichend große Klassen bilden lassen, muß auf die Anwendung des Chi^2-Anpassungstests verzichtet werden. ν ist die Anzahl der Freiheitsgrade und berechnet sich aus $\nu = k - p - 1$, wenn k – wie bereits erwähnt – die Anzahl der Gruppen ist und zur Beschreibung der theoretischen Verteilung p Parameter notwendig sind. Für den Fall $\nu = 1$ ist in der Testgröße X^2 ein Korrektur-Faktor $c = 1/2$ (Yates-Korrektur; ZAR, 1984) zu berücksichtigen, der für $\nu \geq 2$ vernachlässigt werden kann.

Befehl: →KolmogoroffSmirnowTest[dataSet]
package: "statistics`descriptiveStatistics`"
Optionen: alpha, output (→), dist
Funktion: Test auf Anpassung einer theoretischen Verteilung an eine Stichprobe
Literatur: SACHS, 1992; ZAR, 1984

Mit der Standard-Option dist-> NormalDistribution *kann der Kolmogoroff-Smirnow-Test auch als Test auf Normalverteilung eingesetzt werden; siehe Abschn. 3.1.3*

Wie bereits in Abschn. 3.1.3 in Zusammenhang mit Tests auf Normalverteilung erwähnt, wird für den Kolmogoroff-Smirnow-Test zu jedem Datum y_i des Datensatzes der theoretisch zu erwartende Wert $\hat{y}_i$ ermittelt. Im nächsten Schritt werden die Absolutbeträge $d_i = |y_i - \hat{y}_i|$ und $d_{i-1} = |y_{i-1} - \hat{y}_i|$ bestimmt und daraus schließlich das Maximum aller d_i und d_{i-1} als Prüfgröße ermittelt. Ist diese Prüfgröße kleiner als eine Testgröße $\tau_{\alpha, n}$, wird die Hypothese, wonach die Stichprobe aus einer durch die theoretische Verteilung beschriebenen Grundgesamtheit erhoben wurde, verworfen. In der hier implementierten Version wird die Testgröße in Anlehnung an MASON und BELL, 1986, durch folgende Gleichung abgeschätzt:

$$\tau_{\alpha,n} = \frac{0.746 + 7.07 \cdot \alpha^2}{\sqrt{n} - 0.01 + \frac{0.83}{\sqrt{n}}};$$

n ist hierbei der Stichprobenumfang und α die Irrtumswahrscheinlichkeit.

Beide Befehle (`chiSquareApproximationTest[dataSet]` und `KolmogoroffSmirnowTest[dataSet]`) gehen in der Standard-Einstellung von einem Test auf Normalität aus. Mit der Option `dist->f[x]` läßt sich jede andere Funktion als theoretische Verteilung angeben. Soweit nicht anders angegeben, wird die voreingestellte Irrtumswahrscheinlichkeit `alpha-> 0.1` verwendet. Mit der Option `output->` True drucken beide Befehle ein Protokoll auf dem Bildschirm aus, zurückgegeben wird je nach Ausgang des Tests der Wert True (Stichprobe entstammt einer mit `dist` verteilten Grundgesamtheit) bzw. False (Stichprobe entstammt **nicht** einer mit `dist` verteilten Grundgesamtheit). Beide Tests gehen in der hier implementierten Fassung von einer **zwei**seitigen Fragestellung aus; wird ein einseitiger Hypothesentest verlangt, ist der Wert für die Irrtumswahrscheinlichkeit zu verdoppeln.

3.8   Kontingenz-Analyse

Unter **Kontingenz** ist im weiteren Sinn der Zusammenhang zwischen Merkmalen, im engeren Sinn zwischen nominal- oder ordinal-skalierten Werten zu verstehen. Aufgabe der **Kontingenz-Analyse** ist dementsprechend, diesen Zusammenhang zwischen **nominalen** oder **ordinalen** Größen zu analysieren und sich zu Hypothesen zu äußern.

Siehe auch Notebook 38.ma im Unterverzeichnis tutorials auf der beiliegenden CD-ROM

Im →**Vierfelder-Test** wird überprüft, ob sich zwei (unabhängig voneinander erhobene) Stichproben (idealerweise gleichen Umfangs) bezüglich **zweier** Ausprägungen eines Merkmales signifikant unterscheiden. Als Beispiel sei eine klinische Untersuchung genannt, in der in zwei Stichproben die Wirkung eines Medikamentes in Abhängigkeit vom Geschlecht der Patienten getestet wird. Würden dagegen mehrere – allgemein: k – Stichproben (bei zwei Merkmalsausprägungen) erhoben werden, handelte es sich um einen →2·k-Felder-Test. Denkbar ist auch der umgekehrte Fall: Untersucht werden 2 Stichproben bezüglich mehrerer Merkmale; hier interessiert die Frage, ob sich die beiden Stichproben hinsichtliche dieser m Merkmale unterscheiden – hierbei handelt es sich demnach um einen →m·2-Test. Im allgemeinsten Fall eines Merkmales liegen k Stichproben und m Merkmalsausprägungen vor (→m·k-Analyse) – als Beispiel dafür könnte man einen Versuch nennen, in dem in mehreren Stichproben die Wirkung eines Pflanzenschutzmittels auf mehrere Getreidearten (Merkmal: Getreide; Ausprägungen: Sorten) getestet wird.

Siehe Abschn. 3.8.1

Siehe Abschn. 3.8.2

Siehe Abschn. 3.8.3

Siehe Abschn. 3.8.4

Ein typisches Mittel der bivariaten Kontingenz-Analyse ist die Darstellung des Datenmaterials und zusätzlich einiger statistischer Kenngrößen im Rahmen einer Tabelle – der **Kontingenz-Tafel**. Sämtliche in den folgenden Abschnitten besprochenen Befehle geben solche Kontingenz-Tafeln aus, wobei es bei m·k-Tafeln Formatierungsprobleme geben kann, wenn durch eine zu hohe Anzahl an Ausprägungen des horizontal aufgetragenen Merkmals zu viele Spalten angelegt werden müssen.

3.8.1 Vierfelder-Test
(2·2-Felder-Test)

$\{$x1,x2$\}$ *sind die Werte der ersten und* $\{$x3,x4$\}$ *der zweiten Zeile*

Befehl: `contingencyTable[{{x1,x2},{x3,x4}}]`←
package: `"statistics`contingencyTables`"`
Optionen: `smallSampleCorrecture, alpha, TwoSided, output, method`
Funktion: Test zweier Stichproben auf Homogenität bezüglich eines Merkmales mit zwei Ausprägungen
Literatur: ZAR, 1984; LIENERT, 1986

Stich-proben \ Merkmal 1	1	2	
1	a	b	a+b
2	c	d	c+d
	a+c	b+d	a+b+c+d

Im Vierfelder-Test werden die Werte der beiden Stichproben in die 2 Merkmalsausprägungen unterteilt (**a**, **b**, **c** und **d**) und nach dem nebenstehenden Schema aufgelistet. Anschliessend werden die vier Randsummen **a+c**, **b+d** (Spaltensummen) und **a+b**, **c+d** (Zeilensummen) sowie die Gesamtsumme **a+b+c+d** gebildet. Ist die Stichprobe in idealer Weise homogen, gelten die Gleichungen

$$\frac{a}{a+b} = \frac{c}{c+d} = \frac{a+c}{a+b+c+d}$$

bzw.

$$\frac{b}{a+b} = \frac{d}{c+d} = \frac{b+d}{a+b+c+d} \quad .$$

Zur Überprüfung der Signifikanz der Homogenität wird die Prüfgröße

$$X^2 = \frac{n(|ad-bc|-\delta)^2}{(a+b)(c+d)(a+c)(b+d)}$$

gebildet (LIENERT, 1986). Ist $X^2 < X^2_{\alpha,1}$ (zweiseitige Fragestellung; α: Irrtumswahrscheinlichkeit; der Freiheitsgrad beträgt bei Vierfelder-Tests immer 1), wird die Hypothese einer homogenen Stichprobe angenommen, anderenfalls abgelehnt ($\delta = 1/2$ ist ein von YATES, 1934, vorgeschlagener Korrekturfaktor für kleine Stichprobenumfänge).

Bei Aufruf des Befehls `contingencyTable` mit der Option `output->True` wird auf dem Bildschirm folgendes Protokoll ausgedruckt:

```
2*2-Contingenz-Tafeltest:
       +    -    ZS   P          XP
   1  175   23   198  0.883838   154.672
   2   56   17    73  0.767123    42.9589
  SS  231   40   271             197.631
```
Hypothesen-Test auf Homogenitaet:
Pruefgroesse=5.02389
 Testgroesse=5.75352
Freiheitsgrade: 1
Keine Yates-Korrektur vorgenommen
Testergebnis=True (alpha=5.% bei 2seitigem Test)

(Der hier grau unterlegte Teil des Protokolls gibt die eigentliche Kontingenz-Tafel einschl. der Randsummen wieder.) Vom Befehl zurückgegeben wird der Wert True (Bestätigung der Stichproben-Homogenität) bzw. False (Ablehnung der Stichproben-Homogenität). Mit den Optionen alpha (Standard-Einstellung: alpha->0.1) und TwoSided (Standard-Einstellung: TwoSided->True) können die für den Signifikanztest notwendigen Parameter eingestellt werden. Die neben der (im Protokoll-Ausdruck) grau unterlegt hervorgehobenen Kontingenz-Tafel befindlichen Spalten mit den Bezeichnungen P und XP beziehen sich auf die erste Spalte der Kontingenz-Tafel (hier mit einem + gekennzeichnet) und geben die Anteile $a/(a+b)$ bzw. $c/(c+d)$ wieder (siehe Abbildung oben). XP gibt das Produkt von P und der mit + gekennzeichneten Spalte an.

In der Standard-Einstellung verwendet die Routine die oben genannten, auf einem Chi^2-Test basierenden Verfahren, die die Homogenität allerdings nur approximativ für hinreichend große Zeilen- bzw. Spaltensummen testen können. Um den Test auf kleinere Stichproben anwenden zu können, kann mit der Option smallSampleCorrecture->True (Standardeinstellung: False) der oben beschriebene Yates-Korrekturfaktor δ mit berücksichtigt werden.

*Siehe Anmerkung
im Anschluß an
diesen Absatz*

*Hinweis: Die exakte
Methode kann auch
mit der Option
method->Fisher
aufgerufen werden*

*LIENERT, 1986, schlägt
vor, für 20 < n < 60
die Yates-Korrektur und
für n ≤ 20 die exakte
Methode anzuwenden*

Für ←extrem kleine Zeilensummen (a+b, c+d < 20) sollte dagegen der exakte Vierfelder-Test nach FISHER, 1958, eingesetzt werden. Dieser Test ermittelt die Anzahl n_1 der angegebenen und allen noch (theoretisch) möglichen inhomogeneren Vierfelder-Tafeln und vergleicht sie kombinatorisch mit der Anzahl n_2 aller möglichen Vierfelder-Tafeln. Ist n_1/n_2 größer als alpha, liegt die Wahrscheinlichkeit für die zu testende Vierfelder-Tafel außerhalb des Zufallsbereiches, d.h. der Test auf Homogenität wird abgewiesen. Zum Aufruf dieses Testes wird die Option ←method->exact verwendet. Die Protokollausgabe (Option output->True) entspricht der auf der vorhergehenden Seite beschriebenen (zum exakten Test nach Fisher siehe auch BORTZ, 1990).

> Die exakte Methode nach FISHER, 1958, verlangt, daß die beiden Zeilen-Summen in etwa gleich sind. Der Test selber ist auch für höhere bzw. hohe Stichproben-Größen exakt; da die Durchführung des Tests aber einige Fakultäten benötigt und die Ermittlung dieser für große Zahlen relativ viel Zeit beansprucht, sollte man bei großen Stichproben auf die Approximation zurückgreifen. Im Zeifelsfalle (d.h. z.B. bei Zeilensummen um den Wert von 20) kann man beide Verfahren anwenden, wobei der **exakte Test nach Fisher** das korrektere Resultat liefert.

3.8.2   2·k-Felder-Test

Befehl: `contingencyTable[{{x1,x2},{x3,x4},`
               `{x5,x6},...}]`

package: `"statistics`contingencyTables`"`

Optionen: `smallSampleCorrecture, alpha, TwoSided, output`

Funktion: Test mehrerer (k) Stichproben auf Homogenität bezüglich eines Merkmales mit zwei Ausprägungen

Literatur: LIENERT, 1986; SACHS, 1992

*Die Anzahl der Frei-
heitsgrade bei einem
2·k-Felder-Test
beträgt (k-1)*

Beim 2·k-Felder-Test liegen für ein Merkmal und zwei Ausprägungen k Stichproben vor (←). Die Befehlseingabe (siehe oben) zur Auswertung einer solchen Kontingenz-Tafel ist mit der des Vierfelder-Tests identisch (davon abgesehen, daß eine exakte Methode wie die von FISHER, 1958, **nicht** implemen-

mentiert wurde); die im Protokoll mit ausgedruckte Kontingenz-Tafel (ohne Randsummen) besteht aus 2 Spalten und
k Zeilen. Intern arbeitet die Routine mit dem Ansatz für
eine r·k-Kontingenz-Analyse, der selbstverständlich auch auf
die 2·k- und die 2·2-Analyse anwendbar ist (so daß hier auf
Abschn. 3.8.4 hingewiesen sei).

3.8.3 m·2-Felder-Test

Befehl: `contingencyTable[{{x1,x2,x3...},`
           `{x4,x5,x5...}}]`
package: `"statistics`contingencyTables`"`
Optionen: `smallSampleCorrecture`, `alpha`, `TwoSided`,
           `output`
Funktion: Test zweier Stichproben auf Homogenität bezüg-
           lich eines Merkmales mit mehreren (m) Ausprä-
           gungen
Literatur: LIENERT, 1986

Bei 2 Stichproben von m Merkmals-Ausprägungen liegt ein
Problem der m·2-Kontingenz-Analyse vor (→). Ein Beispiel
dafür wäre eine Untersuchung, ob bestimmte Urlaubsformen
(Merkmal mit den Ausprägungen: Strandurlaub; Wanderur-
laub; Abenteurerurlaub; Bildungsurlaub;...) vom Grad der
akademischen Ausbildung (Stichproben 1 und 2: akademi-
sche bzw. nicht-akademische Ausbildung) abhängen. Der mathematische Formalismus zur Auswertung einer solchen Statistik ist mit dem einer 2·k-Fragestellung identisch, allerdings
gibt es Unterschiede bei der Interpretation der Resultate.

3.8.4 m·k-Felder-Test

Der m·k-Felder-Test ist der allgemeinste Fall eines Tests zur
Homogenität von Stichproben bezüglich eines Merkmales mit
mehreren Ausprägungen. Mit k = 2 (Stichproben) und/oder
m = 2 (Merkmalsausprägungen) sind die Methoden des Vier-
, des m·2- und des 2·k-Felder-Tests lediglich ein Spezialfall
des m·k-Felder-Tests. Der entsprechende Befehl lautet:

Tatsächlich greifen sämtliche Befehle für die Kontingenz-Tafeltests auf diese eine Routine zurück

Die Anzahl der Freiheitsgrade bei einem m·2-Felder-Test beträgt (m-1)

Befehl: `contingencyTable[{{x1,x2,...},{x3,x4,...},`
`{x5,x6,...},...}]`

package: `"statistics`contingencyTables`"`

Optionen: `smallSampleCorrecture, alpha, TwoSided,`
`output`

Funktion: Test mehrerer (k) Stichproben auf Homogenität bezüglich eines Merkmales mit mehreren (m) Ausprägungen

Literatur: LIENERT, 1986; SACHS, 1992

Zur Überprüfung der Hypothese der Homogenität wird die Testgröße

$$X^2 \doteq n\left(\left(\sum_{i=1}^{k}\sum_{j=1}^{m}\frac{c_{ij}}{\Sigma_i \cdot \Sigma_j}\right) - 1\right)$$

ermittelt, wobei c_{ij} die Elemente der Daten-Liste (Matrix) und Σ_i (Σ_j) die Zeilen- bzw. Spaltensummen sind, k und m die Anzahl der Zeilen bzw. Spalten und n die Gesamtsumme der Listenelemente ist ($n = \sum c_{ij}$). Ist diese Testgröße größer als $\leftarrow X^2_{\alpha,\,(k-1)\cdot(m-1)}$, wird die Hypothese der Homogenität abgelehnt, anderenfalls angenommen.

Die Anzahl der Freiheitsgrade bei einem $m\cdot k$-Felder-Test beträgt $(m-1)\cdot(k-1)$

3.9   Varianzanalyse

Um zwei Mittelwerte miteinander zu vergleichen, wendet
man den Student-*t*- (GOSSET), den WELCH- oder ein parameterfreies Verfahren an (siehe Abschn. 3.7). Zum paar-
weisen Vergleich mehrerer (n) Mittelwerte müssen diese Verfahren $(n \cdot (n+1)/2)$-mal angewendet werden, was nicht be-
sonders elegant und bei größeren Datenumfängen auch recht
mühselig ist (eine Verdoppelung der Anzahl n der Mittelwerte führt approximativ zu einer Vervierfachung des Rechenaufwandes). Die Varianzanalyse stellt Methoden zur
Verfügung, um mit deutlich reduziertem Aufwand solche Mit-
telwert-Vergleiche durchzuführen.

Voraussetzung für die Varianzanalyse ist, daß sich das
Daten-Material →normalverteilt und →Varianzhomogen
verhält. Viele Methoden der Varianzanalyse reagieren empfindlich auf eine Verletzung dieser Annahmen, wobei es
allerdings eine Reihe von Verfahren wie etwa Transformationen gibt, um auch nicht-normalverteilte Daten auszuwer-
ten. Zur Auswertung von parameterfreien Daten stehen darüber hinaus Methoden der Rang-Varianzanalyse zur Verfügung. Schließlich wird zwischen der einfachen und der
zwei- und mehrfachen Varianzanalyse unterschieden. Das
Schema auf der folgenden Seite gibt einen Überblick über die
in diesem Buch implementierten Methoden der →Varianz-
analyse.

Die in diesem Kapitel aufgeführten Routinen zur Varianzanalyse behandeln den Fall eines Merkmales mit jeweils
beliebig vielen Ausprägungen und sind im *package* "statis-
tics`anova'" zusammengefaßt. Schließlich wird in Abschn.
3.9.6 der H-Test nach Kruskal und Wallis als parameterfreie
Alternative zu den Methoden der Varianzanalyse vorgestellt.

Siehe Notebook 30.ma
*auf der beiliegen-
den CD-ROM*

Literatur:
HOCHSTÄDTER, *1988;*
ZAR, *1984;* SCHEFFÉ,
1959; SACHS, *1992*

*Zum Test auf
Normalverteilung
siehe Abschn. 3.1.3
Zum Test auf
Varianzhomogenität
siehe Abschn. 3.9.4*

*Kurz: ANOVA für
analysis of variance*

3.9.1   Schema zur Varianzanalyse

Das folgende Schema gibt Auskunft über die Methoden der Varianzanalyse und ihre Voraussetzungen. Grundsätzlich gilt für die Varianzanalyse, daß die Stichproben normalverteilt und varianzhomogen sein müssen. Sind beide Bedingungen nicht erfüllt, gibt es parameterfreie Alternativen. In der vorliegenden Programm-Bibliothek (*packages*) ist hierfür der H-Test nach Kruskal ud Wallis implementiert.

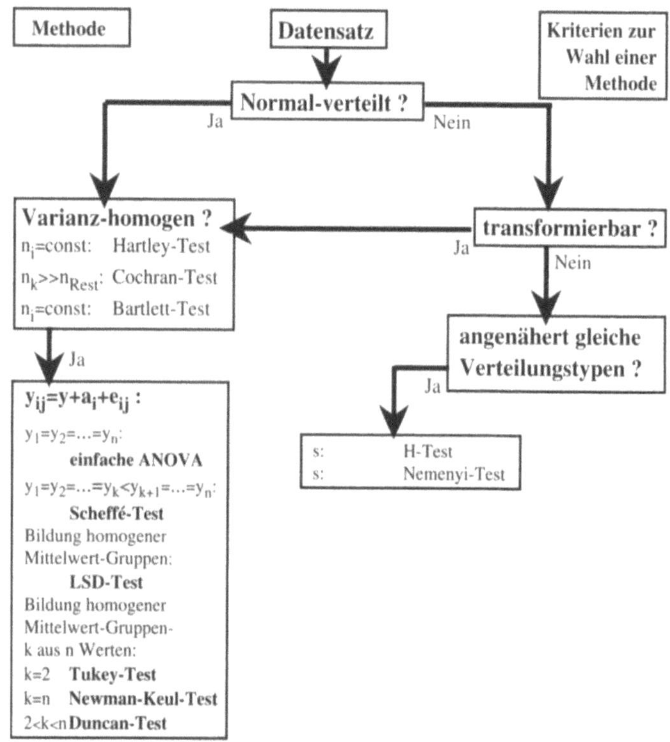

3.9.2 Hinweise zur Datenstruktur

Die Varianzanalyse kann prinzipiell mit zwei Arten von Daten durchgeführt werden, zwischen denen unterschieden werden muß. Zum einen kann das Zahlenmaterial in Rohform vorliegen (siehe folgendes Beispiel, links), d.h. daß sich der Datensatz in n_g Gruppen mitje n_i Einzelwerten untergliedert. Zum anderen können die Daten bereits in reduzierter Form vorliegen (Beispiel, rechts), d.h. daß für jede Gruppe bereits die Mittelwerte $\overline{x_i}$, die Varianzen σ_i^2 und die Gruppengrößen n_i ermittelt wurden (und die Rohdaten eventuell nicht mehr vorliegen):

1	2	…	g		#	$\overline{x_i}$	σ_i^2	n_i
x_{11}	x_{21}	…	x_{g1}		1	$\overline{x_1}$	σ_1^2	n_1
x_{12}	x_{22}	…	x_{g2}		2	$\overline{x_2}$	σ_2^2	n_2
…	…	…	…		…	…	…	…
x_{1n_1}	x_{2n_2}	…	x_{gn_g}		g	$\overline{x_g}$	σ_g^2	n_g

Alle auf der beiliegenden CD-ROM befindlichen Befehle zur Varianzanalyse arbeiten Standard-mäßig mit reduzierten Datensätzen. Liegen Rohdaten vor, kann auf zweierlei Weise vorgegangen werden. **Entweder** werden diese Daten mittels des Befehles `reduceDataSet[dataSet]` reduziert **oder** die Befehle zur Varianzanalyse werden mit der Option `reduced->False` aufgerufen.

Befehl: `reduceDataSet[dataSet]`
package: `"statistics`anova`"`
Optionen: `method, output`
Funktion: Ermittelt aus einer Liste mehrerer Stichproben optional den →Mittelwert und die →Standardabweichung bzw. den →Median sowie den →MAD und den Umfang jeder Stichprobe
Literatur: −

Mit der Option `method->Mean` wird der arithmetische Mittelwert und die Standardabweichung ermittelt, mit der Option `method->Median` der Median und der in Abschn. 3.1.5

Zur Konvertierung von ASCII-Dateien in Mathematica-Listen siehe Abschn. 1.7

Datensätze in roher (links) und reduzierter Form (rechts). $\overline{x_i}$ steht für den arithmetischen Mittelwert, σ_i^2 für die empirische Varianz und n_i^2 für die Größe der einzelnen Gruppen

Siehe Abschn. 3.1.5

definierte *median absolute deviation from the median*(MAD) und zurückgegeben. Mit der Option `output->True` wird zusätzlich ein Protokoll auf dem Bildschirm ausgedruckt.

Hinweis: Im Fall von $n_1 = n_2 = \ldots = n_g$ spricht man auch vom **balancierten**, anderenfalls (mindestens zwei n_i unterscheiden sich) vom **unbalancierten** Fall. Sämtliche im *package* anova implementierten Routinen behandeln den unbalancierten Fall, der die Auswertung ←balancierter Datensätze als Spezialfall mit einschließt (anstelle von balancierten und unbalancierten spricht man gelegentlich auch von **orthogonalen** und **nichtorthogonalen** Fällen).

3.9.3 Abstandsquadrat-Summen

Die Varianzanalyse (**ANOVA**) geht von der Annahme aus, daß sich ein experimentell realisierter Meßwert aus einer festen $(\overline{y})$, einer ←Gruppen-abhängigen (z.B. a_i) und einer zufälligen Komponente (z.B. e_{ik}) zusammensetzt. Sei i der Index der Meßwerte innerhalb der Gruppen, lauten im ein- und zweifaktoriellen Fall die entsprechenden Gleichungen:

$$y_{ik} = \overline{y} + a_k + e_{ik} \quad \text{bzw.} \quad y_{ikl} = \overline{y} + a_k + a_l + a_{kl} + e_{ikl},$$

wobei i bzw. k und l die Indizes der Gruppen sind. Dabei wird ←angenommen, daß die zufällige Komponente e_{ik} (bzw. e_{ikl} usw.) einer normalverteilten Grundgesamtheit mit Erwartungswert 0 und Varianz σ^2 entstammt, d.h. $e_{ik} \in \mathrm{N}[0, \sigma^2]$. Aus den n_e Gruppen mit je n_i Meßwerten im Roh-Datensatz (links; $\mathrm{i} = 1, 2, \ldots, \mathrm{n}_e$) bzw. den entsprechenden reduzierten Datensätzen (rechts) ergeben sich folgende Summen:

Roh-Datensätze

$$\leftarrow S_i = \sum_{e=1}^{n_e} \left(\sum_{i=1}^{n_i} (x_{ie} - \overline{x_i})^2 \right),$$

$$\leftarrow S_g = \sum_{e=1}^{n_e} n_i (\overline{x_i} - \overline{x})^2 \quad,$$

Reduzierte Datensätze

$$S_i = \sum_{e=1}^{n_e} \sigma_i^2 \cdot (n_i - 1) \quad,$$

$$S_g = \sum_{e=1}^{n_e} \frac{(\overline{x_i} \cdot n_i)^2}{n_i} - C \quad,$$

$$S_t = \sum_{e=1}^{n_e}\left(\sum_{i=1}^{n_i}(x_{ie} - \overline{x})^2\right) \quad , \quad S_t = S_i + S_g \quad \text{mit}$$

$$C = \frac{\left(\sum_{e=1}^{n_e} n_i \cdot \overline{x_i}\right)^2}{n_e \cdot n_i} \quad .$$

S_t: *Gesamtsumme der Abweichungsquadrate* S_i *und* S_g

Mit dem folgenden Befehl lassen sich die Abstands-Quadrats-Summen mehrerer Stichproben bestimmen:

Befehl: `squareSums[dataSet]`
package: `"statistics`anova`"`
Optionen: −
Funktion: Ermittelt die Abstands-Quadrats-Summen mehrerer Stichproben
Literatur: HOCHSTÄDTER, 1988; ZAR, 1984

In der Literatur werden S_i, S_g und S_t auch als **Summe der Abweichungsquadrate**(SQ), **Summe innerhalb der Faktorstufen**(SQI) und **Summe zwischen den Stufen der Faktoren** (SQA) oder **Summe der totalen Beobachtung** (SQT) bezeichnet (z.B. HOCHSTÄDTER, 1988). Der Befehl `squareSums[dataSet]` ermittelt aus einem →reduzierten Datensatz diese Summen (und **nicht** die Varianzen!) und gibt als Resultat die Liste $\{S_i, S_g, S_t\}$ zurück.

Siehe Abschn. 3.9.2

3.9.4   Test auf Varianzhomogenität

Wie bereits erwähnt, gehen die Methoden der ANOVA davon aus, daß die zufälligen Komponenten e_{ik} eines Experimentes der gleichen Grundgesamtheit der Verteilung $N[0, \sigma^2]$ entstammen. Neben der Hypothese auf Normalverteilung der Daten ist daher auch zu überprüfen, ob die Varianzen der realisierten Meßdaten gleich sind oder nicht. Im Befehl `testOnVarianceHomogeneity` ist die Methode nach BARTLETT, 1937, implementiert, die auf Stichproben unterschiedlicher Umfänge anwendbar ist (im Gegensatz zum Verfahren nach HARTLEY, 1950) und − umgekehrt - auch nicht fordert, daß die Stichproben-Umfänge stark voneinander abweichen (wie beim Verfahren nach COCHRAN, 1941, der Fall). Da dieses Testverfahren empfindlich auf Abweichungen der Stichproben von der Normalverteilung reagiert, sei nochmals darauf hingewiesen, daß einer Versuchsauswertung mit Methoden der ANOVA ein Test aller Stichproben auf Normalität vorausgehen muß. Darüber hinaus verlangt der Bartlett-Test, daß die Stichproben zu jedem Faktor mindestens vom Umfang 5 sein müssen.

Befehl: `testOnVarianceHomogeneity[dataSet1,`
`dataSet2]`
package: `"statistics`anova`"`
Optionen: `alpha, output`
Funktion: Test auf Varianzhomogenität
Literatur: ZAR, 1984

Die Chi-Quadrat-Prüfgröße für die Hypothese gleicher Varianzen lautet:

$$X^2 = \frac{1}{C} \cdot \left((n-k) \cdot ln(s^2) - \sum_{i=1}^{k} (n_i - 1) \cdot ln(s_i^2) \right) \qquad \text{mit}$$

$$C = \frac{\sum_{i=1}^{k} \left(\frac{1}{n_i - 1} \right) - \frac{1}{n-k}}{3 \cdot (k-1)} \quad \text{und} \quad s^2 = \frac{\sum_{i=1}^{k} (n_i - 1) \cdot \sigma_i^2}{n-k} \quad .$$

n ist hierbei die Summe aller Stichprobenumfänge, k ist die Anzahl der Gruppen (Klassen, Faktoren) und n_i sind die Umfänge der einzelnen Stichproben (Gruppen). Die Hypothese wird abgelehnt, wenn X^2 die entsprechende α-Quantile der Chi-Quadrat-Verteilung $X^2(\alpha, g-1)$ überschreitet; α ist dabei die Irrtumswahrscheinlichkeit (die in der Standard-Einstellung auf den Wert 0.1 festgelegt wurde und mit der Option `alpha->value` auf einen anderen Wert verstellt werden kann).

Der BARTLETT-Test reagiert empfindlich auf Abweichungen des Datenmaterials von der Normalverteilung. Bei gegenüber der Normalverteilung flacheren (platykurtischen) Verteilungen (negativer ←Exzeß) ist die tatsächliche Irrtumswahrscheinlichkeit geringer als α, d.h. der Test fällt konser-

Siehe Abschn. 3.1.5

vativer aus, und der β-Fehler nimmt zu. Bei hochgipfeligeren (leptokurtischen) Verteilungen (positiver Exzeß) dagegen ist die tatsächliche Irrtumswahrscheinlichkeit größer als α, d.h. der Test fällt liberaler aus, und die β-Wahrscheinlichkeit nimmt ab. Unter Umständen sollten daher die Daten mit Hilfe der Prozeduren →Skewness[data] und →KurtosisEx-zess[data] auf ihren Verlauf hin überprüft werden.

Siehe Abschn. 3.1.5 bzw. package "Statistics`Des-criptiveStatistics`"

3.9.5 Einfache Varianzanalyse

Gilt die Hypothese $\overline{x_1} = \overline{x_2} = \ldots = \overline{x_n}$, d.h. sind die Mittelwerte $\overline{x_i}$ gleich, dann „verschwindet" die Gruppenvarianz σ_g^2. Die einfache Varianzanalyse (*single factor analysis of variance*) ermittelt aufgrund eines F-Tests, ob diese Bedingung innerhalb eines durch die Irrtumswahrscheinlichkeit α definierten Konfidenz-Bereiches erfüllt ist. In der **einfachen** bzw. einfaktoriellen Varianzanalyse werden Stichproben in Abhängigkeit von zwei Faktoren ermittelt. Ist die Test-Größe

$$F = \frac{\sigma_g^2}{\sigma_i^2} = \frac{\frac{S_g}{g-1}}{\frac{S_i}{n-g}} \quad \text{mit} \quad S_g, S_i \quad \text{(siehe Abschn. 3.9.4)}$$

kleiner als die α-Quantile $F_{g-1,\,n\cdot g-g,\,\alpha}$ der F-Verteilung, wird die Hypothese gleicher Mittelwerte angenommen, ist die Testgröße größer, wird sie abgelehnt.

Befehl: singleFactorANOVA[dataSet]
package: "statistics`anova`"
Optionen: alpha, output, TwoSided, reduced
Funktion: Vergleich mehrerer Mittelwerte bei zwei Faktoren
Literatur: ZAR, 1984; HOCHSTÄDTER, 1988

Mit der Option alpha->value (Standard-Einstellung: $\alpha = 0.1$) wird die Irrtumswahrscheinlichkeit bestimmt, mit der Option TwoSided (Standard-Einstellung: True), ob der Test zwei- oder einseitig ist. In der *default*-Einstellung nimmt der Befehl rohe Datensätze, mit reduced->True dagegen auch reduzierte Datensätze auf (siehe Abschn. 3.9.3).

```
Befehl:    singleFactorANOVA[dataSet,
           method->linearContrasts]
```
package: `"statistics`anova`"`
Optionen: `alpha`, `output`
Funktion: Ermittlung homogener Gruppen
Literatur: ZAR, 1984; HOFSTÄDTER, 1988

Ergibt die einfache Varianzanalyse, daß die Hypothese gleicher Gruppenmittelwerte zu verwerfen ist, stellt sich im nächsten Schritt die Frage, ob es Untergruppen gleicher Mittelwerte – homogene Gruppen – gibt. Existiert die Hypothese, daß bestimmte Mittelwerte $\overline{x_a}$, $\overline{x_b}$, ... kleiner sind als die restlichen Mittelwerte ..., $\overline{x_y}$, $\overline{x_z}$, kann diese mit Hilfe des Testes zur Beurteilung linearer Kontraste nach SCHEFFÉ überprüft werden. Aus den beiden Untergruppen $\overline{x_a}$, $\overline{x_b}$,... und ..., $\overline{x_y}$, $\overline{x_z}$ ermittle man die ←„Untergruppen"-Mittelwerte und -Varianzen $\overline{x_A}$ und $\overline{x_B}$ bzw. $s_{\overline{x_A}}$ und $s_{\overline{x_B}}$. Ist die Prüfgröße

Diese Vergleiche zwischen Untergruppen werden als *lineare* **Kontraste** bezeichnet

$$S = \frac{|\overline{x_A} - \overline{x_B}|}{s_{\overline{x_A}} - s_{\overline{x_B}}} \quad \text{mit} \quad s_i^2 = \frac{S_i}{n_i - 1}$$

größer als $\sqrt{(g-1) \cdot F_{(g-1),n-g,\alpha}}$, gilt die Hypothese signifikant unterschiedlicher Untergruppen-Mittelwerte als angenommen. Mit der Option `output->True` druckt der Befehl wiederum ein Protokoll auf dem Bildschirm aus, zurückgegeben wird eine Liste, die die arithmetischen Mittelwerte der Gruppen enthält, wobei gleiche Mittelwerte in Unterlisten zusammengefaßt werden (z.B. `{{m1,m2},{m3,m4,m5},{m6}}`: Mittelwerte `m1` und `m2` sind gleich, ebenfalls `m3`, `m4` und `m5`; `m6` gleicht keinem anderen Mittelwert).

Existieren lediglich zwei Gruppen, ist nur ein linearer Kontrast möglich, bei drei Gruppen sind es bereits sechs Vergleiche, die durchgeführt werden müssen, um sämtliche möglichen Kombinationen zwischen den drei Gruppen-Mittelwerten zu erfassen. Wie man erkennen kann, nimmt mit zunehmender Anzahl von Gruppen der Rechenaufwand überproportional zu, so daß anstelle dieses Verfahrens u.U. besser eine der folgenden Methoden eingesetzt wird.

Befehl: `singleFactorANOVA[dataSet,`
           `method->lsd]`
package: `"statistics`anova`"`
Optionen: `alpha, output`
Funktion: Ermittlung homogener Gruppen
Literatur: ZAR, 1984; HOFSTÄDTER, 1988

Im Gegensatz zum vorhergehenden Ansatz werden bei dem
least significant difference-Test (**LSD-Test**) zuerst die
Gruppen-Mittelwerte der Größe nach sortiert. Anschließend
wird für alle $i \in [1, g-1]$ die Differenz $\Delta_{i,i+1} = \overline{x_{i+1}} - \overline{x_i}$
gebildet. Ist $\Delta_{i,i+1}$ größer als die entsprechende Prüfgröße

$$LSD_{i,i+1} = t_{n-g,\alpha} \cdot \sqrt{s_i^2 \cdot \frac{n_i + n_{i+1}}{n_i \cdot n_{i+1}}}$$

wird die Hypothese gleicher Mittelwerte für $\overline{x_i}$ und $\overline{x_{i+1}}$
nicht abgelehnt. Der entsprechende Test für alle $\Delta_{i,i+1}$ führt
zu einer Liste homogener Mittelwertgruppen, die vom Befehl
zurückgegeben werden.

Die folgenden beiden Tests (TUKEY- und NEWMAN-KEULS-
Test) setzen die **Studentische Variationsbreite** $q_{k,\nu,\alpha}$ ein.
Diese Verteilung gibt bei einer Irrtumswahrscheinlichkeit α
die maximale (standardisier-
te) Spannweite an, die bei
einer Gruppe von k Mittelwerten auftreten darf, wobei
ν die Anzahl der Freiheitsgrade ist, die zur Berechnung
der Varianz der Variationsbreite nötig ist, also den
Wert $n \cdot k - k = n \cdot (k-1)$ besitzt. Aufgrund unterschiedlicher Annahmen   variieren

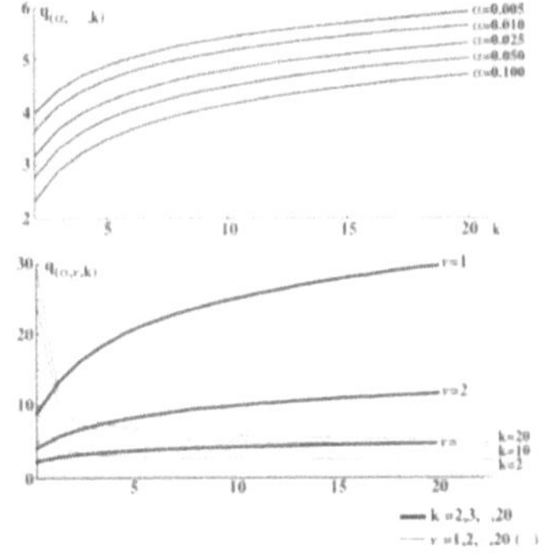

*Quantilen der Q-
Verteilung. Oben die
$q_{\alpha,\infty,k}$-Werte für die
angegebenen Irrtums-
wahrscheinlichkeiten und
unten einige $q_{\alpha,\nu,k}$-
Werte für $\alpha = 0.1$*

diese Parameter α, k und ν und führen zu den oben genannten Tests. Die studentische Variationsbreite $q_{k,\nu,\alpha}$ wird durch
den folgenden Befehl mit einer Genauigkeit von drei signifikanten Stellen relativ gut abgeschätzt:

Befehl: `studentizedRange[k,nu,alpha]`
package: `"statistics`anova`"`
Optionen: —
Funktion: Gibt für die Parameter nu sowie die Irrtumswahrscheinlichkeit alpha die maximal zulässige Spannweite von k Mittelwerten an
Literatur: ZAR, 1984; HOFSTÄDTER, 1988

Im Englischen honestly significant difference test oder auch wholly significant difference test genannt

Der ←TUKEY-Test untersucht, ob die Differenz zweier Gruppen-Mittelwerte $\overline{x_i}$ und $\overline{x_k}$ einen signifikanten Wert aufweist. Ist die Prüfgröße

$$q = \frac{\overline{x_i} - \overline{x_k}}{SE}, \text{ wobei } SE = \sqrt{\frac{s^2}{n}},$$

größer als die α-Quantile der studentischen Variationsbreite $q_{\alpha,n,g}$, gilt die Differenz als signifikant. Wird der Test für alle möglichen Mittelwert-Paare durchgeführt, erhält man (wie schon beim LSD-Test) eine Liste der sortierten Mittelwerte.

Siehe unten

Der folgende Mathematica-Befehl überprüft nach der oben stehenden Gleichung die Differenzen **aller** Gruppen-Mittelwerte, wobei gleiche Mittelwerte in Unterlisten zusammengefaßt werden (z.B. `{{m1},{m2,m3,m4},{m5}}`).

Befehl: `singleFactorANOVA[dataSet,method->Tukey]`
package: `"statistics`anova`"`
Optionen: —
Funktion: Vergleich mehrerer Mittelwerte
Literatur: ZAR, 1984; HOFSTÄDTER, 1988; TUKEY, 1949

Die power oder Güte eines Tests gibt an, mit welcher Wahrscheinlichkeit eine Hypothese H_0 zu recht abgelehnt und damit eine Gegenhypothese H_0 angenommen wird

Der Nachteil des TUKEY-Tests ist, daß auch beim Vergleich von weniger als k Mittelwerten die Größe $q_{k,n,\alpha}$ verwendet wird, d.h. daß mit abnehmendem k das durch α definierte Konfidenzintervall zunimmt und damit der β-Fehler größer wird (bzw. die ←*power* des Tests abnimmt). Dieser Kritik am TUKEY-Test trugen NEWMAN, 1942, und KEULS, 1952, Rechnung, indem sie auch den Fehler II. Art (β-Fehler) berücksichtigten. Für diesen Test werden zuerst die Gruppen-Mittelwerte $\overline{x_i}$ (i = 1, 2, ..., g) der Größe nach sortiert. Anschließend werden gemäß dem auf der nächsten Seite abgebildeten Schema diese Mittelwerte miteinander verglichen: Im **ersten Schritt** wird der größte mit dem kleinsten Mittelwert auf einen signifikant großen Unterschied ($\overline{x_i} - \overline{x_k}$) hin überprüft, im **zweiten Schritt** der größte mit dem zweitkleinsten **und** der zweitgrößte mit dem kleinsten Mittelwert usw. Wird für ein solches Mittelwert-Paar ($\overline{x_i} - \overline{x_k}$) die Hypothese **ungleicher** Werte abgelehnt (im abgebildeten Beispiel $\overline{x_2} - \overline{x_4}$), gelte dies auch für alle weiteren Mittelwert-Paare $\overline{x_{i'}}$ und $\overline{x_{k'}}$ aus diesem Intervall (mit $i < i' < k' < k$). Für die Mittelwertpaare $\overline{x_2}$ und $\overline{x_3}$ sowie $\overline{x_3}$ und $\overline{x_4}$ im Schema rechts heißt dies, daß zwischen ihnen (**ohne** einem nochmaligen Test) ebenfalls **kein** signifikanter Unterschied angenommen wird. Im abgebildeten Beispiel wird schließlich für das Mittelwert-Paar $\overline{x_1}$ und $\overline{x_2}$ ebenfalls **kein** signifikanter Unterschied ermittelt. Gruppen nicht signifikant unterschiedlicher Mittelwerte werden häufig durch Unterstreichung hervorgehoben (Abbildung oben, grauer Kasten unten links). Der entsprechende *output* des Mathematica-Befehls `singleFactorANOVA[dataSet, method->NewmanKeuls]` faßt diese Gruppen hingegen in Unterlisten zusammen (z.B. {{x1,x2},{x2,x3,x4},{x5}}). Treten einzelne Mittelwerte in mehreren Gruppen auf (wie etwa $\overline{x_2}$ aus dem Beispiel), dürfen diese Gruppen dennoch **nicht** zusammengefaßt werden.

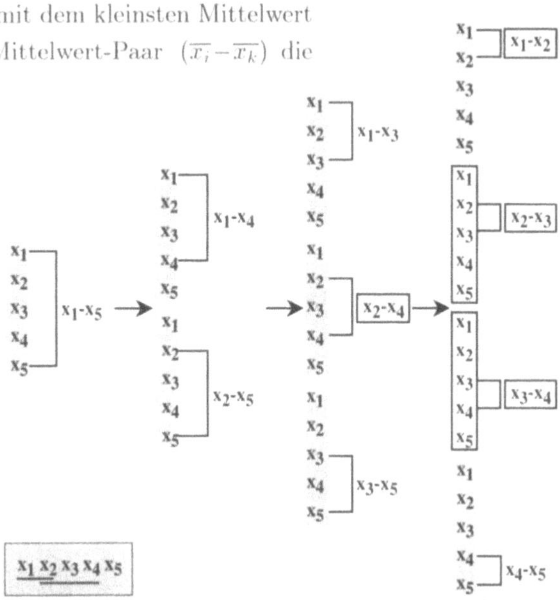

Schema zum NEWMAN-KEULS-*Test. Ermittelt wird die Differenz zwischen zwei Gruppen-Mittelwerten (x_i-x_j), deren Abstand sich von links nach rechts verkleinert. Umrahmte Werte-Paare weisen keinen signifikanten Unterschied auf*

Befehl: `singleFactorANOVA[dataSet, method->`
          `NewmanKeuls]` $\to$

package: `"statistics`anova`"`

Optionen: —

Funktion: Vergleich mehrerer Mittelwerte

Literatur: ZAR, 1984; HOFSTÄDTER, 1988

Auch STUDENT-NEWMAN-KEULS- *oder kurz* **SNK**-*Test genannt*

Das Prüfkriterium q für die Gleichheit zweier Gruppen-Mittelwerte wird durch jene Gleichung beschrieben, die zwei Seiten vorher unter dem Tukey-Test zu finden ist. Die Hypothese wird abgelehnt, d.h. ein Unterschied wird als signifikant angenommen, wenn $q > q_{\alpha,k,\nu}$ (zum Vergleich: Im TUKEY-Test wird die Hypothese abgelehnt, wenn $q > q_{(\alpha,g,\nu)}$ mit $2 \leq k \leq g$), wobei k der Abstand der beiden zu vergleichenden Gruppen-Mittelwerte ist (letztere mit eingeschlossen !). Wie man anhand der in diesem Abschnitt dargestellten Abbildung von Kurven für $q_{\alpha,k,\nu}$ in Abhängigkeit von k erkennen kann, nimmt mit abnehmendem k die Quantile ebenfalls ab, d.h. daß die Intervalls-Breite abnimmt und somit – bei gleich bleibendem **globalem** α-Fehler – der β-Fehler **nicht** zunimmt. Tatsächlich können der TUKEY- und der NEWMAN-KEULS-Test aufgrund der unterschiedlichen Signifikanz-Niveaus zu **unterschiedlichen** Resultaten führen, da ersterer relativ **konservativ** ist (d.h. relativ lange an der aufgestellten Hypothese festhält $\mapsto$ geringe *power*), während zweiterer **liberaler** ist (d.h. früher die aufgestellte Hypothese verwirft $\mapsto$ hohe *power*).

3.9.6   H-Test nach KRUSKAL und WALLIS

Der **H-Test** nach KRUSKAL **und** WALLIS überprüft die Hypothese, k Stichproben entstammen **einer** Grundgesamtheit. Im ersten Schritt werden die n_i Werte der k Stichproben (i = 1, 2, ..., k) „*gepoolt*", der Reihe nach sortiert und anschliessend mit Rangzahlen (R_i = 1, 2, ..., n mit n = $\sum n_i$) versehen. Sind mehrere Werte gleich groß (z.B. $\{ \ldots x_6, x_7, x_8 \ldots \}$ mit den Rangzahlen $R_6 = 6$, $R_7 = 7$ und $R_8 = 8$), erhalten diese Werte als neue Rangzahl den arithmetischen Mittelwert der ursprünglichen Rangzahlen (d.h. im obigen Beispiel erhalten x_6, x_7 und x_8 die Rangzahl $R_6 = R_7 = R_8 = 7$ wegen $7 = (6 + 7 + 8)/3$). Im nächsten Schritt werden die Werte x_i wieder den ursprünglichen k Gruppen zugeordnet. Aus den neuen Rangzahlen R_i errechnet sich nun die Prüfgröße

$$H = \left(\frac{12}{n(n+1)}\right) \cdot \left(\sum_{i=1}^{k} \frac{R_i^2}{n_i}\right) - 3(n+1) \quad ,$$

wobei k die Anzahl der Stichproben, n_i die Größe der Stichproben, R_i ihre Rangzahlen (unter Berücksichtigung von Bindungen) und $n = \sum n_i$ sind. Die Hypothese, die k Stichproben entstammen einer gemeinsamen Grundgesamtheit, wird angenommen, wenn die Prüfgröße H kleiner ist als die Quantile $X^2_{k-1,\alpha}$.

Befehl: `KruskalWallisTest[{dataSet1,dataSet2,···}]`
package: `"statistics`anova`"`
Optionen: `alpha`
Funktion: Vergleich **mehrerer** nicht-normaler Verteilungen
         auf Gleichheit (parameterfreies Gegenstück zur
         Varianzanalyse)
Literatur: KRUSKAL und WALLIS, 1952, 1953; LIENERT, 1986;
         BORTZ, 1990

Anlagen

Dieses Kapitel enthält eine Schnellübersicht zu den Statistik-Befehlen unter Mathematica (Abschn. 4.1), eine Liste der *package*-Namen unter MS-DOS (Abschn. 4.2), Hinweise zu Literatur über Mathematica (Abschn. 4.3) und zu Statistik-Lehrbüchern (Abschn. 4.4), eine Übersicht zum Inhalt der beiliegenden CD-ROM (Abschn. 4.5), ein Quellenverzeichnis (Abschn. 4.6) und ein Stichwort-Register (Abschn. 4.7).

Ein →ausführliches Literatur- und Quellen-Register befindet sich in den Dateien →`literatur.txt` bzw. `literatur.ps` auf der beiliegenden CD-ROM; erstere kann – wie alle Dateien mit der Extension `txt` (ASCII-Datei) – auf jedem Drucker ausgedruckt werden, während zweitere (Extension `ps`) nur auf PostScript-fähigen Druckern ausgegeben werden kann. Ebenfalls auf der CD-ROM befinden sich ASCII- und PostScript-Dateien mit einem Glossar zu statistischen Begriffen und eine – lediglich als PostScript-Datei vorhandene – Graphik-Datei mit einem Flußdiagramm zu den in diesem Buch besprochenen Methoden und Statistik-Befehlen.

liter.ps bzw. liter.txt für MS-DOS-Anwender. Das in Abschn. 4.6 befindliche Verzeichnis enthält nur die in diesem Buch zitierten Quellen. Die auf der CD-ROM befindliche Liste enthält weitere Literaturhinweise ausschließlich zur Statistik

Bevor Sie die Programme und *packages* installieren, lesen Sie bitte **unbedingt** zuerst die Datei `readme.txt` (ASCII-Datei) bzw. `readme.ps` (PostScript-Datei) auf der CD-ROM durch. Sie enthält aktuelle Informationen, die erst nach dem redaktionellen Abschluß dieses Buches aufgenommen wurden.

4.1   Schnellübersicht der Befehle

In diesem Abschnitt werden sämtliche Mathematica-Befehle aus dem vorliegenden Buch und den Beispiel-Programmen, zusammen mit einer kurzen Funktionsbeschreibung und den betreffenden Seitenzahlen des Buches, alphabetisch aufgelistet. **Fett** gedruckte Seitenzahlen beziehen sich auf die nähere Beschreibung des Befehls; *kursiv* gedruckte Seitenzahlen verweisen auf Beispielprogramme, in denen der betreffende Befehl eingesetzt wurde; treten Befehlsnamen in weiteren Zusammenhängen auf, wird durch eine magere Seitenzahl darauf hingewiesen. Einige Befehle führen in Abhängigkeit der jeweils eingesetzten Optionen unterschiedliche Funktionen aus; in solchen Fällen gibt es u.U. mehrere (**fett** gedruckte) Seitenhinweise auf nähere Befehlserläuterungen. Namen von Mathematica-Originalbefehlen beginnen prinzipiell mit einem großen, Befehlsnamen der diesem Buch beiliegenden Statistik-*packages* in der ←Regel mit kleinen Buchstaben. Da Mathematica zwischen Groß- und Kleinbuchstaben unterscheidet, gibt es bei der Anwendung gleichlautender Befehle mit **unterschiedlicher** Klein- bzw. Großschreibung zu Beginn des Befehlsnamens (z.B. nonlinearFit und NonlinearFit) **keine** Befehlskollisionen.

Ausgenommen sind Befehlsnamen, die mit Eigennamen von Personen beginnen

Befehl: `autoCorrelation[dataSet]`
Funktion: Autokorrelation einer Zeitreihe
Seite: *60*, **152**

Befehl: `barPlot[dataSet]`
Funktion: Darstellung eines bivariaten Datensatzes
Seite: **108**

Befehl: `boxPlot[dataSet,x,y]`
Funktion: Darstellung eines univariaten Datensatzes
Seite: **76**

Befehl: `cdfTest[dataSet]`
Funktion: Test auf Normalverteilung
Seite: **88**

Befehl: `CentralMoments[dataSet,n]`
Funktion: n-tes Moment eines Datensatzes
Seite: **100**

Befehl: `Chauvenet[dataSet]`
Funktion: Ausreißer-Detektion
Seite: **92**

Befehl: `chi2ApproximationTest[dataSet]`
Funktion: Chi^2-Anpassungstest
Seite: **169**

Befehl: `chi2TestOnNormality[dataSet]`
Funktion: Chi^2-Test auf Normalverteilung
Seite: **89**, 90

Befehl: `contingencyTable[dataSet]`
Funktion: Test auf Stichproben-Homogenität
Seite: **172** (Vierfelder-Test)
           174 (2·k-Felder-Test)
           175 (m·2-Felder-Test)
           57, **176** (m·k-Felder-Test)

Befehl: `convertASCII2List[ASCIIlist]`
Funktion: Wandelt eine im ASCII-Format vorliegende Liste
           in eine Mathematica-Liste um
Seite: 11, **68**

Befehl: `correlationCoefficient[dataSet,method]`
Funktion: Korrelationskoeffizient eines bivariaten Daten-
           satzes
Seite: 31, **120**

Befehl: `deleteDummies[liste,delete]`
Funktion: Erkennt die *dummy*-Variable E aus Listen und
           löscht diese optional
Seite: **70**

Befehl: derivation[dataSet,n]
Funktion: n-te (diskrete) Ableitung einer Zeitreihe
Seite: *62*, **153**

Befehl: errorPropagation[function,par,means,stdD]
Funktion: Fehlerfortpflanzung
Seite: *29*, *31*, *53*, **102**

Befehl: exponentialSmoothing[dataSet]
Funktion: Exponentielles Glätten einer Zeitreihe
Seite: *63*, **155**

Befehl: Fit[dataSet,function,variables]
Funktion: Lineare Regression
Seite: **129**

Befehl: Fourier[dataSet]
Funktion: Fourier-Transformation einer Zeitreihe
Seite: 157, **160**

Befehl: fourierSmoothing[dataSet,mode]
Funktion: Fourier-Glättung einer Zeitreihe
Seite: *64*, **156**

Befehl: GeometricMean[dataSet]
Funktion: Geometrischer Mittelwert eines Datensatzes
Seite: **97**

Befehl: HarmonicMean[dataSet]
Funktion: Harmonischer Mittelwert eines Datensatzes
Seite: **97**

Befehl: Hazen[dataSet]
Funktion: Test auf Normalverteilung
Seite: 86, **87**

Befehl: histogram[dataSet]
Funktion: Empirische Verteilung eines Datensatzes
Seite: *23*, **79**

Befehl: `histogram3D[dataSet]`
Funktion: Empirische Verteilung eines bivariaten Datensatzes
Seite: *26*, **115**

Befehl: `hypothesisAboutCorrelationCoefficients`
           `[dataSet,method]`
Funktion: Test von Korrelationskoeffizienten
Seite: **122**

Befehl: `info`
Funktion: Druckt eine Liste auf dem Bildschirm aus, die Datum und Uhrzeit der Programmanwendung sowie weitere Informationen enthält
Seite: **71**

Befehl: `installFont[device]`
Funktion: Einstellung der Schrift-Fonts für Mathematica-Graphiken
Seite: **72**

Befehl: `InterpolatedQuantile[dataSet,alpha]`
Funktion: Interpolierte α-Quantile eines Datensatzes
Seite: **99**, 114

Befehl: `InterquartileRange[dataSet]`
Funktion: Interquartilsabstand eines Datensatzes
Seite: **100**

Befehl: `InverseFourier[dataSet]`
Funktion: Inverse Fourier-Transformation
Seite: 157

Befehl: `kernSchaetzer[dataSet]`
Funktion: Empirische Verteilung eines univariaten Datensatzes
Seite: **83**

Befehl: `KolmogoroffSmirnowTest[dataSet]`
Funktion: Kolmogoroff-Smirnow-Anpassungstest; in der Standard-Einstellung Test auf Normalverteilung eines Datensatzes
Seite: **90, 169**

Befehl: `KruskalWallisTest[{dataSet1,dataSet2,···}]`
Funktion: Vergleich mehrerer nicht-normaler Verteilungen auf Gleichheit (parameterfreies Gegenstück zur Varianzanalyse)
Seite: *45*, **189**

Befehl: `Kurtosis[dataSet]`
Funktion: Steilheit (Kurtosis) eines Datensatzes
Seite: 90, **101**

Befehl: `KurtosisExcess[dataSet]`
Funktion: Steilheit (Kurtosis) eines Datensatzes (= `Kurtosis[dataSet]-3`)
Seite: *21*, 90, **101**

Befehl: `linearFit[dataSet,function,variables,parameters]`
Funktion: Lineare Regression und graphische Darstellung der Resultate
Seite: *50*, **131**, 139, 142, 158

Befehl: `ListPlot[dataSet]`
Funktion: Darstellung eines bivariaten Datensatzes
Seite: **111**

Befehl: `listPlot[dataSet]`
Funktion: Darstellung einer Zeitreihe bzw. allgemein eines bivariaten Datensatzes
Seite: **149**

Befehl: `loadDataFile[muster]`
Funktion: Lädt Daten-Dateien unterschiedlichen Typs
Seite: 11, *21*, *29*, *35*, *41*, *49*, *57*, *60*, **69**

Befehl: `LorenzPlot[dataSet]`
Funktion: Gleichverteilung positiver univariater Datensätze
Seite: **84**

Befehl: `Madow[dataSet]`
Funktion: Test auf Normalverteilung
Seite: **90**

Befehl: `Median[dataSet]`
Funktion: Median eines Datensatzes
Seite: *21, 29,* **97**

Befehl: `MedianDeviation[dataSet]`
Funktion: Mediane absolute Abweichung eines Datensatzes
Seite: **100**

Befehl: `Mean[dataSet]`
Funktion: Arithmetischer Mittelwert eines Datensatzes
Seite: *21, 29,* **97**

Befehl: `MeanDeviation[dataSet]`
Funktion: Mittlere absolute Abweichung eines Datensatzes
Seite: **99**

Befehl: `MeanDifferenceTest[dataSet1,dataSet2,`
                    `delta]`
Funktion: Vergleicht zwei empirische Mittelwerte
Seite: **163, 164**

Befehl: `MeanTest[dataSet,mu]`
Funktion: Vergleicht einen empirischen mit einem theoretischen Mittelwert
Seite: **162**

Befehl: `Mode[dataSet]`
Funktion: Modalwert eines Datensatzes
Seite: **97**

Befehl: `monotoneTrendTest[dataSet]`
Funktion: Modalwert eines Datensatzes
Seite: *61*, **158**

Befehl: `MovingAverage[dataSet]`
Funktion: Bildung des gleitendes Mittelwertes eines Datensatzes
Seite: 154

Befehl: `movingAverage[dataSet]`
Funktion: Glättung einer Zeitreihe durch gleitende Mittelwert-Bildung
Seite: *62*, **154**

Befehl: `movingHistogram[dataSet]`
Funktion: Empirische Verteilung eines univariaten Datensatzes
Seite: *51*, *53*, **82**, 83

Befehl: `multipleCorrelation[dataSet]`
Funktion: Multiple Korrelationskoeffizienten
Seite: **126**

Befehl: `NonlinearFit[dataSet,function,variables, parameters]`
Funktion: Nichtlineare Regression
Seite: *35*, **141**, 143

Befehl: `nonlinearFit[dataSet,function,variables, parameters]`
Funktion: Nichtlineare Regression
Seite: **142**, 145, 158, 160

Befehl: `oneSidedDoubleOutliersTest[dataSet]`
Funktion: Test auf zwei Ausreißer, beide an **einem Ende** der Verteilung
Seite: **94**

Befehl: `oneSidedSingleOutlierTest[dataSet]`
Funktion: Detektion **eines** Ausreißers
Seite: **93**

Befehl: `outliers[dataSet]`
Funktion: Detektion und optional Elimination von Ausreissern (Dach-Routine)
Seite: *24*, *92*, **95**

Befehl: `parametricFreeMeanDifferenceTest[dataSet1, dataSet2]`
Funktion: Vergleicht parameterfrei Mittelwerte zweier Verteilungen
Seite: **166**, **167**, **168**

Befehl: `partialCorrelation[dataSet]`
Funktion: partielle Korrelationskoeffizienten für drei und vier Merkmale
Seite: **125**, 127

Befehl: `peelingPlot[dataSet]`
Funktion: Empirische Verteilung eines bivariaten Datensatzes
Seite: *26,31*, **116**

Befehl: `periodogram[dataSet]`
Funktion: Ermittelt die Periodizität einer Zeitreihe
Seite: *64*, 159, **160**

Befehl: `polarogram[dataSet,phase]`
Funktion: Polardiagramm einer Zeitreihe bei bekannter Periodizität
Seite: **149**

Befehl: `qqPlot[dataSet1,dataSet2]`
Funktion: Ähnlichkeit zweier Verteilungen
Seite: *25*, **114**

Befehl: Quantile[dataSet,alpha]
Funktion: α-Quantile eines Datensatzes
Seite: **98**

Befehl: Quantile[distribution,alpha]
Funktion: α-Quantile einer Verteilung
Seite: 130

Befehl: quantilePlot[dataSet]
Funktion: Überprüfung eines univariaten Datensatzes auf
          Gleichverteilung
Seite: *22*, **78**

Befehl: QuartileDeviation[dataSet]
Funktion: Quartilsabstand eines Datensatzes
Seite: **100**

Befehl: Quartiles[dataSet]
Funktion: Interpolierte 1/4-, 1/2- und 3/4-Quantilen eines
          Datensatzes
Seite: **99**

Befehl: rawCurve[dataSet]
Funktion: Rohdarstellung bivariater Datensätze
Seite: **105**

Befehl: rawDataPlot[dataSet]
Funktion: Darstellung eines univariaten Datensatzes
Seite: *21*, **76**

Befehl: reduceDataSet[dataSet]
Funktion: Ermittelt aus einer Liste von Datensätzen Punkt-
          und Intervallschätzer
Seite: **179**

Befehl: Regress[dataSet,function,variables]
Funktion: Lineare Regression
Seite: **129**, 131

Befehl: `RootMeanSquare[dataSet]`
Funktion: Wurzel des arithmetischen Mittelwertes der Quadrate eines Datensatzes
Seite: **98**

Befehl: `saisonalPlot[dataSet,phase]`
Funktion: Darstellung einer Zeitreihe bei bekannter Periodizität
Seite: **151**

Befehl: `SampleRange[dataSet]`
Funktion: Wertebereich eines Datensatzes
Seite: **99**,

Befehl: `scatterPlot2D[dataSet]`
Funktion: Darstellung bivariater Datensätze
Seite: *25*, **113**

Befehl: `second2Time[seconds]`
Funktion: Konvertiert einen in Sekunden angegebenen Zeitwert in einen Zeitstring
Seite: **67**

Befehl: `severalOutliersTest[dataSet]`
Funktion: Detektion eines oder mehrerer Ausreißer in einem Datensatz
Seite: **95**, 96

Befehl: `singleFactorANOVA[dataSet]`
Funktion: Varianzanalyse: Vergleich von Mittelwerten bei einem Merkmal
Seite: **183, 184, 185, 186, 187**

Befehl: `Skewness[dataSet]`
Funktion: Schiefheit eines Datensatzes
Seite: *21*, **100**

Befehl: `smoothedPlot[dataSet]`
Funktion: Geglättete Darstellung eines bivariaten Datensatzes
Seite: **110**

Befehl: `Spline[dataSet,type]`
Funktion: Spline-Glättung eines bivariaten Datensatzes
Seite: **111**

Befehl: `squareSums[dataSet]`
Funktion: Ermittlung von Abstands-Quadrats-Summen in der Varianzanalyse
Seite: **181**

Befehl: `StandardDeviation[dataSet]`
Funktion: Ermittlung der Standardabweichung eines Datensatzes
Seite: *29*, 99

Befehl: `StandardDeviationMLE[dataSet]`
Funktion: Ermittlung der empirischen Standardabweichung eines Datensatzes
Seite: 99

Befehl: `stemAndLeafPlot[dataSet]`
Funktion: Empirische Verteilung eines univariaten Datensatzes
Seite: **77**

Befehl: `studentizedRange[k,nu,alpha]`
Funktion: Studentische Variationsbreite
Seite: **186**

Befehl: `symmetryPlot[dataSet]`
Funktion: Symmetrie der empirischen Verteilung eines univariaten Datensatzes
Seite: *23*, **79**

Befehl: `testOnNormality[dataSet]`
Funktion: Test auf Normalverteilung (Dach-Routine)
Seite: *24, 29,* **91**, *96, 132*

Befehl: `testOnVarianceHomogeneity[dataSet1,`
            `dataSet2]`
Funktion: Test auf Gleichheit zweier empirischer Varianzen
Seite: **182**

Befehl: `time2Second[timeString]`
Funktion: Konvertiert eine als String eingegebene Zeitan-
            gabe in Sekunden
Seite: **67**

Befehl: `toRules[liste1,liste2]`
Funktion: Ersetzt den Mathematica-Befehl ToRules
Seite: *31,* **72**

Befehl: `TrimmedMean[dataSet,f1,f2]`
Funktion: Gestutzter Mittelwert eines Datensatzes
Seite: **98**

Befehl: `twoSidedDoubleOutliersTest[dataSet]`
Funktion: Detektion zweier Ausreißer, **jeweils einer an ei-
            nem** Ende der Verteilung
Seite: **93**

Befehl: `univariateScatterPlot[dataSet]`
Funktion: Darstellung eines univariaten Datensatzes
Seite: **75**

Befehl: `Variance[dataSet]`
Funktion: Empirische Varianz eines Datensatzes
Seite: **99**

Befehl: `VarianceMLE[dataSet]`
Funktion: Varianz eines Datensatzes
Seite: **99**

Befehl: `VarianceRatioTest[dataSet1,dataSet2,ratio]`
Funktion: Vergleicht zwei empirische Varianzen
Seite: **165**

Befehl: `VarianceTest[dataSet,sigma]`
Funktion: Vergleicht eine empirische mit einer theoretischen
           Varianz
Seite: **162**

Befehl: `verticalStripesPlot[dataSet]`
Funktion: Darstellung eines bivariaten Datensatzes
Seite: **106**

Befehl: `zDistribution[alpha]`
Funktion: α-Quantile der z-Verteilung
Seite: 124

4.2   Liste der *package*-Namen unter MS-DOS

Wegen der Beschränkung von Datei-Namen unter MS-DOS
und Windows auf 8 maximal Buchstaben (plus Extension)
müssen sich DOS-Anwender mit mehr oder weniger kryptisch
gekürzten Dateinamen abfinden. Die folgende Liste gibt die
Original-Namen der *packages* und die Namen der MS-DOS-
Analoge wieder:

```
Voller Name:  "statistics`anova`"
MS-DOS:       "statist`anova`"


Voller Name:  "statistics`descriptiveStatistics`"
MS-DOS:       "statist`descript`"


Voller Name:  "statistics`correlation`"
MS-DOS:       "statist`correlat`"


Voller Name:  "statistics`linearFit`"
MS-DOS:       "statist`linearf`"


Voller Name:  "statistics`nonlinearFit`"
MS-DOS:       "statist`nonlin`"


Voller Name:  "statistics`contingencyTables`"
MS-DOS:       "statist`continge`"


Voller Name:  "statistics`hypothesisTests`"
MS-DOS:       "statist`hypothes`"


Voller Name:  "statistics`administration`"
MS-DOS:       "statist`administ`"


Voller Name:  "statistics`timeSeriesAnalysis`"
MS-DOS:       "statist`timeser`"
```

Hinweis: Unabhängig davon werden auch unter MS-DOS
die *packages* mit dem vollen Namen geladen !

Siehe Abschn. 1.6

4.3 Literatur zu Mathematica

Abschn. 4.3 enthält Zusammenstellungen von Mathematica-Lehrbüchern und Publikationen über und mit Mathematica.

4.3.1 Lehrbücher zu Mathematica

Die folgende Liste über Literatur zu Mathematica erhebt keinen Anspruch auf Vollständigkeit. Die Kommentare – soweit vorhanden – geben die Meinung des Autors wieder. Für die Richtigkeit der Angaben kann keine Gewähr übernommen werden. Vielen Büchern liegen elektronische Medien bei; die Programme und Beispiele aus einigen anderen Büchern lassen sich via Internet beziehen:

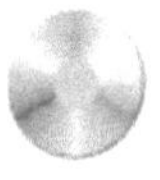

Die entsprechenden E-mail-Adressen werden jeweils im betreffenden Buch angegeben

Programme bzw. Beispiele liegen auf Diskette bei

Programme bzw. Beispiele liegen auf CD-ROM bei

Programme bzw. Beispiele sind via ←Internet erhältlich

ABELL, M. L., and J. P. Braselton. 1993. Differential Equations with Mathematica. Academic Press, New York/NY (USA).

BAHDER, T. B. 1995. Mathematica for scientists and engineers. Addison-Wesley Publ. Comp., Reading/MA (USA).

846 Seiten. Einführung in Mathematica für Natur- und Ingenieurs-Wissenschaftler

BAUMANN, G. 1993. Mathematica in der Theoretischen Physik. Springer-Verlag, Berlin.

240 Seiten. Einsatz von Mathematica in der Theoretischen Physik; mit Beispielen aus den Bereichen der Mechanik, Elektrodynamik, Quantenmechanik, nichtlinearen Dynamik u.v.m.

BURKHARDT, W. 1996. Erste Schritte mit Mathematica.
2., überarbeitete und erweiterte Auflage. Springer-Verlag,
Berlin.

> 119 Seiten. Einführung und Grundkenntnisse im Umgang mit Mathematica,
> auch im Rahmen eines Selbststudiums

CRANDALL, R. E. 1991. Mathematica for the sciences. Addison-Wesley Publ. Comp., Reading/MA (USA).

> 300 Seiten. Mit Beispielen aus den Bereichen Physik (z.B. klassische Mecha-
> nik, Quanten-Mechanik, Relativitätstheorie), Chemie und Biologie (Reak-
> tionskinetik, Quanten-Chemie, Populations-Biologie und Genetik, Neurobi-
> ologie) sowie Elektronik und Signal-Verarbeitung

DAVIS, B., H. Porta, and J. Uhl. 1994. Calculus&Mathema-
tica. Welcome to Calculus&Mathematica. Addison-Wesley
Publ. Inc., Reading/MA (USA). 
DAVIS, B., H. Porta, and J. Uhl. 1994. Calculus&Mathema-
tica. Approximations: Measuring Nearness. Addison-Wesley
Publ. Inc., Reading/MA (USA). 
DAVIS, B., H. Porta, and J. Uhl. 1994. Calculus&Mathema-
tica. Integrals: Measuring Accumulated Growth. Addison-
Wesley Publ. Inc., Reading/MA (USA). 
DAVIS, B., H. Porta, and J. Uhl. 1994. Calculus&Mathema-
tica. Vector Calculus: Measuring in Two and Three Dimen-
sions. Addison-Wesley Publ. Inc., Reading/MA (USA).
DAVIS, B., H. Porta, and J. Uhl. 1994. Calculus&Mathema-
tica. Derivatives: Measuring Growth. Addison-Wesley Publ.
Inc., Reading/MA (USA). 

> 86/260/342/388/541 Seiten. Stark strukturierte Einführung in die Mathe-
> matik mit Mathematica. Neben einer Einleitung (Teil I) werden folgende
> Bereiche behandelt: Approximationen (Teil II; z.B. *splines*, Reihenentwick-
> lung, Konvergenz-Kriterien); Integralrechnung (Teil III); Vektor-Algebra und
> -Analysis (Teil IV); Ableitungen und Differentialgleichungen (Teil V)

FEAGAN, J. 1994. Quantum methods with Mathematica.
TELOS, Santa Clara/CA (USA). 

> 482 Seiten. Quanten-Mechanik und -Dynamik einschl. des dazugehörigen
> mathematischen Werkzeugs

GAYLORD, R. J., S. N. Kamin, and P. R. Wellin. 1996. Introduction to programming with Mathematica. 2nd Edition. TELOS, Santa Clara/CA (USA).

> 452 Seiten. Ausführliche Einführung in die Programmierung mit Mathematica. Behandelt u.a. folgende Themen: Listenverarbeitung, Funktionen, Rekursionen, Iterationen, Numerische Verfahren, Graphik-Programmierung

GRAY, A. 1994. Differentialgeometrie. Spektrum Akademischer Verlag, Heidelberg.

> 618 Seiten. Einführung in die Differential-Geometrie (Übers. aus dem Englischen)

GRAY, J. W. 1994. Mastering Mathematica. Programming Methods and Applications. Academic Press, Cambridge/MA (USA).

> 644 Seiten. Behandelt mathematische Methoden unter Mathematica, verschiedene Programmierstile und graphische Darstellungen

GRAY, T. W. 1991. Exploring Mathematics with Mathematica. Addison-Wesley-Verlag, Redwood City/CA (USA).

> 535 Seiten. Außergewöhnlich didaktisch aufbereitete Einführung in Mathematica: Jerry und Theo „dialogisieren sich" durch das Arbeitspensum

HERMANN, C. 1995. Mathematica – Probleme, Beispiele, Lösungen. Thomson Publ., Bonn.

> 596 Seiten. Einführung in Mathematica mit folgenden Themen-Schwerpunkten: Programmiertechniken, Graphische Darstellungen oder Differentialgleichungen

KAUFMANN, S. 1992. Mathematica als Werkzeug. Eine Einführung mit Anwendungsbeispielen. Birkhäuser Verlag, Basel.

> 396 Seiten. Einführung in Programmiertechniken unter Mathematica

KOFLER, M. 1992. Mathematica – Einführung und Leitfaden. 1. Auflage. Addison-Wesley Verlag, Bonn.

> 472 Seiten. Einführung in Mathematica

MAEDER, R. E. 1991. Programming in Mathematica. 2nd Edition. Addison-Wesley Publ. Comp., Redwood City/CA (USA).

> 279 Seiten. Einführung eines der Mit-Autoren von Mathematica in dessen Programmiertechniken

MAEDER, R. E. 1993. Informatik für Mathematiker und Naturwissenschaftler. Addison-Wesley Verlag, Bonn.

> 407 Seiten. Einführung in Programmiertechniken unter Mathematica mit Beispielen

PIDGEON, C. (Ed.). 1996. Tutorials for the Biomedical Sciences. Verlag Chemie, New York/NY (USA). 

> 300 Seiten. Behandelt Themen aus den Bereichen *drug solutions* (Chemie der Lösungen), RedOx-Reaktionen, Auswertung von *bio assays* (ELISA, PCR), Enzymkinetik und Protein-Aggregation. **Die beiden beiliegenden Disketten benötigen einen Apple-Rechner zum entarchivieren**, sind anschliessend aber auch unter anderen Rechner-Plattformen lauffähig 

RIDDLE, A. 1995. Applied electronics with Mathematica. Addison-Wesley Publ. Comp., Reading/MA (USA). 

> 375 Seiten. Analyse von CD- und AD-Kreisen, Design analoger und digitaler Filter, Darstellung von Bode- und Smith-Diagrammen usw. Die beiliegende Demo enthält eine Demo-Version des Mathematica-Tools Nodal

ROSS, C. C. 1995. Differential Equations. An Introduction with Mathematica. Springer-Verlag, New York. 

> 503 Seiten. Differentialgleichungen erster und höherer Ordnungen, Laplace-Transformationen, Beispiele

SCHAPER, R. 1994. Grafik mit Mathematica. Von den Formeln zu den Formen. Addison-Wesley Verlag, Bonn. 

> 348 Seiten. Zwei- und dreidimensionale Graphiken, Animationen, Geschäfts-Graphiken, Farben, Weiterverarbeitung wie Beschriftung, Einbindung in Textverarbeitungs-Programme oder Drucken

SKEEL, R., and J. B. Keiper. 1993. Elementary numerical computing with Mathematica. McGraw-Hill, Inc., New York/NY (USA).

434 Seiten. Anwendung numerischer Verfahren unter und durch Mathematica

 SMITH, C., and N. Blachman. 1995. Mathematica Graphics Guidebook. 2nd Edition. Addison-Wesley Publ. Inc., Reading/MA (USA).

339 Seiten. Graphik-Programmierung unter Mathematica

STELZER, E. H. K. 1993. Mathematica. Ein systematisches Lehrbuch mit Anwendungs-Beispielen. Addison-Wesley Verlag, Bonn.

405 Seiten. Lehrbuch mit Beispielen

 VARIAN, H. R. (Ed.). 1993. Economic and financial modeling with Mathematica. TELOS, Santa Clara/CA (USA).

458 Seiten. Beiträge u.a. zu: ökonomische Dynamik, Wachstums- und Gleichgewichts-Modelle, Nash-Gleichgewichte, Spieltheorie, Zeitreihen-Analyse, Entscheidungs-Theorie

 VVEDENSKY, D. 1993. Partial differential equations with Mathematica. Addison-Wesley Verlag, Wokingham (Engl.).

465 Seiten. Partielle Differentialgleichungen (PDGL) 1. und 2. Ordnung, Variablen-Separation, Sturm-Liouville-Problem, Orthogonale Polynome, Transformationen und Greensche Funktion, Einführung in nichtlineare PDGL

WAGON, S. 1993. Mathematica in Aktion. Spektrum Akademischer Verlag, Heidelberg.

405 Seiten. Programmiertechniken unter Mathematica mit Schwerpunkt mathematische Anwendungen. Übersetzung aus dem Englischen

 WICKHAM-JONES, T. 1994. Mathematica Graphics. Techniques. Applications. TELOS, Santa Clara/CA (USA).

721 Seiten. Graphik-Programmierung unter Mathematica

WOLFRAM RESEARCH. 1991. Guide to Standard *Mathematica* Packages. Version 2.0. Wolfram Research, Champaign/IL (USA).
WOLFRAM RESEARCH. 1992. Guide to Standard *Mathematica* Packages. Version 2.1. Wolfram Research, Champaign/IL (USA).
WOLFRAM RESEARCH. 1993. Guide to Standard *Mathematica* Packages. Version 2.2. Wolfram Research, Champaign/IL (USA).

> 306/386/459 Seiten. Manuals zu den Mathematica-*packages*, die Bestandteil jeder Mathematica-Lieferung sind

WOLFRAM, Stephen. 1991. *Mathematica* – A System for Doing Mathematics. 2nd Edition. Addison-Wesley Publ. Comp. Inc., Redwood City/CA (USA).

> 991 Seiten. „Offizielles" Handbuch zu den Mathematica-Versionen →2

WOLFRAM, Stephen. 1994. *Mathematica* – Ein System für Mathematik auf dem Computer. 2. Auflage. Addison-Wesley Publ. Comp., Bonn.

> 993 Seiten. Deutsche Übersetzung des zuvor angeführten Buches

WOLFRAM, Stephen. 1996. The *Mathematica* Book. 3rd Edition. Wolfram Media/Cambridge University Press, Cambridge (UK).

> 1403 Seiten. „Offizielles" Handbuch zu den Mathematica-Versionen 3 →

ZIMMERMANN, R. L. 1995. Mathematica for physics. Addison-Wesley Publ. Comp., Reading/MA (USA).

> 436 Seiten. Enthält Beiträge u.a. zu: Oszillierende Systeme, Elektrostatik, Quantenmechanik, Relativitätstheorie

*Mathematica
Versionen 2.0.,
2.1 und 2.2*

Die neue Mathematica-Version 3.0 wird zur Zeit von Wolfram Research ausgeliefert. Siehe Datei `lastnews.txt` *auf der beiliegenden CD-ROM*

4.3.2 Zusammenstellung weiterer Publikationen zu Anwendungen von Mathematica

In diesem Abschnitt werden Publikationen aus Zeitschriften unterschiedlicher Fachrichtungen aufgelistet, die über Arbeiten mit Mathematica bzw. dessen Einsatz berichten oder von Mathematica handeln. Hingewiesen sei auch auf einige anwendungsorientierte Mathematica-Bücher, die in Abschn. 4.3.1 zusammengestellt wurden.

ABBOT, P. (Ed.). 1994. Peak Fitting. *Mathematica Journal* **4**(4):21-22.

BLACHMAN, N. 1992. Nonlinear Fitting, Looping and Recursion. *Mathematica Journal* **2**(2):32-34.

DUDAS, M. M., and H. C. Hsieh. 1992. Application of quantum mechanical perturbation theory to molecular vibrational-rotational analysis. *Mathematica Journal* 2(2):66-69.

FARZA, M., and A. Cheruy. 1994. BIOSTEM: software automatic design of estimators in bioprocess engineering. *Comput. Appl. Biosci.* **10**:477-488.

FULTZ, J. 1994. Curve Fits, *Math*Link for Excel, and Color. *Mathematica Journal* **4**(4):44-53.

GASPAROVIC, C., M. Cabanas, and C. Arus. 1995. A simple approach to the design of a shielded gradient probe for high-resolution in vivo spectroscopy. *J. Mag. Res. B.* **109**:146-152.

GRONLUND, S., C. F. Sheu, and R. Ratcliff. 1990. Implementation of global memory models with software that does symbolic computation. *Beh. Res. Meth. Instr. Comp.* **22**:228-235.

Das von den Autoren entwickelte Programm BIOSTEM läuft unter Mathematica

HE, X., D. N. Ku, and J. E. Moore. 1993. Simple calculation of the velocity profiles for pulsative flow in a blood vessel using Mathematica. *Ann. Biomed. Eng.* **21**:45-49.

HUNKA, S. 1995. Identifying regions of significance in AN-COVA problems having non-homogeneous regressions. *Br. J. Math. Stat. Psych.* **48**:161-188.

KLEENE, S. J., and H. C. Cejtin. 1994. Solving buffering problems with Mathematica software. *Anal. Biochem.* **222**:310-314.

KORSAN, R. J. 1993. Fractals and Time Series Analysis. *Mathematica Journal* **3**(1):39-44.

LORIG, T., and T. P. Urbach. 1995. Event-related potential analysis using Mathematica. *Beh. Res. Meth. Instrum. Comp.* **27**:358-366.

MADER, R. E. 1992. Minimal surfaces. *Mathematica Journal* **2**(2):25-30.

MARTIN, E. 1992. Statistics. Wolfram Research. PostScript-Datei auf →MathSource.

MCALARNEY, M. E., G. Dasgupta, M. L. Moss, and L. Salentijn-Moss. 1992. Anatomical macroelements in the study of craniofacial rat growth. *J. Craniofac. Genet. Dev. Biol.* **12**:3-12.

SIMON, J. L., and P. Bruce. 1993. Probability and Statistics with Resampling Stats and Mathematica. *Mathematica Journal* **3**(1):48-55.

STINE, R. A. 1995. Data analysis using Mathematica. *Sociological Meth. Res.* **23**:352-272.

Zu MathSource siehe Abschn. 1.3

STONER, C. D. 1993. Quantitative determination of the steady-state kinetics of multienzyme reactions using the algebraic rate equations for the component single-enzyme reactions. *Biochem. J.* **219**:585-593.

ZHENG, Q. 1995. On the MVK stochastic carconogenesis model with Erlang distributed cell life lengths. *Risk. Anal.* **15**:495-502.

4.3.3 MathSource

Wolfram Research bietet die Möglichkeit an, über Internet (E-mail-Adresse siehe Abschn. 1.3) Programm-Beispiele, *packages* und weitere Informationen zu Mathematica zu laden (MathSource). Optional gibt es den Inhalt von Math-Source über den Buchhandel auf einer CD-ROM zu beziehen (Addison-Wesley-Verlag).

4.4 Zusammenstellung einiger Statistik-Lehrbücher

ALTMAN, D. G. 1980/81. Statistics and ethics in medical research. Serie in *Br. Med. J.* **281**:1182-1184; **281**: 1267-1269; **281**: 1336-1399; **281**: 1399-1401; **281**: 1473-1475; **281**: 1542-1544; **281**: 1612-1614; **282**: 44-47.

> Diese Serie wendet sich eigentlich an Mediziner, ist aber für alle Disziplinen lesenswert

BOHLEY, 1989. Statistik. Einführendes Lehrbuch für Wirtschafts- und Sozialwissenschaftler. 3. Auflage. R. Oldenbourg Verlag, München.

> 799 Seiten. Wendet sich insbesondere an Wirtschafts- und Sozialwissenschaftler

BOL, G. 1995. Deskriptive Statistik. 3. Auflage. R. Oldenbourg Verlag. München.

> 211 Seiten

BORTZ, J., G. A. Lienert, und K. Boehnke. 1990. Verteilungsfreie Methoden in der Biostatistik. Springer-Verlag, Berlin.

> 939 Seiten. Siehe LIENERT, 1978

BROWN, R. A., and J. S. Beck. 1988/89. Statistics on microcomputers: A non-algebraic guide to their appropriate use in biomedical research and pathology laboratory practice. A series of six articles. *J. Clin. Pathol.* **41**:1033-1038; **41**: 1148-1154; **41**:1256-1262; **42**:4-12; **42**:117-122; **42**: 225-230.

> Diese Serie wendet sich insbesondere an Anwender statistischer Methoden aus dem medizinisch-klinischen Bereich

CHAMBERS, J. M., W. S. Cleveland, B. Kleiner, and P. A. Tukey. 1983. Graphical methods for data analysis. Wadsworth & Brooks/Cole Publ. Co., Pacific Grove/CA (USA).

> 395 Seiten. Angesichts der häufigen Zitierung zum Thema eine Art „Bibel der graphischen Statistik"

DIEHL, J. M., und H. U. Kohr. 1994. Deskriptive Statistik. 11. Auflage. Verlag Dietmar Klotz, Eschborn bei Frankfurt/Main.

> 514 Seiten. Richtet sich laut Fronttext an Psychologen, ist wegen seiner ausführlichen und allgemeinen Darstellungsweise aber für alle wissenschaftlichen Disziplinen geeignet

DIEHL, J. M., und R. Arbinger. 1992. Einführung in die Inferenzstatistik. 2. Auflage. Verlag Dietmar Klotz, Eschborn bei Frankfurt/Main.

> 841 Seiten. Richtet sich ebenfalls an Psychologen und ist wegen seiner ausführlichen und allgemeinen Darstellungsweise ebenfalls aber für **alle** wissenschaftlichen Disziplinen geeignet

FEINSTEIN, A. R. 1970-1981. Clinical biostatistics. *Clin. Pharmacol. Ther.* 11-29.

> Diese insgesamt 57 Teile umfassende Serie behandelt unterschiedlichste Themen aus der – insbesondere klinisch orientierten – Statistik. In der Datei ←literatur.ps auf der CD-ROM befinden sich die Titel, Nummern und Seitenangaben zu diesen Beiträgen

GESSLER, J. R. 1993. Statistische Graphik. Birkhäuser Verlag, Basel.

> 285 Seiten

LEINER, 1991. Einführung in die Zeitreihen-Analyse. 3. Auflage. R. Oldenbourg-Verlag, München.

> 158 Seiten

LIENERT, G. A. 1986. Verteilungsfreie Methoden in der Biostatistik. Band I, 3. Auflage. Verlag Anton Hain, Meisenheim/Taunus.

> 806 Seiten. Siehe LIENERT, 1978

LIENERT, G. A. 1978. Verteilungsfreie Methoden in der Biostatistik. Band II, 2. Auflage. Verlag Anton Hain, Meisenheim/Taunus.

> 1246 Seiten. Unabhängig vom Titel wendet sich das Buch an Leser aus allen Fachbereichen, in denen parameterfreie Statistik häufig Anwendung findet,

etwa Psychologie, Ökonomie usw. Eine sehr gute Zusammenfassung dieses mittlerweile sehr schwer zu bekommenden und eventuell vergriffenen Werkes findet man in BORTZ, 1990. Hingewiesen sei auch auf den folgend genannten Tafelband

LIENERT, G. A. 1976. Verteilungsfreie Methoden in der Biostatistik. Tafelband. Verlag Anton Hain, Meisenheim/Taunus.

686 Seiten

MAINLAND, D. 1966-1968. Statistical ward rounds. *Clin. Pharmacol. Ther.* **8-10**.

Diese 18-teilige Serie ist die „Vorgängerin" von FEINSTEIN, 1970-1981 (s.o.). Weitere Informationen in der Datei `literatur.ps` auf der CD-ROM

`literat.ps` *für*
MS-DOS-Anwender

PRECHT, M., und R. Kraft. 1993. Biostatistik 2. R. Oldenbourg Verlag. München.

457 Seiten

PUHANI, J. 1994. Kleine Formelsammlung zur Statistik. Bayerische Verlagsanstalt Bamberg.

52 Seiten. Wendet sich eigentlich an Betriebswirtschaftler, ist aber auch für Anwender im naturwissenschaftlichen Bereich interessant

RASCH, D. 1976. Einführung in die mathematische Statistik. II. Anwendungen. VEB Deutscher Verlag der Wissenschaften, Berlin.

396 Seiten

RATKOWSKY, D. A. 1983. Nonlinear Regression modelling. Marcel Dekker, Inc., New York.

276 Seiten

RINNE, H. 1984. Statistische Formelsammlung. Verlag Harri Deutsch, Thun.

159 Seiten

RÖNTZ, B., und H. G. Strohe (Hrsg.). 1994. Lexikon Statistik. Gabler Verlag, Wiesbaden.

424 Seiten. Wendet sich insbesondere an Wirtschafts- und Sozialwissenschaftler, weniger an Naturwissenschaftler

SACHS, L. 1992. Angewandte Statistik. 7. Auflage. Springer-Verlag, Berlin.

846 Seiten. Sehr praxisorientiert

SACHS, L. 1993. Statistische Methoden. Planung und Auswertung. 7. Auflage. Springer-Verlag, Berlin.

312 Seiten. Wendet sich insbesondere an Anwender statistischer Methoden

SACHS, L. 1990. Statistische Methoden 2. Planung und Auswertung. 7. Auflage. Springer-Verlag, Berlin.

274 Seiten. Wendet sich insbesondere an Anwender statistischer Methoden

SCHLITTGEN, R., und B. H. J. Streitberg. 1995. Zeitreihenanalyse. R. Oldenbourg-Verlag, München.

571 Seiten

SNEDECOR, G. W., and W. G. Cochran. 1982. Statistical Methods. 7th Edition. Iowa State University Press, Ames/ Iowa (USA)

507 Seiten. Wendet sich an alle naturwissenschaftlichen Disziplinen

STAHEL, W. A. 1995. Statistische Datenanalyse. Eine Einführung für Naturwissenschaftler. Vieweg Verlags-GmbH, Braunschweig.

359 Seiten. Wendet sich insbesondere an Naturwissenschaftler. Parameterfreie Methoden werden eher etwas zurückhaltend behandelt

TAYLOR, J. R. 1988. Fehleranalyse. Eine Einführung in die Untersuchung von Unsicherheiten in physikalischen Messungen. Verlag Chemie, Weinheim.

243 Seiten. Wendet sich insbesondere an Physiker und behandelt insbesondere normalverteilte Stichproben

ZAR, J. H. 1984. Biostatistical Analysis. 2nd Edition. Prentice-Hall, Englewood Cliffs/NJ (USA).

718 Seiten. Wendet sich insbesondere an Biologen, ist aber auch für alle anderen naturwissenschaftlichen Disziplinen zu empfehlen

4.5　Übersicht zum Inhalt der CD-ROM

Der Inhalt der beiliegenden CD-ROM kann von praktisch allen gängigen Betriebssystemen eingelesen werden. Die folgende Übersicht gibt den Inhalt der CD-ROM wieder, wobei eventuelle Aktualisierungen und Ergänzungen in der Datei `readme.txt` (bzw. `readme.ps`) vermerkt werden.

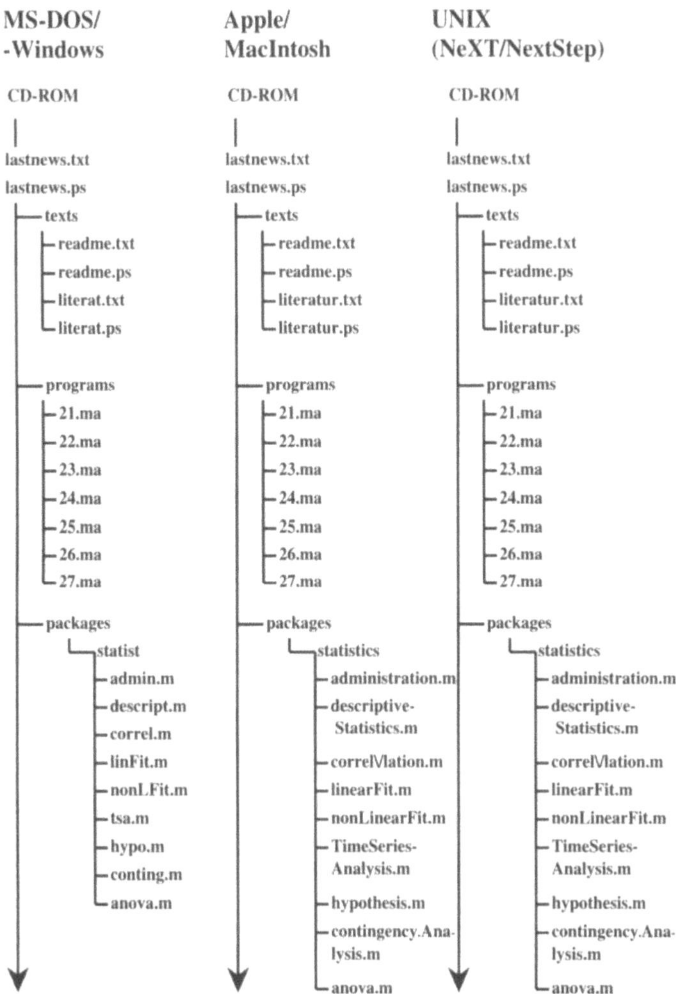

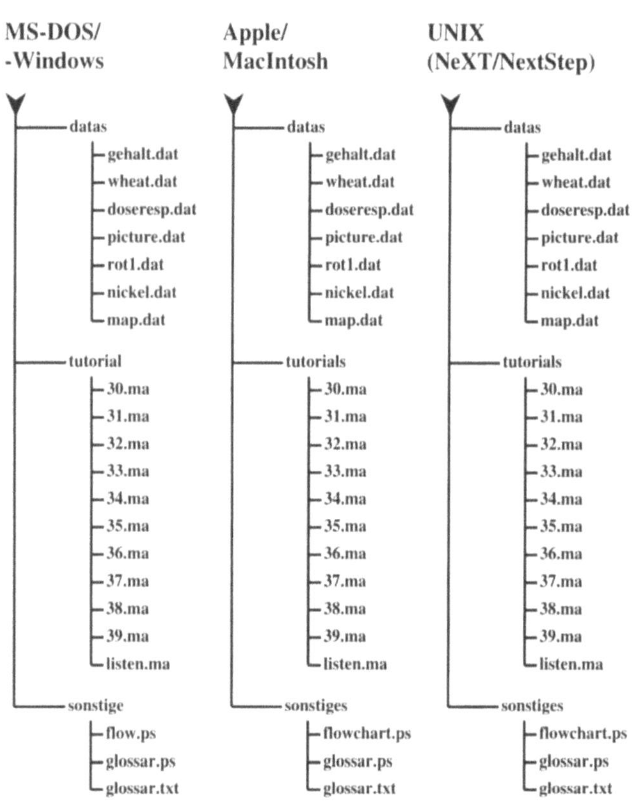

Wichtiger Hinweis !

Bitte beachten Sie die Hinweise in den Dateien read-me.txt (kann auf jedem beliebigen Drucker ausgegeben werden) **bzw.** readme.ps (Ausgabe nur über PostScript-fähige Drucker möglich). Sie finden dort aktuelle Informationen und Hinweise zu Dateien, die in diesem Abschnitt **nicht** mehr aufgelistet werden konnten.

4.6 Quellen

Die folgende Liste gibt sämtliche in diesem Buch zitierten Quellen an. Unabhängig davon befindet sich in Abschn. 4.3.1 eine Aufstellung von Mathematica-Büchern und in Abschn. 4.4 eine Zusammenstellung von Statistik-Lehrbüchern. Darüber hinaus befinden sich auf der beiliegenden CD-ROM die Dateien →literatur.ps und →literatur.txt (bzw. literat.ps und literat.txt für MS-DOS-Anwender), die ausschließlich aus dem statistischen Bereich weitergehende Literaturhinweise enthalten.

Zur Ausgabe der Post-Script-Datei (Extension ps*) ist ein PostScript-fähiger Drucker notwendig. Die gleichnamige ASCII-Datei (Extension* txt*) enthält die gleichen Informationen als unformatierten Text*

ARÏENS, E. M., J. M. van Rossum, and A. M. Simonis. 1956. A theoretical basis of molecular pharmacology. Part I: Interactions of one or two compounds with one ore two receptors. *Arzneimittel-Forsch.* **6**:282-293.

ARÏENS, E. M., J. M. van Rossum, and A. M. Simonis. 1957. Affinity, intrinsic activity and drug interaction. *Pharmacol. Rev.* **9**:218-236.

BARNETT, V. I. C. (Ed.). 1981. Interpreting Multivariate Data. John Wiley & Sons, Chichester (UK).

BARNETT, V. I. C., and T. Lewis. 1994. Outliers in Statistical Data. 3rd Edition. John Wiley & Sons, Chichester (UK).

BARTLETT, M. S., 1937. Properties of sufficiency and statistical tests. *Proc. Royal Soc. (A)* **160**:268-282.

BLOMQVIST, N. 1950. On a measure of dependence between two random variables. *Ann. Math. Statistics* **21**:593-601.

BÖHM, W. G., and J. Kahmann. 1984. A survey on curve and surface methods in CAGD. *Computer Aided Geometric Design* **1**:1-60.

BOL, G. 1995. Deskriptive Statistik. 3. Auflage. R. Oldenbourg-Verlag, München.

BORTZ, J., G. A. Linert und K. Boehnke. 1990. Verteilungsfreie Methoden in der Biostatistik. Springer-Verlag, Berlin.

CHAMBERS, J. M., W. S. Cleveland, B. Kleiner, and P. A. Tukey. 1983. Graphical Methods for Data Analysis. Wadsworth & Brooks/Cole Publ. Company, Pacific Grove.

CHAUVENET, W. 1876. Manual of Spherical and Practical Astronomy. Philadelphia.

COCHRAN, W. G. 1941. The distribution of the largest of a set of estimated variances as a fraction of their total. *Ann. Eugen. (London)* **11**:47-61.

COX, D. R., and A. Stuart. 1955. Quick sign tests for trend in location and dispersion. *Biometrika* **43**:423-435.

DAMPER, R. I. 1995. Introduction to discrete-time signals and systems. Chapman & Hall, London.

ERNST, H. 1991. Einführung in die digitale Bildanalyse. Franzis-Verlag, München.

FERGUSION, T. S. 1961. Rules for rejection of outliers. *Revue Inst. Int. Stat.* **3**:29-43.

FINNEY, D. J. 1971. Probit Analysis. 3rd Edition. Cambridge University Press, Cambridge.

FISHER, R. A. 1958. Statistical Methods for Research Workers. 13th Edition. Hafner, New York.

GAYLORD, R. J., S. N. Kamin, and P. R Wellin. 1996. An Introduction to Programming with Mathematica. 2nd Edition. TELOS, Santa Clara/CA (USA).

GESSLER, J. R. 1993, Statistische Graphik. Birkhäuser Verlag, Basel.

→GOSSET, W. S. 1908. The probable error of mean. *Biometrika* **6**:1-25.

GRUBBS, F. E. 1969. Procedures for detecting outlying observations in samples. *Technometrics* **11**:1-21.

HARTLEY, H.O. 1950. The maximum F-ratio as a short-cut test for heterogeneity of variance. *Biometrika* **37**:308-312.

HAZEN, A. 1914. Storage to be provided in impounding reservoirs for municipal water supply. *Am. Soc. Civil Eng.* **77**:1539-1669.

HILL, A. V. 1910. The possible effects of the aggregation of the molecules of hæmoglobin on its dissociation curves. *J. Physiol.* **40**:4-7.

HOCHSTÄDTER, D., und U. Kaiser. 1988. Varianz- und Kovarianzanalyse. Verlag Harri Deutsch, Frankfurt/Main.

JÄGER, A. H., U. Bogdahn, B. Pfeufer, J. Richter, R. Apfel and A. Dekant. 1993. *In vitro* studies on interaction of 4-hydroperoxy-ifosfamide and radiotherapy in malignant gliomas. *Anticancer Res.* **13**:2221-2228.

KELLERER, A. M., and H. H. Rossi. 1972. The theory of dual radiation action. *Current Topics Rad. Res. Quart.* **8**:85-158.

KEULS, M. 1952. The use of „studentized range" in connection with an analysis of variance. *Euphytica* **1**:112-122.

W. S. Gosset, bekannter unter dem Pseudonym *student*; siehe Randbemerkung S. 163

KHALFINA, N. M. 1986. Detection of outliers in results of observations by means of the Chauvenets test. *Zapiski Nauchnykh Seminarov Leningradskogo Otdeleniya Matematicheskogo, Instituta imeni V. A. Steklova Akademii Nauk SSSR* **153**:153-159; 176; 180-181.

KHALFINA, N. M. 1989. Detection of outliers by Chauvenets method in observations connected in a homogeneous Markov chain. *Zapiski Nauchnykh Seminarov Leningradskogo Otdeleniya Matematicheskogo, Instituta imeni V. A. Steklova Akademii Nauk SSSR* **177**:163-169; 192.

KRUSKAL, W. H. 1952. A nonparametric test for the several sampling problem. *Ann. Math. Statistics* **23**:525-540.

KRUSKAL, W. H., and W. A. Wallis. 1952. Use of ranks in one-criterion variance analysis. *J. Amer. Stat. Assoc.* **47**:583-621.

KRUSKAL, W. H., and W. A. Wallis. 1953. Use of ranks in one-criterion variance analysis. *J. Amer. Stat. Assoc.* **48**:907-911.

LARIMORE, W. E., and R. K. Mehra. 1985. The problem of overfitting data. *BYTE* **10/85**:167-180.

LEGENDRE, A. M. 1805. Nouvelles méthodes pour la détermination des orbites des comètes. Firmin Ditot, Paris.

LEINER, B. 1991. Einführung in die Zeitreihen-Analyse. 3. Auflage. R. Oldenbourg-Verlag. München.

LEVENBERG, K. 1944. A method for the solution of certain non-linear problems in least squares. *Quart. Appl. Math* **2**:164-168.

LIENERT, G. A. 1978. Verteilungsfreie Methoden in der Biostatistik. Band 2. Verlag Anton Hain, Meisenheim/Taunus.

LIENERT, G. A. 1986. Verteilungsfreie Methoden in der Biostatistik. Band 1. Verlag Anton Hain, Meisenheim/Taunus.

LINEWEAVER, H., and D. Burk. 1934. The determination of enzyme dissociation constants. *J. Amer. Chem. Soc* **56**:658-666.

LORENZ, M. O. 1905. Methods of measuring the concentration of wealth. *In: Publications of the American Statistical Association* **70**.

MADOW, W. G. 1940. Notes on tests of departure from normality. *J. Amer. Stat. Assoc.* **35**:515-517.

MAEDER, R. E. 1993. Informatik für Mathematiker und Naturwissenschaftler. Addison-Wesley Verlag, Bonn.

MANN, H. B., and D. R. und Whitney. 1947. On a test of whether one of two random variables ist stochastically larger than the other. *Ann. Math. Stat.* **18**:50-60.

MARQUARDT, D. W. 1963. An algorithm for least squares estimation of nonlinear parameters. *J. Soc. Industr. Appl. Math.* **2**:431-441.

MASON, A. L., and C. B. und Bell. 1986. New Lillefors and Srinivasan tables with applications. *Comm. Stat. – Sim. Comp.* **15**:451-477.

MORGAN, B. J. T. 1992. Analysis of Quantal Response Data. Chapman & Hall, London.

NEWMAN, D. 1942. The distribution of the range in samples from a normal population. *Biometrika* **32**:301-310.

PAGUROVA, V. I., 1985. The Chauvenet test for detecting several outliers. Akademiya Nauk SSSR. *Teoriya Veroyatnostei i ee Primeneniya* **30**:558-561.

PEDERSON, B. M. 1988. Graphis Diagram 1. Graphis Press Corp., Zürich.

PFEUFER, B. 1993. Interaktionen in der Kombination von Chemo- und Strahlen-Therapie maligner Hirntumoren. Dissertation, Bayerische Julius-Maximilians-Universität, Würzburg.

PÖCH, G. 1993. Combined Effects of Drug and Toxic Agents. Springer-Verlag, Wien.

PRESS, W. H., P. Flannery, S. A. Teukolsky, and W. T. Vetterling. 1989. Numerical Recipes in Pascal. Cambridge University Press, Cambridge.

PRUNTY, L. 1983. Curve fitting with smooth functions that are piecewise-linear in the limit. *Biometrics* **39**:857-866.

QUENOUILLE, M. H. 1959. Rapid Statistical Calculations. Griffin, London.

RATKOWSKY, D. A. 1983. Nonlinear Regression Modeling. A Unified Practical Approach. Marcel Dekker, New York.

RICE, J. R. 1964. The Approximation of Functions. Addison-Wesley Publ. Comp., Reading/MA (USA).

RIEDWYL, H. 1987. Graphische Gestaltung von Zahlenmaterial. Verlag Paul Haupt, Bern.

SACHS, L. 1992. Angewandte Statistik. Springer-Verlag, Berlin.

SCHEFFÉ, H. 1959. The Analysis of Variance. John Wiley & Sons, New York/NY (USA).

SCHLITTGEN, R., und B. H. J. Streitberg. 1995. Zeitreihenanalyse. R. Oldenbourg-Verlag, München.

SNEDECOR, G. W., and W. C. Cochran. 1982. Statistical Methods. 7th Edition. The Iowa State University Press, Ames/IO (USA).

TAYLOR, J. R. 1988. Fehleranalyse. Verlag Chemie, Weinheim.

TUFTE, E. R. 1982. The Visual Display of Quantitative Information. Graphics Press, London.

TUKEY, J. W. 1949. Comparing individual means in the analysis of variance. *Biometrics* **5**:99-114.

VICTOR, N. 1978. Alternativen zum klassischen Histogramm. *Meth. Inform. Med.* **17**:120-126.

VOLLMAR, H. J. (Hrsg.). 1985. Biometrie in der chemisch-pharmazeutischen Industrie 2. Biometrische Analyse von Kombinationswirkungen. Gustav-Fischer Verlag, Stuttgart.

VOLLMAR, H. J. (Hrsg.). 1986. Biometrie in der chemisch-pharmazeutischen Industrie 3. Auswertungs- und Darstellungsmethoden – Risikoextrapolation zur Kanzerogenität. Gustav-Fischer Verlag, Stuttgart.

WEBER, M. 1989. Turbo Pascal Tools. 2. Auflage. Friedr.-Vieweg Verlag, Braunschweig.

WELCH, B. L. 1951. On the comparison of several mean values: an alternative approach. *Biometrika* **38**:330-336.

WHITTEMORE, A. S., and J. B. Keller. 1986. Survival estimation using splines. *Biometrics* **42**:495-506.

WILCOXON, F. 1945. Individual comparisons by ranking methods. *Biometrics* **1**:80-83.

WILLIAMS, E. J. 1959. Regression Analysis. John Wiley & Sons, New York.

WOLFRAM RESEARCH. 1991. Guide to Standard *Mathematica* Packages. Technical Report. Version 2.0. Champaign/IL (USA).

WOLFRAM RESEARCH. 1992. Guide to Standard *Mathematica* Packages. Technical Report. Version 2.1. Champaign/IL (USA).

WOLFRAM RESEARCH. 1993. Guide to Standard *Mathematica* Packages. Technical Report. Version 2.2. Champaign/IL (USA).

WOLFRAM, Stephen. 1991. *Mathematica* – A System for Doing Mathematics. 2nd Edition. Addison-Wesley Publ. Comp. Inc., Redwood City/CA (USA).

YATES, F. 1934. Contingency tables involving small numbers and the X^2 test. *J. Roy. Stat. Soc. Suppl.* **1**:217-235.

ZAR, J. H. 1984. Biostatistical Analysis. 2nd Edition. Prentice-Hall Intern., Englewood Cliffs/NJ (USA).

4.7   Index

Der folgende Index enthält Verweise zu →Mathematica-Befehlen, Methoden, Anwendungen und weiteren Stichworten. Mathematica-Befehlsnamen werden – wie im gesamten Buch – in einer gesonderten Schrift wiedergegeben: Sind die Seitenangaben hinter den Befehlsnamen fett gedruckt, befindet sich auf der angegebenen Seite die entsprechende Befehlsbox (siehe S. 65). Ein an die Seitennummern angehängtes f zeigt an, daß das betreffende Stichwort auf der angegebenen und der darauf folgenden Seite behandelt wird; bei zwei angehängten f (ff) wird der Begriff auf der angegebenen und mehreren folgenden Seiten behandelt.

Unabhängig davon befindet sich in Abschn. 4.1 eine Schnellübersicht aller Statistik-Befehle